STARK

ABITUR 2012

Prüfungsaufgaben mit Lösungen

Biologie

Gymnasium Thüringen

2005–2011

STARK

ISBN 978-3-89449-242-7

17. neu bearbeitete und ergänzte Auflage
www.stark-verlag.de

Inhalt

Fortsetzung nächste Seite

Jeweils zu Beginn des neuen Schuljahres erscheinen
die neuen Ausgaben der Abiturprüfungsaufgaben mit Lösungen.

Lösungen der Aufgaben:

Dr. Petra Schmidt: Übungsaufgaben zur mündlichen Abiturprüfung; Jahrgang 2011, Aufgabe 2
Hans-Dieter Triebel: Jahrgänge 2005 – 2010; Jahrgang 2011, Aufgabe 1

Vorwort

Liebe Schülerin, lieber Schüler,

das vorliegende Buch unterstützt Sie bei der systematischen Vorbereitung auf Klausuren und auf die mündliche und schriftliche Abiturprüfung im **Fach Biologie**.

Dazu enthält der Band zunächst **„Hinweise zum Abitur"**, die Ihnen helfen, die formalen Rahmenbedingungen für das Abitur kennenzulernen. Erläuterungen zu den Prüfungsanforderungen, zum Umgang mit den sogenannten Operatoren lassen Sie die Prüfungssituation besser einschätzen. Die anschließenden **„Tipps zum Umgang mit Prüfungsaufgaben"** zeigen Ihnen konkret, wie Sie erfolgreich an die Aufgaben der Abiturklausur und der mündlichen Abiturprüfung herangehen können.

Außerdem finden Sie die in Thüringen **zentral gestellten Leistungskurs-Abituraufgaben** der vergangenen sechs Jahre zur Vorbereitung auf die **schriftliche Abiturprüfung** im erhöhten Anforderungsniveau, sowie **Übungsaufgaben zur mündlichen Abiturprüfung** im grundlegenden und im erhöhten Anforderungsniveau.
Die ausführlichen **Lösungsvorschläge** zu den Aufgaben dienen Ihnen bei der Klausur- und Abiturvorbreitung als Kontrolle und Hilfestellung. Mit dem Nachvollziehen der Lösungen können Vorkenntnisse reaktiviert und Wissenslücken geschlossen sowie die Beurteilung und Darstellung von Ergebnissen geübt und vertieft werden.
Hinweise, Anmerkungen und weiterführende Informationen zu den Aufgaben sind durch Rauten gekennzeichnet, sodass neben den inhaltlichen auch die methodischen Anforderungen der Abiturprüfung im Fach Biologie deutlich werden.

Sollten nach Erscheinen dieses Bandes noch wichtige Änderungen in der Abitur-Prüfung vom Ministerium für Bildung, Wissenschaft und Kultur bekannt gegeben werden, finden Sie aktuelle Informationen dazu im Internet unter
www.stark-verlag.de/info.asp?zentrale-pruefung-aktuell

Wir wünschen Ihnen viel Erfolg bei der Abiturprüfung!

Stichwortverzeichnis

Hinweise und Tipps zum Abitur

Die schriftliche Abiturprüfung

Die schriftlichen **Abituraufgaben** werden in Thüringen zentral gestellt. Den Schülerinnen und Schülern des erhöhten Anforderungsniveaus Biologie stehen **zwei** Aufgaben zur Auswahl, von denen **eine** bearbeitet werden muss. Die Arbeitszeit beträgt 270 Minuten.
Jede Aufgabe ist in Teil A und Teil B gegliedert. Der **Teil A** enthält wie bisher in Teilaufgaben gegliederte Aufgaben, denen bestimmte Materialien zugeordnet sind. Der **Teil B** ist eine komplexe Aufgabenstellung, für die der Prüfungsteilnehmer eine Lösungsstrategie zu entwickeln und den Lösungsweg strukturiert darzustellen hat. Dazu sind Informationen aus der Materialsammlung kritisch auszuwählen und zu nutzen.

Inhalte und Anforderungen der Abiturprüfung im Fach Biologie

Inhalt der Abiturprüfung im Fach Biologie auf erhöhtem Anforderungsniveau sind die **Lehrplaninhalte** der Klassenstufen 11 und 12 des Thüringer Gymnasiums.
In den Lösungen zu den Aufgaben in Teil A und B müssen Sie Ihre Fähigkeiten nachweisen, gelerntes Fachwissen direkt und koordinativ zu nutzen und es auf neue, Ihnen unbekannte Sachverhalte zu übertragen. Dazu sind neben dem Fachwissen auch **methodische Kompetenzen** erforderlich, z. B. die richtige Anwendung von Arbeitstechniken und Lösungsstrategien.
Aus der Formulierung der Aufgabe und den Teilaufgaben bzw. aus dem Arbeitsauftrag der Aufgabenstellung werden in der Regel Art und Umfang der geforderten Leistung erkennbar.
Diese Anforderungen aller Aufgaben kann man in drei große Bereiche mit unterschiedlichem Schwierigkeitsgrad einteilen: Anforderungsbereich I (Reproduktion), II (Transfer) und III (Problemlösen). Der Hauptteil der Aufgaben in der Abiturprüfung stammt aus dem Anforderungsbereich II. Das bedeutet, dass Sie mit reiner Reproduktion keine ausreichende Leistung erwarten können (siehe dazu auch „Bewertung“).
Die Signalwörter, sogenannte **Operatoren**, am Beginn einer Aufgabenstellung zeigen Ihnen, welchem Anforderungsbereich die Aufgabe zuzuordnen ist und was genau in der Aufgabe von Ihnen erwartet wird. Es ist daher besonders wichtig, sich mit den in den Aufgaben bzw. Teilaufgaben verwendeten Operatoren vertraut zu machen.
In der folgenden Aufstellung sind die drei Anforderungsbereiche sowie eine Auswahl entsprechender Operatoren mit jeweiliger Begriffserklärung und einem Aufgabenbeispiel angegeben.

Der Anforderungsbereich I (Reproduktion) umfasst
- die Verfügbarkeit von Daten, Fakten, Regeln, Formeln, mathematischen Sätzen usw. aus einem begrenzten Gebiet im gelernten Zusammenhang
- die Beschreibung und Verwendung erlernter und eingeübter Arbeitstechniken und Verfahrensweisen in einem begrenzten Gebiet und in einem wiederholenden Zusammenhang.

In der Biologie gehören dazu
- die Reproduktion von Basiswissen (Kenntnisse von Fakten, Zusammenhängen, Methoden)
- die Nutzung bekannter Methoden und Modellvorstellungen in vergleichbaren Beispielen
- die Entnahme von Informationen aus Fachtexten und Umsetzen der Informationen in einfache Schemata (Stammbäume, Flussdiagramme o. a.)
- die schriftliche Darstellung von Daten, Tabellen, Diagrammen, Abbildungen mithilfe der Fachsprache
- die Beschreibung makroskopischer und mikroskopischer Beobachtungen
- die Beschreibung und Protokollierung von Experimenten
- das Experimentieren nach Anleitung und die Erstellung mikroskopischer Präparate

Operator	**Bedeutung**	**Beispiel**
Nennen	Fakten, Begriffe, Namen wiedergeben	*Nennen Sie zwei Vergesellschaftungsformen!*
Beschreiben	Objekte und Vorgänge vollständig, systematisch und geordnet kennzeichnen	*Beschreiben Sie den Ablauf des Calvin-Zyklus!*
Darstellen	Sachverhalte beschreiben und durch Diagramme, Tabellen oder Schemata veranschaulichen	*Stellen Sie die wichtigsten biochemischen Vorgänge der Synthese von Aminosäuren in pflanzlichen Zellen dar!*
Wiedergeben/ Formulieren	Bekannte Inhalte wiederholen bzw. zusammenfassen	*Formulieren Sie die zutreffenden Mendel'schen Gesetzte!*
Zeichnen	Eine möglichst exakte grafische Darstellung von Strukturen anfertigen und eindeutig beschriften	*Zeichnen Sie eine Skizze der Feinstruktur eines Chloroplasten!*

Der Anforderungsbereich II (Transfer) umfasst
- selbstständiges Auswählen, Anordnen, Verarbeiten und Darstellen bekannter Sachverhalte unter vorgegebenen Gesichtspunkten in einem durch Übung bekannten Zusammenhang
- selbstständiges Übertragen des Gelernten auf vergleichbare neuartige Fragestellungen, veränderte Sachzusammenhänge oder abgewandelte Verfahrensweisen.

In der Biologie gehören dazu
- die Anwendung der Basiskonzepte in neuartigen Zusammenhängen
- die Übertragung und Anpassung von Modellvorstellungen
- die sachgerechte, eigenständig strukturierte und aufgabenbezogene Darstellung komplexer biologischer Abläufe im Zusammenhang einer Aufgabenstellung
- die Auswahl bekannter Daten, Fakten und Methoden zur Herstellung neuer Zusammenhänge
- die gezielte Entnahme von Informationen aus vielschichtigen Materialien oder einer wissenschaftlichen Veröffentlichung unter einem vorgegebenen Aspekt
- die abstrahierende Darstellung biologischer Phänomene wie die zeichnerische Darstellung und Interpretation eines nicht bekannten mikroskopischen Präparats
- die Anwendung bekannter Experimente und Untersuchungsmethoden in neuartigen Zusammenhängen
- die Auswertung von unbekannten Untersuchungsergebnissen unter bekannten Aspekten
- die Beurteilung und Bewertung eines bekannten biologischen Sachverhalts
- die Unterscheidung von Alltagsvorstellungen und wissenschaftlichen Erkenntnissen.

Operator	Bedeutung	Beispiel
Erläutern	Aussagen über ein Objekt/einen Sachverhalt möglichst vollständig, unter Berücksichtigung der Beziehungen zwischen den Merkmalen und unter Einbeziehung von Beispielen zur Konkretisierung und Veranschaulichung treffen	*Erläutern Sie die Bedeutung des Lichtfaktors für die Fotosynthese!*
Erklären	Den zu erklärenden Sachverhalt aus einer allgemeinen Aussage ableiten	*Erklären Sie das Zustandekommen eines Aktionspotenzials!*
Vergleichen	Gemeinsamkeiten und Unterschiede von Objekten und Prozessen feststellen	*Vergleichen Sie Fotosynthese und Chemosynthese!*
Interpretieren	Einen Sachverhalt analysieren, beschreiben und erklären	*Interpretieren Sie die grafische Darstellung!*
Definieren	Den zu definierenden Begriff durch Angabe des Oberbegriffs und der invarianten (spezifischen) Merkmale eindeutig bestimmen	*Definieren Sie die Begriffe Modifikation und Mutation!*
Zuordnen	Begriffe entsprechend ihrer Zugehörigkeit in ein System einordnen	*Ordnen Sie die Begriffe in das vorgegebene System ein!*
Charakterisieren	Wesentliches eines Sachverhaltens nach spezifischen Aspekten benennen und beschreiben	*Charakterisieren Sie die Bedeutung der geschlechtlichen Fortpflanzung für die Erhaltung der Art!*
Schlussfolgern	Auf der Grundlage von Kenntnissen über Kausalbeziehungen Entscheidungen über die Richtigkeit bestimmter Handlungs- und Verhaltensweisen treffen	*Leiten Sie Maßnahmen zur verlustarmen Lagerung von Erntegut ab!*

Der Anforderungsbereich III (Problemlösendes Denken) umfasst

- planmäßiges und kreatives Bearbeiten vielschichtiger Problemstellungen mit dem Ziel, selbstständig zu Lösungen, Deutungen, Wertungen und Folgerungen zu gelangen.
- bewusstes und selbstständiges Auswählen und Anpassen geeigneter erlernter Methoden und Verfahren in neuartigen Situationen.

In der Biologie gehören dazu

- die Entwicklung eines eigenständigen Zugangs zu einem biologischen Phänomen, z. B. die Planung eines geeigneten Experimentes oder Gedankenexperimentes
- die selbstständige, zusammenhängende Verarbeitung verschiedener Materialien unter einer selbstständig entwickelten Fragestellung
- die Entwicklung eines komplexen gedanklichen Modells bzw. eigenständige Modifizierung einer bestehenden Modellvorstellung
- die Entwicklung fundierter Hypothesen auf der Basis verschiedener Fakten, experimenteller Ergebnisse, Materialien und Modelle
- die Reflexion biologischer Sachverhalte in Bezug auf das Menschenbild
- die materialbezogene und differenzierte Beurteilung und Bewertung biologischer Anwendungen
- die Argumentation auf der Basis nicht eindeutiger Rohdaten: Aufbereitung der Daten, Fehleranalyse und Herstellung von Zusammenhängen

– die kritische Reflexion biologischer Fachbegriffe vor dem Hintergrund komplexer und widersprüchlicher Informationen und Beobachtungen

Operator	**Bedeutung**	**Beispiel**
Begründen bzw. Ableiten	Ursache-Wirkungs-Beziehungen bzw. Grund-Folge-Beziehungen aufzeigen	*Begründen Sie, warum bei Schattenpflanzen im Gegensatz zu Lichtpflanzen bereits bei geringer Lichtintensität Fotosynthese stattfindet!*
Werten/ Beurteilen	Die Folgen eines Verhaltens, Handlungsmotivs, Sachverhalts o. ä. und die Folgen eines günstigeren Verhaltens, Handlungsmotivs, Sachverhalts o. Ä. (des Gegenteils) ableiten und persönlich Stellung nehmen	*Beurteilen Sie die Anwendung gentechnischer Verfahren in der Medizin!*
Beweisen	Den Wahrheitsgehalt einer Aussage auf der Grundlage von logischen Beziehungen und Gesetzen überprüfen	*Beweisen Sie die Zuordnung nitrifizierender Bakterien zu den autotroph assimilierenden Lebewesen!*
Erörtern/ Diskutieren	Eigene Gedanken zu einer Problemstellung entwickeln und zu einem begründeten Urteil kommen	*Diskutieren Sie Möglichkeiten der Schädlingsbekämpfung auf landwirtschaftlichen Nutzflächen!*

Alle hier genannten wichtigen Arbeitstechniken und Methoden des Faches Biologie werden im Buch **„Abitur-Training Grundlagen, Arbeitstechniken und Methoden“** (Stark Verlag Freising, Titel-Nr. 94710) anhand prüfungsrelevanter Themen erläutert und geübt. Sie können sich damit über diesen kurzen Überblick hinaus intensiv und effektiv auf Fachunterricht, auf Klausuren und insbesondere auf das Abitur vorbereiten.

Tipps zum Umgang mit Prüfungsaufgaben des Teils B

Im Teil B wird von Ihnen die individuelle Bearbeitung der beiden Aufgabenstellungen auf der Grundlage einer strukturierten Gliederung erwartet.
Wichtig bei der Erstellung Ihrer Lösung ist es, dass Sie zunächst die Materialien unter Beachtung der vorgegebenen Aspekte der Aufgabenstellungen auswerten. Selbstverständlich müssen Sie aber auch auf Ihr erlerntes Wissen zurückgreifen.
Im Folgenden geben wir Ihnen eine kurze Auflistung einiger wichtiger Punkte, die Sie beim Bearbeiten der Aufgaben in Teil B besonders beachten sollten.

a) Analysieren der Aufgabe und der Materialien

In den meisten Fällen gibt ein kurzer Informationstext eine Einführung in die zu bearbeitenden Sachverhalte. Manchmal sind in diesem Text auch wichtige Informationen zur Bearbeitung der Aufgabe „versteckt“.
Nachdem Sie sich ein Bild von der zu bearbeitenden Thematik gemacht haben, sollten Sie sich gezielt mit den einzelnen Arbeitsaufträgen auseinandersetzen:
- Unterstreichen Sie die Arbeitsanweisungen/Operatoren.
- Verdeutlichen Sie in der Fragestellung und in den Einführungstexten Informationen, die für den zu bearbeitenden Sachverhalt wichtig sein könnten durch Randbemerkungen und/oder optische Hervorhebungen.

- Gehen Sie die angebotenen Materialien nacheinander durch. Markieren Sie dabei wichtige Begriffe, die den zu bearbeitenden Sachverhalt betreffen.
- Notieren Sie wichtige Schlüsselworte/Stichworte auf einem Konzeptblatt. Vermeiden Sie eine ausführliche schriftliche Darstellung, meist genügt ein Stichwort, um einen Gedankengang wiederzuerkennen.
- Machen Sie Zusammenhänge und Beziehungen durch entsprechende Zeichen deutlich.

b) Darstellen der Ergebnisse

- Bevor Sie mit Ihrem Text beginnen, sollten Sie dann eine kurze Gliederung erstellen, damit Sie nichts vergessen und Ihr Text einem logischen Aufbau folgt. Dem Verständnis des Lesers hilft es, wenn Sie diese Gliederung auch aufschreiben.
- Verfahren Sie bei der Beantwortung nach dem Prinzip: vom Allgemeinen zum Detail.
- Behalten Sie auch bei der Auseinandersetzung mit dem Detail immer den Gesamtzusammenhang im Auge.
- Stellen Sie die Ergebnisse logisch und nach erkennbaren Ordnungsprinzipien zusammen.
- Konzentrieren Sie Ihre Aussagen auf das Thema und vermeiden Sie weitschweifige Ausarbeitungen. Dadurch geht der rote Faden verloren!
- Beschreiben Sie bei der Auswertung von Grafiken oder Tabellen zunächst kurz die dargestellten Gegebenheiten und erklären Sie diese erst danach.
- Stellen Sie komplexe Sachverhalte, wenn angebracht, grafisch dar (Skizzen, Schaubilder, Fließdiagramme etc.).
- Berücksichtigen Sie bei der Ausformulierung Ihrer Antworten immer die vorgegebenen Operatoren, damit Sie die Lösung im Sinne der Aufgabenstellung erstellen.
- Achten Sie auf sprachlich korrekte Formulierungen und eine klare, verständliche Ausdrucksweise. Alle Antworten sollten Sie durchgehend in vollständigen Sätzen formulieren. Kurze Sätze sind besser als ineinander verschachtelte.
- Verwenden Sie sorgfältig die Fachsprache. Fachbegriffe müssen nur bei ausdrücklicher Aufforderung umschrieben werden (oder wenn Sie bei deren Verwendung unsicher sind).
- Verwendete Abkürzungen sollten Sie, sofern es sich nicht um Standardabkürzungen wie DNA, ATP o. Ä. handelt, zumindest einmal ausschreiben (z. B. PKU = Phenylketonurie). Ungebräuchliche Abkürzungen gelten als Rechtschreibfehler!
- Sind Zeichnungen, Skizzen oder Tabellen anzufertigen, dann erstellen Sie diese sauber, übersichtlich und nicht zu klein. Sie sind grundsätzlich vollständig zu beschriften.
- Achten Sie auf eine angemessene äußere Form Ihrer Ausführungen (lesbare Schrift, eine übersichtliche Gestaltung durch das Einhalten eines Randes rechts und links, Absätze, Aufzählungszeichen, Unterstreichungen usw.)

c) Überprüfen auf Vollständigkeit

- Kontrollieren Sie, ob Sie alle Bedingungen und Aspekte der Aufgabenstellung (unter Einbeziehung der einleitenden Informationen zu den Teilaufgaben) erfasst haben.
- Prüfen Sie, ob alle wesentlichen Inhalte berücksichtigt wurden.
- Überprüfen Sie noch einmal, ob das vorgegebene Material sinnvoll und angemessen ausgewertet wurde.
- Lesen Sie den Text noch einmal durch und berichtigen Sie eventuelle Fehler in der Grammatik, Rechtschreibung oder Zeichensetzung.

Bewertung der Aufgaben

Die Bewertung in der Abiturprüfung erfolgt unter Bezug auf die erwartete Gesamtleistung. Dabei werden sowohl **Fachwissen** als auch **fachliche Qualifikationen** und **methodische Kompetenzen** überprüft.

Kriterien der Bewertung der Teile A und B sind:

- Fachwissenschaftliche Richtigkeit und Vollständigkeit
- Eingrenzung auf Wesentliches, Verwendung der Fachsprache
- Sachgerechtes und situatives Anwenden von fachspezifischen und fächerübergreifenden Methoden
- Materialanalyse und fachwissenschaftliche Ableitung von Erkenntnissen
- Strukturierte und logische Gliederung der Darlegungen; sprachliche Korrektheit

Bei der Beantwortung offener Aufgabenstellungen können unterschiedliche Lösungswege beschritten werden, wenn sie inhaltlich und formal der Aufgabenstellung entsprechen und schlüssig zum richtigen Ergebnis führen.
Die Abiturarbeit wird einer voneinander unabhängigen Erst- und Zweitkorrektur unterzogen. Die Erstkorrektur wird vom unterrichtenden Fachlehrer vorgenommen, für die Zweitkorrektur wird ein weiterer Fachlehrer festgelegt. Die Festlegung der Prüfungsnote orientiert sich an der Tabelle auf der folgenden Seite.

Bewertungseinheiten	Notenpunkte	Note
58–60	15	1+
55–57	14	1
52–54	13	1–
49–51	12	2+
46–48	11	2
43–45	10	2–
40–42	9	3+
37–39	8	3
34–36	7	3–
31–33	6	4+
28–30	5	4
25–27	4	4–
22–24	3	5+
19–21	2	5
16–18	1	5–
0–15	0	6

Die mündliche Abiturprüfung

Die mündlichen Abituraufgaben werden in Thüringen sowohl für das grundlegende als auch für das erhöhte Anforderungsniveau dezentral durch die Fachschaften der Schulen erstellt. Die Prüfung gliedert sich in zwei Teile: den **Vortrag** und das **Prüfungsgespräch**.
Grundlage für den ersten Prüfungsteil, den **Vortrag**, ist eine offene/komplexe Aufgabenstellung. Für die Vorbereitung des Vortrages stehen Ihnen, je nach Aufgabenstellung, zwischen 20 und 40 Minuten zur Verfügung.
Die Aufgabe muss für Sie eindeutig, verständlich und überschaubar sein. Außerdem sollte sie Arbeitsanweisungen und Materialien (z. B. Tabellen, fachwissenschaftliche Darstellungen, Untersuchungsergebnisse) enthalten. Sie müssen für diesen Teil eine Lösungsstrategie entwickeln und den Lösungsweg in Ihren Ausführungen strukturiert darstellen. Die Vortagszeit sollte ca. 10 Minuten betragen.
Das anschließende **Prüfungsgespräch** sollte fließend an den ersten Teil anknüpfen. Hier müssen Sie Kommunikationsfähigkeiten nachweisen. Es werden verschiedene Stoffgebiete thematisiert, die nicht zwingend einen Bezug zum ersten Teil der Prüfung haben müssen. Im Prüfungsgespräch werden konkrete Aufgaben gestellt, denen auch Materialien zugeordnet werden können. Für das Prüfungsgespräch stehen ebenfalls 10 Minuten zur Verfügung.
Auch Experimente und mikroskopische Untersuchungen können Gegenstand der Prüfung sein.

Inhalte und Anforderungen der mündlichen Abiturprüfung

Inhalt der Abiturprüfung auf grundlegendem und auf erhöhtem Anforderungsniveau im Fach Biologie sind die Lehrplaninhalte der Klassenstufen 11 und 12 des Thüringer Gymnasiums.
In den Lösungen zu den Aufgaben müssen Sie Ihre Fähigkeiten nachweisen, gelerntes Fachwissen direkt und koordinativ zu nutzen und es auf neue, Ihnen unbekannte Sachverhalte zu übertragen.
Für die Lösung der Aufgaben sind neben dem Fachwissen auch methodische Kompetenzen, wie z. B. die richtige Anwendung von Arbeitstechniken und Lösungsstrategien, erforderlich. Aus der Formulierung der Aufgaben bzw. aus den Arbeitsaufträgen werden in der Regel Art und Umfang der geforderten Leistung erkennbar. Es ist daher besonders wichtig, sich mit den in den Aufgaben bzw. Teilaufgaben verwendeten Operatoren vertraut zu machen (siehe dazu „Operatoren" und „Anforderungsbereiche" in den Hinweisen und Tipps zum schriftlichen Abitur).

Tipps zum Vortrag

Im Vortragsteil wird von Ihnen die individuelle Bearbeitung einer komplexen Aufgabenstellung auf der Grundlage einer strukturierten Gliederung erwartet. Wichtig bei der Erstellung Ihrer Lösung ist, dass Sie zunächst die Materialien unter Beachtung der vorgegebenen Aspekte der Aufgabenstellung auswerten. Sie müssen in diesem Zusammenhang auch auf eigene Kenntnisse zurückgreifen. Im Folgenden wird kurz dargelegt, was Sie beim Bearbeiten der komplexen Aufgabenstellung und während des Vortrags beachten sollten:

a) Analyse der Aufgabenstellung und der vorgegebenen Materialien

- Lesen Sie sich die Aufgabe und die angegliederten Materialien genau durch.
- Setzen Sie sich gezielt mit den entsprechenden Arbeitsaufträgen auseinander. Sie können dabei z. B. folgendermaßen vorgehen:
  - Unterstreichen Sie die Arbeitsanweisungen (Operatoren).
  - Gehen Sie den Einführungstext und die Materialien nacheinander durch, markieren Sie Aspekte, die für die Aufgabenlösung aus Ihrer Sicht wichtig sind.
  - Notieren Sie wesentliche Schlüsselworte auf einem Konzeptblatt.
  - Verdeutlichen Sie Zusammenhänge und Beziehungen durch eine entsprechende Zeichensetzung.

b) Erarbeitung des Konzeptes für den Vortrag

- Erarbeiten Sie zuerst eine Gliederung, damit nichts vergessen wird und der Vortrag logisch strukturiert ist.
- Verfahren Sie nach dem Prinzip „Vom Allgemeinen zum Detail".
- Behalten Sie auch bei der Auseinandersetzung mit den Details immer den Gesamtzusammenhang im Auge.
- Stellen Sie Ihre Ergebnisse logisch und nach erkennbaren Ordnungsprinzipien Zusammen.
- Konzentrieren Sie sich auf das vorgegebene Thema. Durch Ausschweifungen geht einerseits der rote Faden verloren, andererseits werden Sie beim Vortag Zeitprobleme bekommen.
- Machen Sie sich Stichpunkte, die als Konzept für den Vortrag dienen. Bereiten Sie auch eine entsprechende Präsentation, z. B. ein Tafelbild oder wenn möglich eine Folie, vor.
- Beziehen Sie in den Vortrag die dem Thema zugeordneten Materialien sinnvoll ein.
- Überprüfen Sie Ihr Konzept auf Vollständigkeit.

c) Vortragen der Ergebnisse

- Begrüßen Sie zuerst die Fachprüfungskommission.
- Nennen Sie dann das Vortragsthema, das ist ein guter Einstieg, der die Aufregung etwas mindert.
- Anschließend stellen Sie der Prüfungskommission die Gliederung vor.
- Dann halten Sie Ihren vorbereiteten Vortrag. Achten Sie dabei auf folgendes:
  - agieren Sie sprachlich souverän
  - arbeiten Sie fachlich korrekt
  - bemühen Sie sich um die Anwendung der Fachsprache
  - nutzen Sie das vorgegebene Material an passenden Stellen
  - unterstützen Sie Ihre Aussagen durch eine ordentliche Präsentation (z. B. Tafelbild oder Folie)
- Behalten Sie immer die Zeit (ca. 10 Minuten) im Auge.
- Bedanken Sie sich für die Aufmerksamkeit der Fachprüfungskommission, wenn Sie den Vortrag beendet haben.

Tipps zum Gespräch

Im Gesprächsteil wird von Ihnen erwartet, dass Sie sich zu Fragen aus verschiedenen Themenbereichen äußern können.
Beachten Sie in diesem Prüfungsteil folgendes:

- Hören Sie sich die Fragen konzentriert an und bemühen Sie sich stets um korrekte Antworten.

– Bleiben Sie ruhig, auch wenn Sie eine Frage nicht sofort beantworten können.
– Fragen Sie nach, wenn Sie mit einer Aufgabenstellung Probleme haben.
– Zeigen Sie, dass Sie Fachkenntnisse besitzen, die Sie sicher anwenden können.
– Bedienen Sie sich bei der Beantwortung der Aufgaben der Fachsprache.
– Nutzen Sie das Material (sofern vorhanden).

Bewertung der Aufgaben

Bei der Festlegung der Note für die mündliche Reifeprüfung wird der 1. und der 2. Prüfungsteil in etwa gleichrangig gewichtet. Schulintern können spezifische Festlegungen getroffen werden. Die genaue Wertigkeit der beiden Prüfungsteile sollte Ihnen vor der Prüfung bekannt sein.
In die Leistungsbewertung sind fachspezifische (z. B. Fachkenntnisse, Anwendung der Fachsprache) und fachunabhängige Kriterien (z. B. Auftreten, sprachliches Vermögen) einzubeziehen.

Wesentliche Kriterien für die Bewertung sind:
– Fachwissenschaftliche Korrektheit
– Korrektes Anwenden von fachspezifischen und fächerübergreifenden Methoden
– Entwickeln einer transparenten und effizienten Lösungsstrategie, Darstellen von Zusammenhängen, Eingrenzen auf das Wesentliche, richtiges Anwenden von Fachtermini
– Angemessene sprachliche Darstellung, sicheres Präsentieren
– Sachgerechtes und sicheres Agieren und Reagieren

Die mündliche Abiturprüfung wird von einer Prüfungskommission bewertet. Die Festlegung der Prüfungsnote orientiert sich an den Vorgaben, die auch für die schriftlichen Prüfung gelten.

Hinweise zur Benutzung dieses Buches

Die **Lösungsvorschläge** zu den Aufgaben wurden basierend auf den ministeriellen Hinweisen zur Korrektur und Bewertung überarbeitet und in den meisten Fällen bewusst ausführlicher beantwortet.
Die Lösungsvorschläge sind, wenn es angebracht erscheint, zusätzlich mit Hinweisen, Anmerkungen und weiterführenden Informationen versehen. Diese Hinweise erläutern – sofern nötig – die Herangehensweise an die Teilaufgabe und geben Ihnen konkrete Tipps, was bei der jeweiligen Aufgabe zu beachten ist. Alle Tipps und Hinweise erkennen Sie am *Kursivdruck* und an den Rauten am Seitenrand.
Dies alles ermöglicht Ihnen die kompakte Wiederholung abiturrelevanter Lerninhalte und somit eine gezielte Vorbereitung auf das schriftliche Abitur.

Biologie (Thüringen): Grundlegendes Anforderungsniveau
Übungsaufgabe 1 für die mündliche Abiturprüfung (Stoffwechsel, Neurobiologie, Genetik)

Teil A: Aufgabenstellung für den Vortrag

BE

Kartoffeln gehören zu den Grundnahrungsmitteln des Menschen.

- Begründen Sie die Eignung der Kartoffel als Grundnahrungsmittel.
- Weisen Sie den wichtigsten Speicherstoff der Kartoffel nach und protokollieren Sie Ihre Ergebnisse. Beschreiben Sie den Prozess der Stärkeverdauung im menschlichen Körper und planen Sie ein Experiment zum Nachweis des Stärkeabbaus.
- Stellen Sie eine begründete Vermutung über die lähmende Wirkung von Solanin auf. 20

Material 1

Botanisch gesehen gehört die Kartoffel zur Familie der Nachtschattengewächse. Als Frucht trägt die Kartoffelpflanze grüne Beeren. Kartoffeln sind unter anderem sehr stärkehaltig und damit eines der wichtigsten Grundnahrungsmittel. (...)
Das giftige Solanin ist in den heutigen Kartoffelsorten nur in sehr geringen Konzentrationen vorhanden, sodass keine Gesundheitsgefährdung eintreten kann. Lichteinwirkung führt jedoch zu erhöhter Solaninbildung und gleichzeitig zum Ergrünen der Knollen. Daher sollten grüne oder angegrünte Kartoffeln nicht mehr verzehrt werden.

Aus: Heißgeliebte Kartoffeln – gekocht, gebraten und gebacken; Weltbild-Verlag GmbH, Augsburg 1997

Material 2

In einem Buch über Giftpflanzen findet man folgende Informationen über das Gift Solanin: Das Steroid-Alkaloid Solanin kommt vorwiegend in unreifen Beeren (1 %), in Blüten und im Kraut (0,5 %) vor. In verschimmelten Kartoffeln und in Keimen beträgt der Gehalt bis zu 5 %. Bei Menschen führt erst ein Solaningehalt von 20 mg pro 100 g Körpergewicht zu gesundheitlichen Schäden. Neben Reizung der Verdauungswege und der Auflösung roter Blutkörperchen (Hämolyse) können Durchfall, Lähmungen sowie Hautausschläge weitere Symptome sein. Im Extremfall kann der Tod durch Atemlähmung eintreten.

Nach: H. Liebenow/K. Liebenow: Giftpflanzen; VEB Gustav Fischer Verlag, Jena 1988

Material 3

Die Inhaltsstoffe der Kartoffel

Lange wurde die Kartoffel als Dickmacherin verteufelt. „Weg mit Kohlenhydraten“ wurde gepredigt. Doch heute ist klar: Entscheidend sind Zubereitung und Beigaben. Mit etwa 70 kcal pro 100 g hat die Kartoffel wesentlich weniger Kalorien als Reis oder Nudeln. Trotz hohem Wasseranteil (rund 80 %) sättigt sie gut. Die Kartoffel ist bei fettarmer Zubereitung ein hervorragendes Nahrungsmittel für eine kalorienarme Ernährung.

100 g essbarer Anteil roher Kartoffeln enthält:

– 77,8 g Wasser	– 16,5 g Kohlehydrate
– 2,1 g Eiweiß	– 2,5 g Ballaststoffe
– 0,1 g Fett	– 1,0 g Mineralstoffe

Mineralstoffe:

– 3,2 mg Natrium	– 9,5 mg Calcium
– 443 mg Kalium	– 50 mg Phosphor
– 25 mg Magnesium	– 0,8 mg Eisen

Vitamine:

– B1	– Niacin
– B2	– Pantothensäure
– B6	– Biotin
– C	– Folsäure

http://www.chefkoch.de/magazin/artikel/56,4/Chefkoch/Die-Inhaltsstoffe-der-Kartoffel

Teil B: Prüfungsgespräch BE

1 Reizbarkeit und Bewegung sind wichtige Lebensmerkmale. Sie ermöglichen die Anpassung der Organismen an wechselnde Bedingungen.

1.1 Weisen Sie nach, dass ein Zusammenhang zwischen Aufbau und Funktion einer Nervenzelle besteht.

1.2 Begründen Sie anhand von Beispielen, dass Nervensysteme beeinflussbare Strukturen sind. 8

2 Eine Grundlage für die Reizbarkeit ist das Ruhepotenzial.

2.1 Erklären Sie das Zustandekommen und die Aufrechterhaltung der Ionenverteilung im Ruhepotenzial.

2.2 Begründen Sie, dass ein Zusammenhang zwischen Reizbarkeit und Stoffwechsel besteht. 8

3 Fortpflanzung und Vererbung sind weitere Lebensmerkmale. Obwohl bei der geschlechtlichen Fortpflanzung eines Menschen Keimzellen miteinander verschmelzen, bleibt unserer Chromosomensatz normalerweise konstant.
Erläutern Sie den Ablauf des Vorganges, der die beschriebene Konstanz des Genoms ermöglicht. 4

Lösung

Teil A

Die Eignung der Kartoffel als Grundnahrungsmittel kann wie folgt **begründet** werden:
- Der Mensch ist als heterotropher Organismus darauf angewiesen, dass die für seinen Grund- und Leistungsumsatz benötigte Energie durch den Abbau von Nahrungsmitteln bereitgestellt wird.
- Der Mensch braucht gesunde Mischkost, die die Grundnährstoffe (Kohlenhydrate, Eiweiße und Fette), Ergänzungs- und Wirkstoffe (Vitamine, Wasser und Mineralstoffe) sowie Ballaststoffe enthält, um alle Körperfunktionen aufrechterhalten zu können.
- Die Eignung der Kartoffel als Grundnahrungsmittel basiert darauf, dass sie viele dieser Stoffe enthält und somit den Bedarf des Menschen an zahlreichen Nahrungsbestandteilen deckt.

Durchführen des **Stärkenachweises** und **protokollieren** der Ergebnisse:
- benötigte **Geräte und Chemikalien:**
  - Reagenzglasständer
  - Reagenzgläser
  - Reagenzglashalter
  - Reagenzglasklammern
  - Schutzbrille
  - Kartoffeln
  - Iod-Kaliumiodidlösung
- **Durchführung:**
  - Kartoffelstückchen werden auf Uhrglasschälchen gelegt. Auf die Kartoffeln werden einige Tropfen Iod-Kaliumiodidlösung gegeben.
- **Beobachtung:**
  - Blau-schwarze Verfärbung der Kartoffeln nach Zugabe der Iod-Kaliumiodidlösung
- **Auswertung:**
  - Farbreaktion zeigt Vorhandensein des Speicherstoffs Stärke

Beschreibung der Stärkeverdauung im menschlichen Körper:
- Einleitung der Stärkeverdauung in der Mundhöhle durch die im Mundspeichel enthaltene Amylase Ptyalin
- Ptyalin spaltet die in der Nahrung enthaltene Stärke in unterschiedlich lange Glucoseketten (z. B. Oligosaccharide, Maltose)
- Vollständiger Abbau der Stärke zu Glucose durch das Enzym Pankreasamylase im Dünndarm

Das **Experiment** zum Nachweis des Stärkeabbaus könnte wie folgt **geplant** werden:
Stärkeabbau außerhalb des Körpers
- Benötigt wird:
  - Amylase (z. B. aus gemörserten Pankreastabletten)
  - Stärkelösung
- Nachweis im Anschluss an das oben beschriebene Experiment möglich
- Entfärbung nach Zugabe von Amylasen durch enzymatische Spaltung der Stärke in Glucosemoleküle
- Nachweis des Spaltproduktes Glucose über die Fehlingsche Probe

Aufstellen einer **begründeten Vermutung** über die Wirkung des Solanins:
- Möglichkeit: Wirkung des Solanin auf Synapsen zwischen Nerven- und Muskelzellen
- Blockierung der Ausschüttung des Neurotransmitters am präsynaptischen Element
- Verhinderung der Informationsübertragung durch den Neurotransmitter
  ⇒ Atemlähmung

Teil B

1.1 **Nachweisen** des Zusammenhanges zwischen Struktur und Funktion einer Nervenzelle:
- Spezifische Strukturen einer Nervenzelle sind:
  - Perikaryon (Zellkörper) mit Dendriten, die chemisch gesteuerte Poren und passive Ionenkanäle aufweisen, und Zellkern
  - Axon mit aktiven und passiven Ionenkanälen, die entweder über das gesamte Axon verteilt sind (marklose Axone) oder nur an den Ranvierschen Schnürringen zu finden sind (markhaltige Axone)
  - Axone enden in Axonendknöpfchen, die Vesikel mit Neurotransmittern besitzen
- Informationsaufnahme über Dendriten des Perikaryons
- Leitung von Aktionspotenzialen nach der Strömchentheorie über das Axon (saltatorisch bei markhaltigen und kontinuierlich bei marklosen Axonen)
- Informationsabgabe an nachfolgende Systeme über die Abgabe von Neurotransmittern, die an der postsynaptischen Membran ein postsynaptisches Potenzial erzeugen

1.2 **Begründen** der Beeinflussbarkeit:
- Möglichkeit der Beeinflussung aktiver und passiver Ionenkänale über Nervengifte oder konkurrierende Stoffe (z. B. Nikotin und Atropin)
- Beeinflussung durch Sauerstoffentzug ⇒ Zellatmung kommt zum Erliegen ⇒ ATP-Mangel ⇒ Funktion der Ionenpumpe wird beeinträchtigt
- Beeinflussung durch Temperaturveränderung (Hitze / Kälte) ⇒ Enzyme der Zellatmung werden beeinflusst ⇒ Zellatmung läuft verlangsamt ab ⇒ ATP-Mangel ⇒ Funktion der Ionenpumpe wird beeinträchtigt

2.1 **Erklären** des Zustandekommens und der Aufrechterhaltung des Ruhepotenzials:
Zustandekommen des Ruhepotenzials:
- Ionenverteilung durch genetische Disposition:
  - intrazellulär: vor allem K^+ und EW^- (A^-)
  - extrazellulär: vor allem Na^+ und Cl^-
- unterschiedliche Permeabilität der Membranen für die Ionen:
  - hohe Permeabilität für K^+
  - geringe Permeabilität für Na^+ und Cl^-
  - keine Permeabilität für EW^-

⇒ K^+-Ausstrom mit Konzentrationsgefälle
⇒ positive Außen- und negative Innenladung; Potenzialdifferenz ca. –70 mV
⇒ sich aufbauende positive Außenladung stößt K^+-Ionen ab, sich aufbauende negative Innenladung zieht K^+-Ionen an.
⇒ K^+-Ein- und -Ausstrom im Gleichgewicht etwa gleich groß

Aufrechterhaltung des Ruhepotenzials:
Durch Natrium-Kalium-Ionenpumpe; unter ATP-Verbrauch wird K^+ nach innen und über Leckströme eingeströmtes Na^+ nach außen transportiert (jeweils entgegen dem Konzentrationsgefälle).

2.2 **Begründen**, dass ein Zusammenhang zwischen Reizbarkeit und dem dissimilatorischen Stoffwechsel besteht:
- Ionenpumpe ist eine Grundlage für die Aufrechterhaltung des Ruhepotenzials
- Ionenpumpe arbeitet ATP-abhängig
- ATP wird durch den dissimilatorischen Stoffwechsel bereitgestellt

3 Der zugrunde liegende Vorgang ist die Meiose.

Erläutern des Ablaufs der Meiose:

- Reduktionsteilung:
  - Paarung homologer Chromosomen, Ausbildung des Spindelapparates und Anordnung der Chromosomenpaare in der Äquatorialebene
  - homologe Chromosomen werden durch Spindelapparat getrennt und zu den gegenüberliegenden Zellpolen gezogen
  - aus diploiden Mutterzellen entstehen haploide Tochterzellen
- Äquationsteilung
  - In den Tochterzellen werden die Chromatiden der Chromosomen getrennt und durch den Spindelapparat auf beide Zellpole verteilt.
  - Es entstehen vier Geschlechtszellen mit haploiden Chromosomensätzen aus Einchromatid-Chromosomen.

Nach Befruchtung der Eizelle durch ein Spermium entsteht eine diploide Zygote

⇒ Chromosomenzahl bleibt konstant

Biologie (Thüringen): Grundlegendes Anforderungsniveau
Übungsaufgabe 2 für die mündliche Abiturprüfung (Stoffwechsel, Ökologie, Neurobiologie)

Teil A: Aufgabenstellung für den Vortrag

BE

Wasser, Licht und eine geeignete Temperatur sind wesentliche Grundlagen für den Ablauf der Fotosynthese bei grünen Pflanzen.
Erläutern Sie den Prozess der Wasseraufnahme an den Wurzelhaarzellen bei Samenpflanzen. Beziehen Sie folgendes Experiment mit ein:

- Stellen Sie zwei Frischpräparate von einem Zwiebelhäutchen her.
- Saugen Sie unter dem Deckglas eines der Präparate eine konzentrierte Natriumchloridlösung durch.
- Beobachten und erklären Sie das Verhalten der Pflanzenzellen in hypo- und hypertonischen Lösungen.
- Interpretieren Sie die im Material vorgegebenen Versuchsergebnisse und leiten Sie Schlussfolgerungen für die Steigerung der Erträge in der Landwirtschaft ab. 20

Material

Abhängigkeit der Fotosynthese von Umweltfaktoren

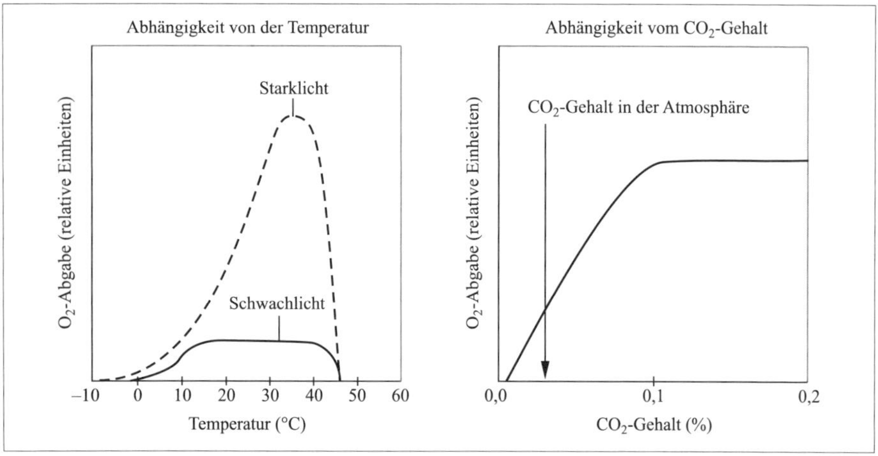

Teil B: Prüfungsgespräch

BE

1 Nicht nur abiotische, sondern auch biotische Umweltfaktoren beeinflussen die Erträge in der Landwirtschaft.
Erläutern Sie an einem Beispiel den Einfluss biotischer Umweltfaktoren auf das Ernteergebnis. 2

2 Zur Bekämpfung von Schadinsekten auf landwirtschaftlichen Flächen wird u. a. ein Mittel eingesetzt, das den Wirkstoff E 605 enthält. Er blockiert bei Insekten die Cholinesterase, das Transmitter spaltende Enzym an den Synapsen zwischen Nerven- und Muskelzellen, irreversibel.

2.1 Beschreiben Sie den Aufbau einer Synapse.

2.2 Erläutern Sie die Wirkung von E 605 auf neurophysiologische Vorgänge der Insekten.

2.3 Werten Sie diese Maßnahme der Schädlingsbekämpfung. 10

3 In einem Laborversuch wurden die Entwicklungen der Populationen von Kornkäfern und Schlupfwespen untersucht. Die Schlupfwespen sind Brutparasiten der Käfer. Die Haltung der Tiere erfolgte auf einem begrenzten Areal unter natürlichen Bedingungen.

3.1 Fertigen Sie zu diesem Versuchsansatz eine grafische Darstellung an und interpretieren Sie die Versuchsergebnisse.

3.2 Beurteilen Sie derartige Versuchsergebnisse bezüglich der Übertragbarkeit auf ein natürliches Ökosystem. 8

Lösung

Teil A

Erläutern der Wasseraufnahme an den Wurzelhaarzellen:
- Über die Wurzelhaarzellen erfolgt die Wasseraufnahme durch den passiven Transportprozess Osmose, d. h., Wasser diffundiert mit dem Konzentrationsgefälle über die semipermeable Membran
- Vergrößerte Oberfläche und dünne Zellwände der Wurzelhaarzellen begünstigen den Aufnahmeprozess
- Ionenarme Bodenlösung ist im Vergleich zum Grundplasma der Rhizodermiszellen hypotonisch
- Zellinneres ist hypertonisch, da osmotisch wirksame Substanzen (z. B. Aminosäuren, anorganische Ionen, Zuckerverbindungen) durch das Plasmalemma zurückgehalten werden
- Wasseraufnahme erfolgt aus dem Boden in Richtung des hypertonischen Grundplasmas

Experimentelles Arbeiten
- Herstellung von zwei Frischpräparaten der Zwiebelhaut
- Präparat 2: Absaugen des Wassers und ersetzen durch eine konzentrierte Natriumchloridlösung

Beobachtung:
- Frischpräparat 1: Normalzustand
- Frischpräparat 2: Zustand der Plasmolyse

Erklären:
Aufbau der Biomembran nach dem Flüssig-Mosaik-Modell:
- Bestandteile der Membran: Lipide, Proteine, Kohlenhydrate
- Lipide bilden Lipiddoppelschicht, hydrophile Anteile der Lipidmoleküle sind in das wässrige Umgebungsmedium gerichtet, hydrophobe Bereiche sind einander zugewandt
- Proteine sind in der Lipiddoppelschicht unregelmäßig verteilt. Sie kommen als periphere und als integrale Proteine vor. Periphere Proteine sind lose an die Membranoberfläche gebunden, integrale durchziehen die Lipiddoppelschicht
- Kohlenhydrate sind ausschließlich an der Außenseite der Plasmamembran zu finden. Sie sind an die Lipide und die Proteine gebunden.

Grundlagen des osmotischen Wassertransports:
- Normalzustand (1): Zellinneres der Zwiebelhautzellen ist im Vergleich zum Zelläußeren hypertonisch $\Rightarrow$ osmotische Wasseraufnahme bedingt durch Bau der Biomembran und aufgrund des Konzentrationsgefälles für Wasser von außen in die Zelle
- Plasmolysezustand (2): Zellinneres der Zwiebelhautzellen ist im Vergleich zum Zelläußeren hypotonisch $\Rightarrow$ osmotische Wasserabgabe der Zwiebelhautzellen bedingt durch Bau der Biomembran und aufgrund des vorhandenen Konzentrationsgefälles für Wasser von der Zelle nach außen

Interpretieren der im Material vorgegebenen Versuchsergebnisse:
Die Fotosyntheserate ist abhängig von den Lichtverhältnissen (Energiequelle), der Temperatur und dem CO_2-Gehalt (Ausgangsstoff) der Luft.
In den Abbildungen dient die O_2-Abgabe als Indikator für die Fotosyntheseaktivität.

Kurve 1:

- Die Untersuchung der Fotosyntheserate bei Pflanzen einer Art unter Stark- bzw. Schwachlichtbedingungen bei ansteigender Temperatur zeigt gravierende Unterschiede.
- Starklichtbedingungen:
  - Temperaturanstieg bewirkt Zunahme der Fotosyntheserate bis zum Optimum, danach erfolgt ein rapider Abfall
  - Ursachen liegen in der Temperaturabhängigkeit der Sekundärreaktion: Bei etwa 40 °C wird die Fotosynthesereaktion aufgrund der Temperatursensibilität der Enzymproteine eingestellt. Außerdem kommt es bei höheren Temperaturen zum Verschluss der Spaltöffnungen ⇒ Gasaustausch und Wassertransport werden eingestellt ⇒ Ausgangsstoffe für die Fotosynthese stehen nur bedingt zur Verfügung
- Schwachlichtbedingungen:
  - Bei niedriger Lichtintensität wird vor allem die Primärreaktion beeinflusst ⇒ Ausbeute an $NADPH+H^+$ und ATP ist gering ⇒ Sekundärreaktion kann nur bedingt ablaufen ⇒ Fotosyntheserate ist niedrig
  - Bei Temperaturerhöhung über ca. 40 °C fällt die Fotosyntheserate aus den unter Starklichtbedingungen benannten Gründen auf null ab

Kurve 2:

- Erhöhung der Kohlenstoffdioxidkonzentration bewirkt zuerst einen Anstieg der Fotosyntheserate bis zum Optimum, da Kohlenstoffdioxid Ausgangsstoff der Fotosynthese ist
- Bei einer bestimmten Konzentration ist die höchstmögliche Kapazität erreicht, eine Steigerung der Fotosyntheserate über den Faktor CO_2 ist dann nicht mehr möglich

Ableiten von **Schlussfolgerungen** für die Steigerung der Erträge:
Durch die Schaffung optimaler Bedingungen für die Fotosynthese, unter Beachtung der Ansprüche der Pflanzenart und des Zusammenwirkens verschiedener abiotischer Umweltfaktoren, können die Erträge in der Landwirtschaft gesteigert werden.

Teil B

1 **Erläutern** des Einflusses biotischer Umweltfaktoren:
z. B. Einfluss von Schädlingskalamitäten
- Pflanzenschädlinge, wie z. B. Kartoffelkäfer, ernähren sich von den Blättern der Nutzpflanzen
- Assimilatorische Stoffwechselleistungen der Gewächse gehen aufgrund des dadurch entstehenden Blattverlustes zurück

⇒ Ertragsminderung

2.1 **Beschreiben** des Synapsenaufbaus:
Präsynaptisches Element (Axonendknöpfchen mit Vesikeln, die Neurotransmitter enthalten), synaptischer Spalt und postsynaptisches Element (mit Empfängerstrukturen für Neurotransmitter und Transmitter spaltenden Enzymen)

2.2 **Erläutern** der Wirkung von E 605:
Hemmung der Cholinesterase ⇒ ungenügende Spaltung des Transmitters Acetylcholin an der Postsynapse ⇒ Dauererregung ⇒ Krämpfe

2.3 **Werten** der Maßnahme:
Pro: Wirksame Bekämpfung von Schadinsekten ⇒ Ertragssteigerung
Contra: Unspezifischen Insektenbekämpfung, Eintrag in die Nahrungskette

3.1 **Anfertigung** einer **grafischen Darstellung** und **Interpretation:**

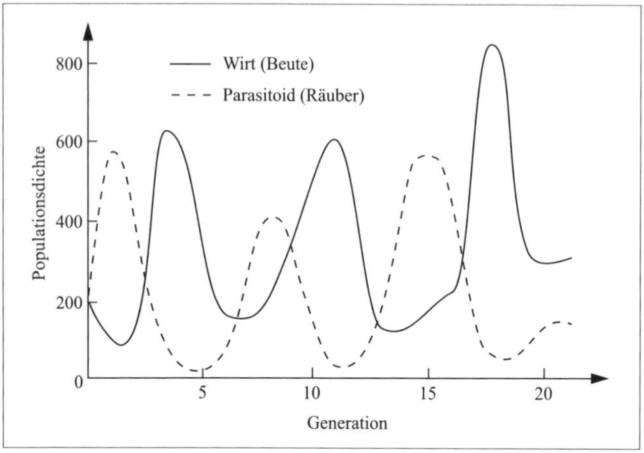

- anfänglich sind beide Populationen im Laborversuch in gleicher Anzahl vertreten
- Schlupfwespen sind Brutparasiten der Kornkäfer, sie fungieren als Räuber
- Population der Kornkäfer wird durch Brutparasitismus dezimiert, sie fungieren als Beute
- Schlupfwespenpopulation steigt anfangs an, da sich die Brut in den Kornkäfern optimal entwickeln kann => nach einer gewissen Zeit sind nur noch wenige Käfer am Leben => weniger Wirte für die Wespen => Populationswachstum nimmt ab => Käfer können sich erholen => Schlupfwespen stehen wieder mehr Wirte zur Verfügung => usw.
- Im System kommt es zu periodischen und phasenverzögerten Populationsschwankungen

3.2 **Beurteilung** der Übertragbarkeit:
- Gewinnung von Erkenntnissen über die Entwicklung der Populationen in einer Räuber-Beute-Beziehung
- komplexes Wirken verschiedener Umweltfaktoren in Natur bleibt bei diesem Versuchsansatz unberücksichtigt

Biologie (Thüringen): Grundlegendes Anforderungsniveau
Übungsaufgabe 3 für die mündliche Abiturprüfung (Ökologie, Genetik, Stoffwechsel)

Teil A: Aufgabenstellung für den Vortrag BE

Nach der letzten Eiszeit vor etwa 10 000 Jahren kam es zur Wiederbewaldung von Mitteleuropa. In Abhängigkeit von sich ändernden Klimabedingungen und Eingriffen des Menschen in die Natur wechselten auch die Waldgesellschaften. Heute findet man sowohl natürliche als auch naturferne Wälder, die in der Gegenwart mehr oder weniger stark gefährdet sind.

- Vergleichen Sie natürliche und naturferne Wälder unter ökologischen Gesichtspunkten und beurteilen Sie die Stabilität dieser Ökosysteme.
- Begründen Sie aus stoffwechselphysiologischer Sicht, dass Wälder für die Erhaltung des Ökosystems Erde eine entscheidende Bedeutung haben.
- Erklären Sie die Wirkung natürlicher und anthropogen bedingter Stressfaktoren auf Waldökosysteme.

Beziehen Sie in Ihre Darstellung auch geeignete Sachverhalte aus der nachfolgenden Materialsammlung ein. 20

Material 1

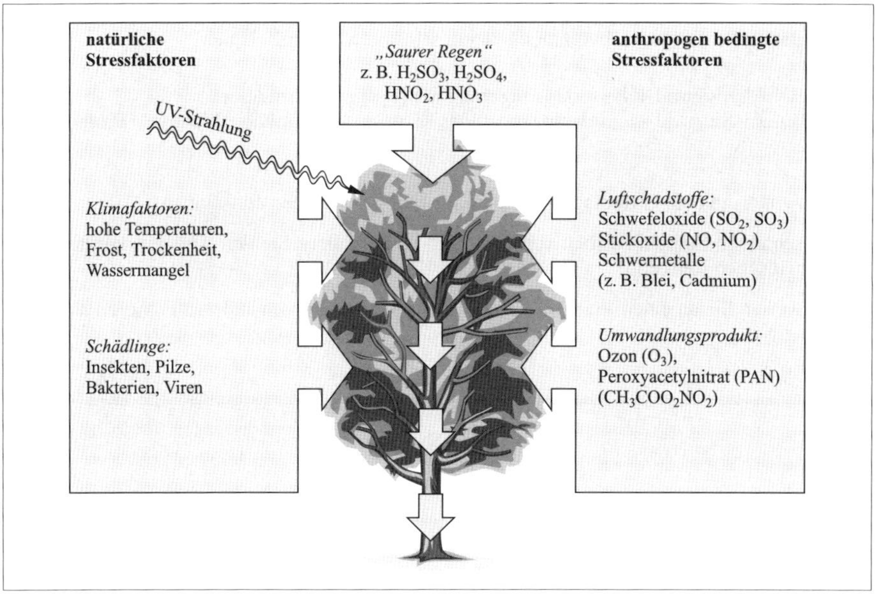

Stressfaktoren des Waldes

Material 2

Viele Wirtschaftswälder gehören zu den naturfernen Wäldern. Der Mensch hat diese Forste durch Nutzung stark verändert. Zur Sicherung hoher Erträge wurden schnell wachsende Nadelhölzer wie Fichte und Kiefer in Monokulturen angelegt. „Holzäcker“ einer Altersklasse können durch Kahlschläge auf einmal geerntet und wieder aufgeforstet werden.
Monokulturen sind ökologisch verarmt. Zusätzlich sind diese Wälder durch Schnee- und Windbruch, Waldbrände und Schädlingsbefall viel stärker gefährdet als naturnahe Mischbestände. Monokulturen können nur durch den Menschen erhalten werden.

Fichten-Monokultur

Teil B: Prüfungsgespräch BE

1	Pflanzen sind in der Lage, sich an bestimmte Umweltbedingungen anzupassen. Erklären Sie diesen Sachverhalt an einem selbst gewählten Beispiel.	4
2	Die Nukleinsäure DNA ist der Träger der genetischen Information. Erläutern Sie, wie die Information eines Gens in ein funktionstüchtiges Protein übersetzt wird.	8
3	Enzyme sind eine Grundlage für die Realisierung von Lebensfunktionen.	
3.1	Beschreiben Sie den Aufbau von Enzymen und erläutern Sie den Ablauf einer enzymatischen Reaktion.	
3.2	Beweisen Sie an einem Beispiel, dass die Enzymaktivität von äußeren Faktoren abhängig ist.	8

Lösung

Teil A

Vergleich natürlicher und naturferner Wälder:

- **Gemeinsamkeiten:**
  - spezifische Merkmale eines Ökosystems wie z. B. Struktur (Raum- und Zeitstruktur), Stofffstrom, Energiefluss und Stoffproduktion
- **Unterschiede:**

Naturwald	naturferner Wald
• artenreiche Biozönose, ausgeprägte Schichtungsstruktur (viele ökologische Nischen) • komplexe Nahrungsnetze • Regulationsfähigkeit	• artenarme Monokulturen mit wenigen ökologische Nischen • keine komplexen Nahrungsnetze • mangelnde Regulationsfähigkeit ⇒ z. B. Schädlingskalamitäten

- Folgende **Schlussfolgerung** kann abgeleitet werden:
  - Da die naturfernen Wälder eine stark eingeschränkte Fähigkeit zur Selbstregulation haben, können sie nur durch den Menschen erhalten werden.
- **Begründen** der Bedeutung der Wälder:
  Ausgangspunkt kann z. B. der Stoffstrom sein
  - Produzenten sind fotosynthetisch aktiv ⇒ Produktion von Biomasse und Sauerstoff aus Kohlenstoffdioxid und Wasser unter Nutzung von Lichtenergie
  - Nutzung der Biomasse durch heterotrophe Konsumenten und Destruenten
  - Nutzung des Sauerstoffs für die Zellatmung
- **Erklären** der Wirkung von Stressfaktoren, z. B.:
  Auf die Pflanzen wirken natürliche Stressfaktoren, wie z. B. Wassermangel, intra- und interspezifische Konkurrenz und Parasitismus.
  - Wassermangel bewirkt Austrocknung der Pflanze ⇒ Sol-Gel-Transformation des Grundplasmas und damit Inaktivierung des Stoffwechsels ⇒ Möglichkeit der Entstehung von Dürreschäden
  - limitierende Wirkung des dichteabhängigen Faktors Konkurrenz ⇒ Ressourcenknappheit und damit ebenfalls Beeinträchtigung der Stoffwechselleistungen
  - Schädigung der Wirtspflanzen durch Parasitismus

  Auf die Pflanzen wirken anthropogene Stressfaktoren, wie z. B. Salzlauge und Stickoxide.
  - u. a. bei der Verbrennung fossiler Brennstoffe gelangen Stickoxide in die Luft ⇒ Reaktion z. B. von NO_2 mit Wasserdampf ⇒ Entstehung von Salpetersäure ⇒ Verbindung der Salpetersäure mit Regen ⇒ Entstehung von saurem Regen ⇒ Schädigung der Kutikula und der Spaltöffnungen in den Epidermen der Blätter durch die Säuren ⇒ Entstehung von Dürreschäden und abnehmende Widerstandsfähigkeit der Bäume gegen Frost und Parasiten
  - Salzlauge (die z. B. durch das Ausbringen von Streusalz entsteht) macht das Bodenwasser hypertonisch ⇒ hypertonischer Boden entzieht den Baumwurzeln das Wasser ⇒ die Wurzelzellen plasmolysieren und sterben ab ⇒ keine ausreichende Möglichkeit zur Stoffaufnahme über die Wurzeln ⇒ Bäume sterben ab

Teil B

1 Z. B. **Erklären** der Angepasstheit von Licht- oder Schattenpflanzen:
- Lichtpflanzen: Anpassung an hohe Lichtintensität durch kleine, zum Teil dickfleischige Blätter mit mehrschichtigem Palisaden- und Schwammgewebe, mehrschichtige Epidermis, starke Kutikula und hohe Chlorophyllkonzentration
- Schattenpflanzen: Anpassung an geringe Lichtintensität durch große, dünne Blätter, einschichtiges Schwamm- und Palisadengewebe, schwach entwickelte Kutikula und geringe Chlorophyllkonzentration

2 **Erläutern** der Proteinsynthese:
- Transkription:
  - Öffnung des DNA-Stranges an bestimmten Stellen des Chromosoms durch Enzyme
  - Anlagerung freier mRNA-Nukleotide an den codogenen Strang
  - enzymatische Verbindung der angelagerten Nukleotide zur mRNA
- Zwischenschritt:
  - Transport der mRNA vom Zellkern in das Grundplasma
- Translation:
  - Anlagerung der Ribosomen an die mRNA
  - parallel dazu Bindung spezifischer Aminosäuren an die tRNA im Grundplasma der Zelle
  - komplementäre Basenpaarung zwischen m- und tRNA vom Start- zum Stopp-Signal; dadurch Übersetzung der Basensequenz in die Aminosäuresequenz
  - Aminosäuren werden enzymatisch durch Peptidbindungen zu einem Polypeptid verknüpft
  - Ablösung des Präproteins
- Transport und Reifung des Präproteins

3.1 **Beschreiben** des Enzymaufbaus:
- Enzyme sind entweder reine Proteine oder sie bestehen aus einem Eiweißanteil (Apoenzym) und einem Molekülteil ohne Eiweißcharakter (Kofaktor)
- Enzyme besitzen ein aktives Zentrum, das nach dem Schlüssel-Schloss-Prinzip spezifische Substrate binden kann

Erläutern des Ablaufs einer enzymatischen Reaktion:
- Substratmolekül verbindet sich mit dem aktiven Zentrum, Enzym-Substrat-Komplex entsteht
- durch Wirkung der spezifischen Struktur des aktiven Zentrums wird das Substrat in ein Reaktionsprodukt umgesetzt (Enzym-Reaktionsprodukt-Komplex)
- Reaktionsprodukte werden abgegeben, Enzym geht unverändert aus der biochemischen Reaktion hervor

3.2 **Beweisen** der Abhängigkeit der Enzyme von äußeren Faktoren (z. B. pH-Wert, Temperatur, Schwermetallbelastung):
Der Nachweis der pH-Wert-Abhängigkeit könnte z. B. für das Enzym Pepsin über folgende Versuchsreihe erbracht werden:
- Pepsin könnte stetig steigenden pH-Werten ausgesetzt werden
- Enzym würde Optimum bei einem stark sauren pH-Wert erreichen und die Aktivität im schwach sauren bis neutralen Bereich einstellen
- Begründung: Starke pH-Wert-Änderungen können z. B. zur Denaturierung der Enzymproteine führen, damit können keine Substrate mehr gebunden werden ⇒ das Enzym ist funktionsuntüchtig

Biologie (Thüringen): Grundlegendes Anforderungsniveau
Übungsaufgabe 4 für die mündliche Abiturprüfung (Genetik, Ökologie, Stoffwechsel)

Teil A: Aufgabenstellung für den Vortrag BE

Antarktische Eselspinguine leben in Brutkolonien. Sie besitzen normalerweise ein schwarz-weißes Gefieder. Mitunter werden in den Kolonien aber auch Exemplare mit weißem Gefieder gesichtet. Diese Erscheinung ist auch bei anderen Tieren, z. B. Mäusen, Ratten oder auch Katzen zu beobachten. Bei diesen Lebewesen, die auch als Albinos bezeichnet werden, ist die Melaninsynthese gestört. Haut, Haare und Federn erscheinen aus diesem Grund weiß. Die betroffenen Individuen zeichnen sich weiterhin durch rote Augen aus, da ihnen auch die Pigmente der Iris fehlen. Das Auftreten von Albinos ist nur ein Beispiel dafür, dass sich das Erscheinungsbild von Lebewesen sprunghaft verändern kann. Diese sprunghaften Veränderungen werden als Mutationen bezeichnet.

Eselspinguin

Erarbeiten Sie ein Fachreferat zu Ursachen, Auswirkungen und Bedeutung von Mutationen.
Leiten Sie drei Maßnahmen für Ihre eigene Lebensführung ab.
Beziehen Sie in Ihre Darstellung geeignete Sachverhalte aus der nachfolgenden Materialsammlung ein. 20

Material 1

Ursache für die menschlichen Blutgruppen A, B, AB und 0 ist ein Gen, das auf dem Chromosom 9 lokalisiert ist. Bedingt durch eine Genmutation liegt dieses Gen in Form von drei Allelen A, B und 0 vor. Wie das folgende Schema zeigt, sind die Allele A und B codominant und das Allel 0 ist rezessiv.

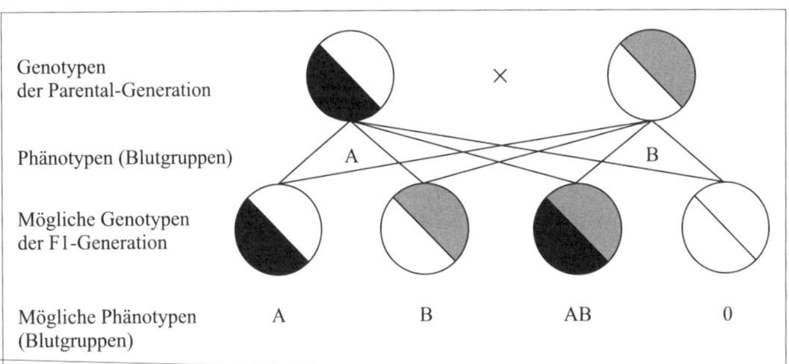

Abb. 1: Schematische Darstellung der Vererbung der Blutgruppen im AB0-System

Material 2

Mutationen sind häufig eine Ursache für Krankheiten, sie können jedoch auch zur Anpassung der Organismen an verschiedene äußere Bedingungen führen. Dies zeigt sich unter anderem an folgendem Beispiel:
Die Sichelzellenanämie wird rezessiv vererbt. Bei dieser Krankheit nehmen die roten Blutkörperchen im sauerstoffarmen Blut eine sichelförmige Gestalt an. Da sie nicht so elastisch sind wie normale Erythrozyten, verstopfen sie die Blutkapillaren, sodass die Organe nicht ausreichend mit Sauerstoff versorgt und deshalb geschädigt werden. Sie platzen auch leichter, was zu Anämien (Blutarmut) führt. Reinerbige Träger des mutierten Gens sterben normalerweise frühzeitig.
Eigentlich wäre zu erwarten, dass ein tödlich wirkendes Gen aus dem Genpool der Menschen verschwindet. Das defekte Gen tritt jedoch in bestimmten Regionen Afrikas mit einer Häufigkeit von bis zu 20 % auf. Diese Regionen decken sich weitgehend mit den Verbreitungsgebieten der Malaria. Menschen, die in Bezug auf die Sichelzellenanämie mischerbig sind, zeigen eine Malariaresistenz.

Material 3

Polyploide Pflanzen haben meist einen üppigen Wuchs und im Vergleich zu diploiden Formen auch deutlich größere Zellen. Aus diesem Grund wird die Polyploidisierung als eine Methode zur Züchtung ertragreicher Pflanzensorten genutzt.

Material 4

Experimente an der Fruchtfliege Drosophila konnten zeigen, dass sich die Mutationsraten z. B. durch Röntgenstrahlen deutlich erhöhen. Heute weiß man auch, dass übermäßige UV-Bestrahlung beim Sonnenbaden die DNA der Hautzellen verändern kann, wodurch die Entstehung von Hautkrebs begünstigt wird. Zahlreiche Versuche mit Pflanzen und Tieren beweisen, dass auch Genussmittel (z. B. Tabak), Arzneimittelbestandteile, Zusätze von Kosmetika sowie Schädlings- und Unkrautbekämpfungsmittel Veränderungen des Erbgutes von Lebewesen bewirken können.

Teil B: Prüfungsgespräch BE

1 In einem naturnahen Mischwald leben viele verschiedene Organismenpopulationen, die die Biozönose bilden. Populationen sind in der Natur keine konstanten Größen, sie verändern sich ständig.

1.1 Nennen Sie zwei Umweltfaktoren, die auf die Populationen in einem naturnahen Mischwald einwirken, und erläutern Sie den Einfluss dieser Faktoren auf die Entwicklung spezifischer Populationen.

1.2 Vergleichen Sie einen naturnahen Mischwald mit einem Fichtenwald und begründen Sie die mangelnde Regulationsfähigkeit des Fichtenwaldes. 10

2 Kohlenhydrate spielen bei der menschlichen Ernährung eine wichtige Rolle. So nimmt der Konsum von Weizenprodukten wie Brot und Nudeln sowie von Kartoffeln weltweit zu.

2.1 Beschreiben Sie die Verdauung von Stärke im menschlichen Verdauungstrakt bis in ihre Grundbausteine, und begründen Sie, dass Kohlenhydrate wichtige Grundnährstoffe sind.

2.2 Ein hoher Konsum von Weizenprodukten kann die Entstehung von Diabetes fördern. Beurteilen Sie diese Aussage. 10

Lösung

Teil A

Die Lösung der Aufgabe kann wie folgt gegliedert werden:
- *Ursachen für die Entstehung von Mutationen*
- *Auswirkungen von Mutationen*
- *Bedeutung von Mutationen für die Evolution und die Einzelindividuen*
- *Maßnahmen für die eigene Lebensführung*

Ursachen für die Entstehung von Mutationen
- Mutationen sind Veränderungen der genetischen Information.
- Sie können spontan auftreten oder durch Mutagene ausgelöst werden (Material 4).

Auswirkungen von Mutationen
- Mutationen bewirken Veränderungen des genetischen Materials.
- Sie können in Körperzellen (somatische Mutationen) und Keimbahnen (generative Mutationen) vorkommen und somit nur auf Einzelindividuen oder auch auf deren Nachkommen wirken.
- Durch Mutationen werden einzelne Gene (Genmutationen), Chromosomen (Chromosomenmutationen) oder der Chromosomensatz (Genommutationen) verändert.
- Genmutationen können indifferent (neutral, Material 1), nachteilig (Material 2) oder vorteilhaft (Material 2) wirken.
- Bei Chromosomenmutationen wird die Struktur einzelner Chromosomen verändert. Beispielsweise können durch Meiosefehler Chromosomenabschnitte wegfallen oder auch dupliziert werden. Diese Mutationen wirken auf die betroffenen Lebewesen meist schädlich oder tödlich.
- Bei den Genommutationen verändert sich die Chromosomenanzahl. Dabei kann die Zahl einzelner Chromosomen erhöht oder verringert sein (Aneuploidie) oder der gesamte Chromosomensatz liegt in mehr als zweifacher Form vor (Polyploidie). Wenn z. B. bei der Zellteilung der Spindelapparat nicht alle Chromosomenpaare oder Chromatiden exakt auseinanderzieht, können Tochterzellen mit überzähligen oder mit weniger Chromosomen entstehen. Ein Beispiel dafür ist die Trisomie 21. Hier liegt das Chromosom 21 nicht wie im Normalfall zweifach, sondern dreifach vor. Betroffene zeigen u. a. verminderte geistige Fähigkeiten. Wird der Spindelapparat überhaupt nicht ausgebildet, wird keines der Chromosomenpaare getrennt. In der Folge entstehen Tochterzellen mit polyploiden Chromosomensätzen. In der Regel sterben diese Zellen dann ab und entwickeln sich nicht weiter. Viele Kulturpflanzensorten hingegen sind so aus Wildformen entstanden. Die polyploiden Chromosomensätze wirken sich in diesem Fall, wie Material 3 zeigt, positiv auf Wachstum und Ertrag aus.

Bedeutung von Mutationen

- **Für die Einzelindividuen**
  - **Nachteilige Wirkung:** Nachteilige Auswirkungen für das Individuum und eventuell seine Nachkommen zeigen sich z. B. in Erbkrankheiten und Krebs (Material 1).
  - **Indifferente (neutrale) Wirkung:** Indifferente Wirkungen sind im Material 1 (Vererbung der Blutgruppen im AB0-System) zu erkennen. Derartige Mutationen führen zwar zu Veränderung von Genen, wirken aber auf das Individuum und seine Nachkommen nicht nachteilig.
  - **Begünstigende Wirkung:** Begünstigende Auswirkungen werden z. B. bei der Erbkrankheit Sichelzellenanämie deutlich. Menschen, die das mutierte Gen mischerbig tragen, sind gegenüber Malaria resistent. Sie haben somit in Malariagebieten Selektionsvorteile.

- **Für die Evolution**
  - Mutationen können Grundlage für das Aussterben, aber auch die Neubildungen von Sorten, Rassen und Arten sein.
  - Werden Merkmale negativ beeinflusst, sind die betroffenen Lebewesen schlechter an die jeweils wirkenden Umweltfaktoren angepasst. Diese Lebewesen kommen seltener zur Fortpflanzung. Durch die gerichtete Wirkung der Selektion werden weniger gut angepasste Genotypen dezimiert.
  - Wirken sich Mutationen auf die Individuen neutral oder vorteilhaft aus, können sie eine Voraussetzung für Variation und Vielfalt innerhalb einer Art und sogar die Basis für Artneubildungen sein.

Ableitung von Maßnahmen für die eigene Lebensführung

- Meidung von Mutagenen wie z. B. Zigarettenrauch und intensive UV-Strahlung
- Gesunde Lebensweise zur Gesunderhaltung des Immunsystems
- Krebsprophylaxe (Vorsorgeuntersuchungen)

Teil B

1.1 **Nennen** von zwei Umweltfaktoren, z. B.:

- Konkurrenz
- Wasserangebot

Erläutern der Wirkung der genannten Faktoren:

Konkurrenz:

- Konkurrenz ist ein biotischer Umweltfaktor, der die Rivalität der Organismen um begrenzte Ressourcen beschreibt.
- Konkurrenz ist ein dichteabhängiger Faktor, der intra- (inner-) und interspezifisch (zwischenartlich) wirken kann.
- Dieser Faktor ist eine Grundlage für die Erhaltung des biologischen Gleichgewichts in einem Ökosystem: Hoher Konkurrenzdruck dezimiert Populationen, geringer Konkurrenzdruck lässt Populationswachstum zu.
- Populationen können der Konkurrenz durch Einnischung innerhalb des Ökosystems ausweichen.

Wasserangebot:

- Das Wasserangebot ist ein abiotischer Umweltfaktor, der Grundlage für das Leben der Organismen ist. Wasser ist z. B. Reaktionspartner im Stoffwechsel sowie ein Lösungs-, Transport- und Quellungsmittel.
- Organismen sind in unterschiedlicher Weise an diesen Umweltfaktor angepasst. Bei den Pflanzen gibt es z. B. Xero- und Hygrophyten und bei den Tieren Trocken- und Feuchtlufttiere.

- Xerophyten und Trockenlufttiere sind optimal an Trockenbiotope angepasst. Sie haben in Bezug auf den Faktor Wasser einen relativ großen Toleranzbereich und können Wassermangel gut kompensieren. Wird der genetisch fixierte Toleranzbereich überschritten, sterben die Organismen, die Populationen werden dezimiert.
- Hygrophyten und Feuchtlufttiere benötigen im Gegensatz dazu Feuchtbiotope. Sie haben in Bezug auf den Wassergehalt einen engen Toleranzbereich. Wassermangel z. B. durch lange Trockenzeiten wirkt limitierend und die Populationen werden dezimiert.

1.2 **Vergleichen** von naturnahem Mischwald und Fichtenmonokultur:
Gemeinsamkeiten:
- Raum- und Zeitstruktur
- Lebensraum
- Beeinflussung des Bestandsklimas

Unterschiede:
Naturnahe Mischwälder:
- Naturnahe Mischwälder zeichnen sich durch Stockwerkaufbau aus. In den Stockwerken befinden sich verschiedene Bäume, Sträucher und Kräuter unterschiedlichen Alters. Je stärker der Mischwald strukturiert ist, desto größer ist das Angebot an ökologischen Nischen.
- Das Lichtangebot ist auch in unteren Schichten relativ groß.
- Es herrscht ein ausgewogenes Mikroklima.

Fichtenwälder:
- Fichtenwälder sind schwach strukturierte Monokulturen.
- Bedingt durch enge Aufforstung herrscht im Bereich unterhalb der Fichtenkronen Lichtmangel. Daher ist der Boden kaum bewachsen und es gibt deutlich weniger ökologische Nischen als im naturnahen Mischwald.
- Ein ausgewogenes Mikroklima kann sich nicht ausbilden.

Begründung der mangelnden Regenerationsfähigkeit des Fichtenwaldes:
- Durch die artenreiche Biozönose gibt es im Mischwald komplexe Nahrungsnetze. In einem naturnahen Mischwald verbleiben abgestorbene Bäume im Unterholz und bieten Lebensraum und Nahrungsgrundlage für zahlreiche Destruenten. Diese wirken als Mineralisierer und erzeugen bei ihrer Abbautätigkeit Nährsalze, die von den Produzenten (Pflanzen) genutzt werden können. Dadurch ist der Stoffstrom geschlossen und es wird ein biologisches und ökologisches Gleichgewicht aufgebaut, das dem Mischwald seine Regulationsfähigkeit verleiht.
- Fichtenmonokulturen sind artenarm, da sie nur wenige ökologische Nischen bieten. Ein Grund dafür ist, dass abgestorbene Pflanzen rasch durch Forstarbeiter entfernt werden. Ein stabiles ökologisches Gleichgewicht kann sich so nicht aufbauen. Das System ist damit nicht regulationsfähig. Unter bestimmten Bedingungen kann es daher z. B. zur Massenvermehrung von Schädlingen kommen.

2.1 **Beschreiben** der Stärkeverdauung:
- Die Kohlenhydratverdauung beginnt im Mund. Das im Mundspeichel enthaltene Enzym Ptyalin leitet die Spaltung der Stärke in Maltose-Einheiten ein.
- Durch Amylasen des Bauchspeicheldrüsensaftes, die in den Zwölffingerdarm eingeleitet werden, und die im Dünndarm gebildeten Maltasen wird die Stärke vollständig in resorbierbare Glucose aufgespalten.

Begründen der wichtigen Rolle der Kohlenhydrate als Grundnährstoffe:
- Kohlenhydrate sind in der Regel die Hauptenergielieferanten für den menschlichen Organismus.
- Sie werden veratmet und sind damit Grundlage für die ATP-Synthese.

2.2 **Beurteilen** der Aussage:
Die vorangestellte Aussage ist richtig.
- Weizenprodukte bestehen zum Großteil aus Weizenmehl, das Stärke enthält.
- Bei der Verdauung der Stärke entsteht Glucose, die in das Blut aufgenommen wird und die Blutzuckerkonzentration erhöht.
- Die Blutzuckerkonzentration wird durch das Hormon Insulin reguliert, das die Aufnahme der Blutglucose in Leber- und Muskelzellen stimuliert. Dies geschieht über die Bindung des Insulins an spezielle Insulin-Rezeptoren.
- Überschüssige Glucose wird in einer komplizierten Reaktionsfolge in Depotfett umgewandelt.
- Die ständige Überlastung des Blutzuckerregulationssystems durch den übermäßigen Verzehr von Weizenprodukten und die mit der Verfettung einhergehende Belastung des Körpers gelten als Risiko für das Entstehen von Diabetes Typ II. Dieser ist dadurch gekennzeichnet, dass die Zellen unempfindlich gegen Insulin werden (Insulinresistenz) und dadurch die Glucose kaum noch aus dem Blut aufgenommen werden kann.

Biologie (Thüringen): Erhöhtes Anforderungsniveau
Übungsaufgabe 1 für die mündliche Abiturprüfung (Stoffwechsel, Ökologie, Evolution)

Teil A: Aufgabenstellung für den Vortrag

BE

Alle Lebewesen sind durch zahlreiche gemeinsame Merkmale gekennzeichnet. Zwischen den verschiedenen Organismen sind jedoch auch beachtliche Unterschiede erkennbar.
Formulieren Sie drei Thesen zur Thematik „Einheit und Spezifik lebender Systeme" und erarbeiten Sie dazu ein Fachreferat.
Beziehen Sie in Ihre Darstellung geeignete Sachverhalte aus der nachfolgenden Materialsammlung ein. 20

Material 1

Seit der chemische Aufbau der Organismen gut bekannt ist, können wir sie nicht nur durch ihre Lebenserscheinungen charakterisieren, sondern auch durch ein wohlgeordnetes Gefüge zahlreicher organischer Moleküle beschreiben. Die für Organismen charakteristischen Moleküle sind weit mannigfaltiger als jene, welche sich in der unbelebten Natur finden. Sie sind außerdem meist größer und komplizierter gebaut. Die Abgrenzung der Lebewesen gegen die unbelebte Natur ist also ganz scharf.
Physikochemisch betrachtet, stellt ein Organismus, aber auch jede einzelne Zelle, ein offenes System dar, das mit seiner Umgebung in einem ständigen Austausch von Energie und Stoffen steht. Da dieses System ständig Energie zum Verrichten von Arbeit und zur Erhaltung seiner komplexen Struktur benötigt, muss es sich in einem Zustand des Fließgleichgewichtes erhalten. Die ablaufenden biochemischen Reaktionen setzen Energie frei, die für die Erhaltung der Lebensvorgänge erforderlich ist.

Nach: Baron, D.: Lehrbuch Biologie; Hrsg.: Czihak, G.; Springer Verlag Berlin, 1990, S. 1–3

Material 2

Jeder lebende Organismus ist darauf angewiesen, sich in gewissem Umfang auf Veränderungen seiner Umwelt einstellen zu können. Die Aufrechterhaltung eines stabilen inneren Fließgleichgewichts (Homöostase) in Zellen, Geweben, Organen und im ganzen Körper wird durch Steuerungs- und Regelungsvorgänge gewährleistet.

Material 3

Biomembranen zeichnen sich prinzipiell durch eine selektive Permeabilität aus, die die Grundlage für alle elektrophysikalischen Vorgänge im Organismus darstellt. So können an den Biomembranen sowohl Ruhe- als auch Aktionspotenziale aufgebaut werden. Dieser Sachverhalt ist in der folgenden Abbildung für eucytische Zellen beispielhaft dargestellt.

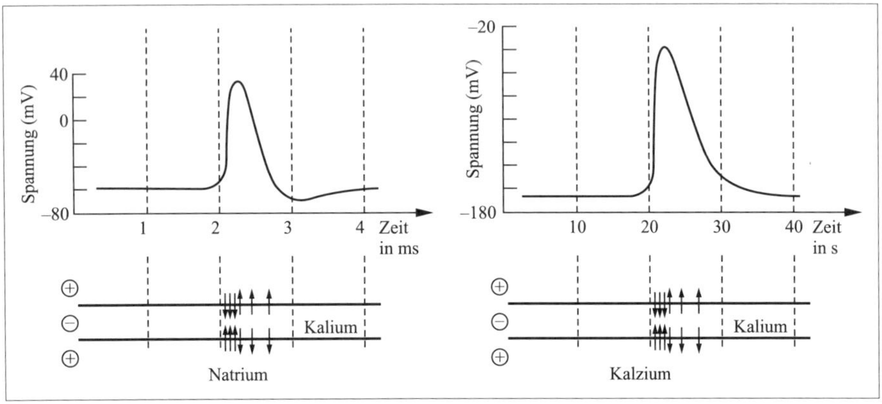

Aktionspotenzialverlauf in einer tierischen Zelle (links) und in einer pflanzlichen Zelle (rechts)
Nach: Simons, P.: Pflanzen in Bewegung; Übersetzung: Krümme, U.; Birkhäuser Verlag Basel, Boston, Berlin 1994, S. 114

Material 4

Zellen sind zur Teilung befähigt. Der fundamentale Prozess der Zellvermehrung bei den Eukaryoten ist die Mitose, die bei den verschiedenen Organismen unterschiedlich schnell verläuft.
Den zyklisch verlaufenden Prozess vom Abschluss einer Mitose mit Tochterzellenbildung bis zum Ende der folgenden Mitose bezeichnet man als Zellzyklus.

Objekt	**Dauer von Mitosestadien in Minuten**				
	Prophase	**Metaphase**	**Anaphase**	**Telophase**	**Gesamt**
Staubfadenhaarzellen der Dreimasterblumen	105	50	15	30	200
Endospermzellen der Erbse	40	20	12	110	182
Milzzellen der Maus	27	10	12	18	67

Zeitlicher Ablauf der Mitose
Nach: Zabel, E.: Duden Biologie, Gymnasiale Oberstufe; Hrsg.: Pewshocke, C.; Duden Paetec Schulbuchverlag Berlin, 2007, S. 95

Teil B: Prüfungsgespräch BE

1 Das Leben auf der Erde ist an das Vorhandensein von Wasser geknüpft. Mehr als 70 % der Erdoberfläche sind von Wasser bedeckt.

1.1 Erklären Sie mögliche Auswirkungen, die ein ausreichender bzw. ein zu geringer Wassergehalt in den Zellen eines Organismus auf die Stoffwechselaktivität hat.

1.2 Vor sich sehen Sie zwei Standzylinder, in denen sich jeweils eine Gurkenscheibe befindet. Die Gurkenscheibe 1 im Standzylinder 1 lag ca. 20 Minuten in Leitungswasser, die Gurkenscheibe 2 im Standzylinder 2 in Salzwasser.
Nehmen Sie die Scheiben aus dem Wasser, beschreiben Sie Ihre Beobachtungen und werten Sie diese aus. 10

2 Im ehemaligen Grenzstreifen zwischen Ost- und Westdeutschland, sind artenreiche Biotope entstanden. Im Landkreis Hildburghausen findet man entlang eines Wasserlaufes eine kleine Population der vom Aussterben bedrohten Wanstschrecke. Dabei handelt es sich um eine flügellose Heuschreckenart.

2.1 Die Wanstschrecke hat kaum natürliche Feinde, vermehrt sich aber dennoch nicht unbegrenzt. Formulieren Sie eine begründete Vermutung, warum das so ist.

2.2 Erklären Sie mithilfe der Synthetischen Evolutionstheorie, wie es zur Flugunfähigkeit der Wanstschrecke gekommen sein kann. 10

Lösung

Teil A

Die Lösung der Aufgabe kann wie folgt gegliedert werden:
– Erarbeitung der Merkmale lebender Systeme
– Formulierung von 3 Thesen zur Einheit und Spezifik lebender Systeme
– Erstellen eines Fachreferates

Merkmale lebender System sind:
- Stoff- und Energiewechsel
- Reizbarkeit und Bewegung
- Wachstum und Entwicklung
- Fortpflanzung und Vererbung
- Anpassungsfähigkeit und Hierarchiebildung

Die Einheit und Spezifik von lebenden Systemen spiegelt sich in folgenden **Thesen** wieder:
- Der Stoff- und Energiewechsel, der in allen lebenden Systemen in verschiedenen Varianten abläuft, ist ein grundlegendes Lebensmerkmal, das entscheidende Voraussetzungen für andere Lebensmerkmale schafft.
- Fortpflanzung und Vererbung sichern sowohl Konstanz als auch Variabilität und ermöglichen somit die Arterhaltung und die Artneuentstehung.
- Reizbarkeit und Bewegung sind Eigenschaften aller Lebewesen, obwohl diese sich in ihren Bau- und Funktionsmerkmalen grundlegend unterscheiden.

Aufbauend auf diesen Thesen kann man in einem **Fachreferat** z. B. folgende Aspekte vertiefen:
- Aspekt Stoff- und Energiewechsel
  - Umfasst alle Vorgänge der Stoff- und Energieaufnahme, -transformation und -abgabe
  - Grundlage dafür ist der Stoff- und Energieaustausch mit der Umwelt
  - Organismen sind offene Systeme, die sich in einem Zustand des Fließgleichgewichtes (Homöostase) ständig selbst erhalten
  - Voraussetzung für die Aufrechterhaltung der Homöostase sind sowohl assimilatorische als auch dissimilatorische Vorgänge
  - Die grundlegende Bedeutung assimilatorischer und dissimilatorischer Prozesse kann an Beispielen aus dem Pflanzen- und Tierreich aufgezeigt werden, z. B.:
    (1) Über verschiedene assimilatorische Vorgänge werden organische Stoffe erzeugt, die unter anderem Grundlage für das Wachstum von Zellen und Organismen sind.
    (2) Eine wesentliche Grundlage für den Aufbau von Ruhe- und Aktionspotenzialen ist ATP, das über den dissimilatorischen Stoffwechsel (z. B. durch Zellatmung oder Milchsäuregärung) entsteht.
    (3) Das Vorhandensein von ATP ist eine notwendige Voraussetzung für die Muskelkontraktion tierischer Organismen.
    (4) Die Proteinbiosynthese kann prinzipiell nur dann ablaufen, wenn über Energie- und Stoffwechsel ausreichende Mengen an Aminosäuren und ATP bereitgestellt werden.
- Aspekt Fortpflanzung und Vererbung
  - Fortpflanzung und Vererbung sind eine Grundlage für Konstanz und Variabilität im Organismenreich
  - Durch Fortpflanzung erfolgt die Weitergabe genetischer Informationen von einer Generation zur nächsten
  - Grundlage für ungeschlechtliche Fortpflanzung ist die Mitose, die bei allen Eukaryoten prinzipiell gleich verläuft, aber unterschiedlich lange dauert; die daraus hervorgehenden Nachkommen sind erbgleich

- Grundlage für die geschlechtliche Fortpflanzung sind Geschlechtszellen
- Die Bildung der Geschlechtszellen erfolgt über meiotische Zellteilungen
- Nachkommen entwickeln sich aus befruchteten Eizellen, die durch Verschmelzung von Ei- und Samenzellen entstehen
- Meiose und Befruchtung bilden bei der geschlechtlichen Fortpflanzung die Voraussetzung für die Erhaltung des arttypischen Chromosomensatzes, bedingen aber gleichzeitig, z. B. durch die meiotische Rekombination, auch eine gewisse Variabilität innerhalb einer Art

– Aspekt Reizbarkeit und Bewegung:
  - Grundlage für die Möglichkeit der Reizaufnahme sind Ruhepotenziale
  - Die Einwirkung von Schwellenreizen bzw. überschwelligen Reizen bewirkt den Aufbau eines Aktionspotenzials
  - Die Entstehung derartiger Potenziale ist bei pflanzlichen und bei tierischen Organismen möglich

Teil B

1.1 **Erklären** der Auswirkungen unterschiedlichen Wassergehalts auf den Zellstoffwechsel:
- Wasser reguliert den Plasmazustand
- Der Solzustand des Plasmas ist durch Wasserreichtum charakterisiert; die Stoffwechselaktivität der Zellen ist hoch
- Der Gelzustand ist ein wasserarmer Zustand; die Stoffwechselaktivität der Zellen ist sehr niedrig

1.2 Bei dem Experiment sind folgende **Beobachtungen** zu **beschreiben:**
- Die Gurkenscheibe, die im Süßwasser liegt, bleibt frisch.
- Die Gurkenscheibe, die im Salzwasser liegt, wird welk.

Auswertung des Experiments:
- Gurkenscheibe 1 in hypotonischer Lösung:
  - osmotische Wasseraufnahme bis die Saugspannung der Zelle auf null fällt
  - hoher Turgordruck der Gurkenzellen ⇒ Gewebe dieser Gurkenscheibe ist fest (Normalzustand der Zellen).
- Gurkenscheibe 2 in hypertonischer Lösung:
  - osmotischer Wasserentzug aus den Gurkenzellen durch hypertonisches Außenmedium
  - Turgordruck fällt, Protoplast löst sich von Zellwand ab ⇒ Gewebe dieser Gurkenscheibe ist schlaff und welk (Plasmolyse)

2.1 **Vermutung** zur limitierten Vermehrung der Wanstschrecke:
Eine hohe Populationsdichte limitiert das Populationswachstum

Begründung der Vermutung:
- Regulation der Populationsdichte in der Natur durch dichteunabhängige Faktoren (z. B. Wetter) und durch dichteabhängige Faktoren (z. B. Raum- und Nahrungskonkurrenz, Fressfeinde, Infektionskrankheiten)
- Faktoren verursachen periodische Schwankungen der Populationsdichte

2.2 **Erklären** der Flugunfähigkeit der Wanstschrecke anhand der Synthetischen Evolutionstheorie:
- Ursprünglich gab es eine größere, genetisch variable Population der Vorfahren der Wanstschrecke im betreffenden Gebiet

- Ständige Veränderung des Genpools während der Evolution durch Selektion, geografische Isolation und Mutation
- Populationsspezifische Wirkung der Evolutionsfaktoren (z. B. starke Winde an bestimmten Orten) ⇒ Veränderung des Genpools der Teilpopulationen
- Unterschiedlicher Verlauf der natürlichen Selektion aufgrund von Unterschieden im Selektionsdruck in den Verbreitungsgebieten (starke Winde ⇒ Verdriftungsgefahr für geflügelte Insekten.
- Überleben der am besten angepassten Geno- und Phänotypen in den Teilpopulationen ⇒ Flugunfähigkeit als Anpassung an spezifische Bedingungen

Biologie (Thüringen): Erhöhtes Anforderungsniveau
Übungsaufgabe 2 für die mündliche Abiturprüfung (Zell-, Evolutions- und Neurobiologie)

Teil A: Aufgabenstellung für den Vortrag BE

In der Biologie werden verschiedene Systemebenen unterschieden, z. B.: Zelle, Organismus, Population und Ökosystem. Ein grundlegendes Merkmal dieser Systemebenen ist die Regulationsfähigkeit.
Erläutern Sie die Bedeutung der Regulationsfähigkeit für zwei Systemebenen.
Beziehen Sie in Ihre Darstellung geeignete Sachverhalte aus der nachfolgenden Materialsammlung ein. 20

Material 1

Für die Energiegewinnung und die Synthese von Biomolekülen in den Zellen der Lebewesen ist die Glucose von größter Bedeutung. Die Glucosekonzentration im Blut eines gesunden Menschen liegt normalerweise bei etwa 0,75 bis 0,95 g/l (in nüchternem Zustand).

Material 2

Pantoffeltierchen *(Paramecium)* und Hefezellen *(Saccharomyces)* werden zusammen in ein Gefäß gegeben und darin kultiviert. In den folgenden 19 Tagen werden jeweils Proben entnommen und die darin befindliche Anzahl der Individuen beider Arten festgestellt.
Das Ergebnis des Versuches ist in der folgenden Grafik dargestellt.

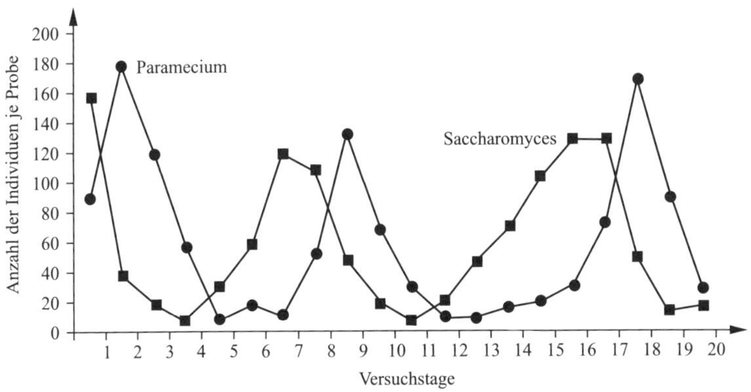

Material 3

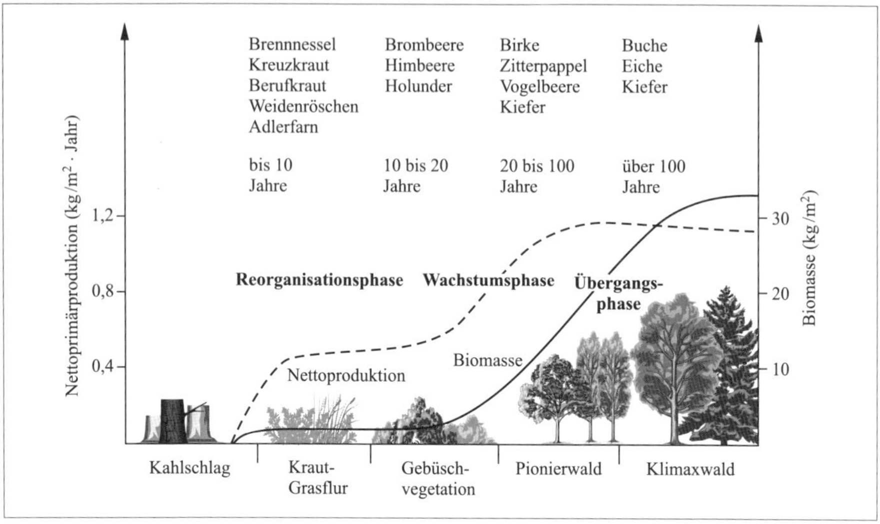

Sukzessionsstadien eines Waldes
Braun, J., Fiedler, I., Eckhard, L.: Biologie heute entdecken S II, Lehrermaterialien Teil 2, Bildungshaus Schulbuch, 2006, S. 53

Teil B: Prüfungsgespräch

BE

1 Biomembranen sind eine Grundlage für das Leben einer Zelle. Sie realisieren verschiedene Aufgaben.

1.1 Beschreiben Sie den Aufbau einer Biomembran.

1.2 Die Thylakoidmembranen der Chloroplasten enthalten spezifische Bestandteile. Nennen Sie zwei spezifische Bestandteile und erläutern Sie deren Bedeutung für den Ablauf der Fotosynthese.

1.3 In der Membran des Axons tierischer Nervenzellen befinden sich verschiedene Ionenkanäle.
Erläutern Sie die Bedeutung dieser Kanäle für die Entstehung und Erhaltung des Ruhepotenzials und den Ablauf des Aktionspotenzials. 12

2 Pflanzen besitzen verschiedene Möglichkeiten, sich gegen Herbivoren zu wehren. Eine Möglichkeit ist die Bildung von Giftstoffen. Hyoscyamin ist ein Alkaloid, das unter anderem in Bilsenkraut vorkommt.

2.1 Erklären Sie die Herausbildung dieser Abwehrstrategie aus evolutionsbiologischer Sicht.

2.2 Durch seine strukturelle Ähnlichkeit mit dem eigentlichen Transmitter blockiert das Gift spezifische Rezeptoren an Synapsen zwischen Nerven- und Muskelsystem.
Erklären Sie die Wirkungen dieses Giftes auf die Herbivoren. 8

Lösung

Teil A

Die Lösung der Aufgabe kann wie folgt gegliedert werden:
- *Bedeutung der Regulationsfähigkeit für lebende Systeme*
- *Regulationsmechanismen auf verschiedenen Systemebenen*
- *Schlussfolgerung*

Bedeutung der Regulationsfähigkeit
- Lebende Systeme können auf verschiedenen Systemebenen zu regelnde Größen fortlaufend erfassen, mit Führungsgrößen (Sollwerten) vergleichen und auf Abweichungen gezielt reagieren. Dadurch entstehen Fließgleichgewichte.
- Die Regulation kann reversibel und irreversibel sein. Durch reversible Regulationsvorgänge werden Systeme an sich verändernde Umweltbedingungen angepasst. Material 2 zeigt die Nahrungsbeziehungen zwischen Pantoffeltierchen (Paramecium) und Hefezellen (Saccharomyces). Die Pantoffeltierchen sind die Räuber, die Hefezellen die Beuteorganismen. Die Paramecium-Population steigt aufgrund des guten Nahrungsangebotes anfänglich an. Dadurch wird jedoch die Saccharomyces-Population stark dezimiert. Aufgrund des daraus resultierenden Nahrungsmangels nimmt die Zahl der Pantoffeltierchen ab, was eine Erholung der Hefezellen-Population zur Folge hat. Im dargestellten Versuch kommt es zu periodischen und phasenverschobenen Populationsschwankungen. Das System ist demnach regulationsfähig.
  Irreversible Regulationsvorgänge sind z. B. im Prozess der Embryonalentwicklung der Säugetiere zu beobachten.
- Regulatorische Fähigkeiten lebender Systeme sind genetisch determiniert. Sie ermöglichen die Erhaltung eines Fließgleichgewichts bei sich verändernden Umweltbedingungen und damit eine Anpassung an unterschiedliche Gegebenheiten.

Regulationsmechanismen auf verschiedenen Systemebenen
Regulationsmechanismen gibt es z. B. auf den Systemebenen Organismus und Ökosystem:
- Regulationsmechanismen auf der Ebene eines Organismus:
  Material 1 verweist darauf, dass der Glucosespiegel im menschlichen Blut durch hormonelle Regulation normalerweise relativ konstant gehalten wird. Nach Aufnahme und Verdauung kohlenhydratreicher Nahrung steigt der Blutzuckerwert über den Sollwert an. Bestimmte Zellen des Pancreas scheiden daraufhin Insulin aus. Dieses Hormon bewirkt, dass der Zucker aus dem Blut in die Zellen aufgenommen und als Glykogen gespeichert wird. Ist der Sollwert der Blutzuckerkonzentration wieder erreicht, wird die Abgabe von Insulin gestoppt.
  Beim Sport wird Blutzucker durch Muskeltätigkeit verbraucht. Die Regulation des Blutzuckerspiegels erfolgt in diesem Fall durch die Ausschüttung des Hormons Glucagon, das ebenfalls im Pancreas gebildet wird. Durch die Wirkung des Glucagon wird Glykogen zu Glucose abgebaut, wodurch sich der Blutzuckerspiegel erhöht.
  Der menschliche Organismus kann demnach auf Veränderungen spezifischer Faktoren gezielt reagieren, er ist regulationsfähig.
- Selbstregulation eines Ökosystems:
  Manche Ökosysteme erreichen nach einer Sukzessionsfolge (Material 3) einen Klimaxzustand. Als Sukzession bezeichnet man eine Aufeinanderfolge verschiedener Organismengruppen. Auf einer Kahlschlagfläche entwickeln sich zahlreiche Folgegesellschaften (Kraut-Grasflur, Gebüschvegetation, Pionierwald), bis wieder ein Wald im Klimaxzustand entsteht.
  Im Klimaxzustand, dem Endzustand der Sukzessionsfolge, ist der Wald in einem relativen Gleichgewicht. Assimilatorische und dissimilatorische Prozesse halten sich in etwa die

Waage, d.h., es besteht ein Fließgleichgewicht zwischen der Bildung und dem Verbrauch von Biomasse. Dieser Zustand ist erreicht, wenn trotz Umweltschwankungen ein ausgeglichenes Verhältnis zwischen der Tätigkeit von Produzenten, Konsumenten und Destruenten besteht und somit ein ungestörter Stofffluss möglich ist.

Schlussfolgerungen
- Lebende Systeme sind in der Lage, Fließgleichgewichte aufzubauen und zu erhalten.
- Störfaktoren, z. B. Veränderungen exogener (von außen kommender) und endogener (von innen kommender) Faktoren, können unter anderem durch die beschriebenen Regelmechanismen weitgehend ausgeglichen werden.

Teil B

1.1 **Beschreiben** des Aufbaus der Biomembran nach dem Flüssig-Mosaikmodell:
- Grundbausteine der Biomembran sind Lipide, Proteine und Kohlenhydrate.
- Die Lipide sind in einer Lipiddoppelschicht angeordnet.
- Periphere und integrale Proteine sind in der Lipiddoppelschicht unregelmäßig verteilt. Periphere Proteine sind an die Membranoberfläche gebunden, integrale Proteine dringen unterschiedlich tief in die Lipiddoppelschicht ein.
- Kohlenhydrate sind ausschließlich an der Außenseite von Plasmamembranen zu finden. Sie sind an Proteine oder Lipide gebunden.
- Biomembranen sind keine starren Strukturen, Lipide und Proteine sind in Membranen beweglich.

1.2 **Nennen** von zwei Bestandteilen der Thylakoidmembranen:
- Farbstoffe (z. B. Chlorophylle und Carotinoide)
- Enzyme

Erläutern ihrer Bedeutung für die Fotosynthese:
- **Farbstoffe:** Chlorophylle und Carotinoide sind lichtabsorbierende Pigmente. Gemeinsam mit den Elementen der Elektronentransportkette sind sie Grundlage für den Ablauf der Lichtreaktion. Dabei erfolgt eine Energietransformation, d. h., Sonnenenergie wird in chemische Energie umgewandelt. ATP und NADPH + H^+ werden gebildet. Das Vorhandensein von genügend ATP und NADPH + H^+ ist eine Voraussetzung für den Calvin-Zyklus.
- **Enzyme:** Im Ergebnis der Lichtreaktion wird zwischen dem Thylakoidinnenraum und dem Außenraum ein Protonengradient aufgebaut. Im Inneren befinden sich mehr Protonen als außen. Der Ausgleich des Gefälles erfolgt über den Enzymkomplex ATP-Synthase. Mithilfe dieses Komplexes ist es möglich, die Energie des Konzentrationsgefälles zu nutzen, um ATP zu synthetisieren.

1.3 **Erläutern** der Bedeutung der Ionenkanäle:
- Die passiven Kaliumkanäle sind eine Grundlage für die Entstehung des Ruhepotenzials. Kalium-Ionen können über diese Kanäle, ihrem Konzentrationsgradienten folgend, ausströmen, während die Membran für andere Ionen nicht so gut oder nicht permeabel ist. Mit den Kalium-Ionen gelangen positive Ladungsträger in den extrazellulären Raum. Dadurch wird eine positive Außenladung und damit eine elektrische Spannung aufgebaut.
- Die Natrium-Kalium-Pumpe ist die Grundlage für die Erhaltung des Ruhepotenzials. Sie transportiert durch Leckströme ins Zellinnere eingedrungene Natrium-Ionen in den extrazellulären Raum und gleichzeitig Kalium-Ionen ins Zellinnere. Hierbei handelt es sich um einen Energie verbrauchenden aktiven Transport entgegen dem Konzentrationsgefälle der beteiligten Ionen.

- Für den Ablauf des Aktionspotenzials sind vor allem spannungsgesteuerte Ionenkanäle von Bedeutung. Ausreichend starke Reize bewirken, dass am Axon schlagartig zahlreiche Kanäle für Natrium-Ionen geöffnet werden. Dadurch erfolgt ein Natriumeinstrom, der die Depolarisation der Membran des Axons bewirkt. Durch Öffnung zusätzlicher spannungsabhängiger Kaliumkanäle und die Wirkung der Natrium-Kalium-Pumpe kommt es zur Repolarisation. Das Ruhepotenzial wird wiederhergestellt.

2.1 **Erklären** der Herausbildung der Abwehrstrategie aus evolutionsbiologischer Sicht:
- Evolutionsprozesse laufen nach Ansicht der modernen Evolutionstheorie vorwiegend in Populationen ab.
- Die genetische Ausstattung der Individuen innerhalb einer Pflanzenpopulation ist in gewissen Grenzen variabel. Der Genpool ist mehr oder weniger groß.
- Grundlage dafür ist die ungerichtete Wirkung von Evolutionsfaktoren wie Mutation, Rekombination und Gendrift.
- Durch die gerichtete Wirkung des Evolutionsfaktors Selektion haben die am besten an die jeweiligen Umweltbedingungen angepassten Pflanzen die größten Chancen, zu überleben und sich fortzupflanzen. Gibt es im Lebensraum der Pflanzen viele Fressfeinde, sind Individuen, die, z. B. durch eine zufällige Mutation, über Gift- und Bitterstoffe zur Abwehr von Herbivoren verfügen, besser angepasst als ihre Artgenossen ohne Abwehrstoffe. Sie erzeugen viele Nachkommen, von denen sich wiederum diejenigen durchsetzen, die zur Produktion des Giftstoffs am fähigsten sind.

2.2 **Erklären** der Wirkung des Giftes auf Herbivoren:
- Hyoscyamin blockiert die Erregungsübertragung zwischen Nerven- und Muskelsystem.
- Dadurch können die Informationen nicht mehr in ausreichender Form vom Nerven- auf das Muskelsystem übertragen werden.
- Die Muskeln können nicht mehr zur Kontraktion angeregt werden.
- Die Herbivoren sterben aufgrund der Lähmung ihrer Atemmuskulatur.

Leistungsfach Biologie (Thüringen): Abiturprüfung 2005
Aufgabe 1: Genetik, Evolution, Stoffwechsel, Cytologie

Teil A BE

1 Die Acker-Schmalwand, *Arabidopsis thaliana*, ist eine ca. 30 cm hohe Wildpflanze aus der Familie der Kreuzblütengewächse mit einem diploiden Chromosomensatz, deren Entwicklungszeit ca. sechs Wochen beträgt und die Tausende von Nachkommen hervorbringt. Das *Arabidopsis*-Genom lässt sich leicht gentechnisch verändern. Es besitzt im haploiden Chromosomensatz $1{,}25 \cdot 10^8$ Basenpaare, die auf fünf Chromosomen verteilt sind. Die Pflanze ist selbstbestäubend, d. h., für die Befruchtung ist sie nicht auf Pollenkörner einer anderen, genetisch fremden Pflanze angewiesen.

1.1 Begründen Sie, warum *Arabidopsis* als Pflanze in der Molekulargenetik dieselbe Rolle spielt wie z. B. das Bakterium *E. coli* oder die Taufliege *Drosophila melanogaster*! 3

1.2 Wie viel Prozent der Embryonen einer Blüte von *Arabidopsis thaliana* überleben und keimen unter geeigneten Bedingungen aus, wenn diese Blüte heterozygot für eine rezessiv letale Mutation ist und sich selbst befruchtet? Begründen Sie Ihre Antwort unter Verwendung eines Kreuzungsschemas! 3

1.3 Beurteilen Sie die Selbstbestäubung von Pflanzen unter evolutionsbiologischem Aspekt! 5

1.4 Bei Untersuchungen von Zellen der Acker-Schmalwand, *Arabidopsis thaliana*, wurden ca. 130 Gene bakteriellen Ursprungs in den Chloroplasten identifiziert, wobei davon die meisten im Dienst der Fotosynthese stehen.
Geben Sie eine Erklärung für das Vorkommen der bakteriellen Gene in den Chloroplasten der Pflanzenzellen! 4

2 Der Wiener Botaniker Hans Molisch untersuchte in den 20er- und 30er-Jahren des letzten Jahrhunderts die Wirkung des „Apfelgases“ Ethylen (Ethen, C_2H_4) auf verschiedene Prozesse der pflanzlichen Entwicklung. Dabei stellte sich heraus, dass Früchte wie Äpfel, Tomaten und Bananen im späten grünen Stadium einen steilen Anstieg der Ethylensynthese zeigen, in deren Folge Chlorophyll abgebaut und andere Pigmente aufgebaut wurden. Die Aktivität mehrerer für den Reifeprozess benötigter Enzyme nahm zu.

2.1 Für das normale Wachstum höherer Pflanzen ist die dauernde Produktion geringer Mengen Ethylen notwendig. Zur Aufklärung der Ethylensynthese in Pflanzen soll die Tatsache ausgenutzt werden, dass die normale Wildtyp-Pflanze Ethylen selbstständig über eine Synthesekette mit mehreren Zwischenprodukten bilden kann. Bei Tomaten-Mutanten, die kein Ethylen mehr produzieren können, wächst die Sprossachse schräg nach oben. Erst nach Zusatz von Ethylen bzw. verschiedener Zwischenprodukte der Ethylen-Biosynthese erfolgt normales Wachstum. Dieser Sachverhalt wurde ausgenutzt, um die Ethylenbiosynthese in Tomatenpflanzen aufzuklären.

Mutante	mit Zusatz von				ohne Zusatz
	Adenosyl-methionin	ACC (Amino-Cyclopropan-Carbonsäure)	Methionin	Ethylen	
Typ I	–	–	–	+	–
Typ II	–	+	–	+	–
Typ III	+	+	–	+	–
+ gerade gewachsene Sprossachse – schräg gewachsene Sprossachse					

Tab.: Einfluss unterschiedlicher Stoffe auf das Wachstum verschiedener Tomaten-Mutanten bezüglich der Ethylenbiosynthese.

Hinweis: Die in der Tabelle angegebenen Zusätze sind Zwischenprodukte der Ethylen-Biosynthesekette. Gehen Sie davon aus, dass in jedem Mutantentyp jeweils nur ein Gen verändert ist.

Fertigen Sie anhand der Versuchsergebnisse ein Pfeilschema des Ethylensyntheseweges in Pflanzen an! Kennzeichnen Sie in dem Pfeilschema, an welcher Stelle die Ethylensynthese bei den einzelnen Mutanten unterbrochen ist! Geben Sie an, welches der Zwischenprodukte der Ethylensynthese im Mutantentyp II in erhöhter Konzentration nachzuweisen ist und begründen Sie Ihre Aussage! 8

2.2 Bei der Erforschung weiterer Wirkungen von Ethylen in Pflanzen werden auch häufig Stoffe, die zur Hemmung der Ethylensynthese führen, eingesetzt. Erläutern Sie eine mögliche Wirkungsweise eines solchen Hemmstoffs! 4

2.3 „Es ist unzweckmäßig, spät reifende und früh reifende Äpfel im selben Raum zu lagern."
Begründen Sie diese Bauernregel aus molekularbiologischer Sicht! 3

2.4 Die Sprossachsen von Landpflanzen nehmen unter Ethyleneinwirkung oft an Umfang zu. Diesem Wachstum geht eine Umorientierung des Mikrofibrillenverlaufs in den Zellwänden voraus.
Fertigen Sie eine beschriftete Skizze vom Aufbau der Zellwand an!
Beschreiben Sie eine Nachweismöglichkeit für den chemischen Hauptbestandteil der Zellwand! 4

2.5 Nach Ethyleneinwirkung kann sich die Zellwand ausweiten. Für die entsprechende Ausdehnung der einzelnen Zelle sowie für die mechanische Widerstandsfähigkeit des lebenden Pflanzengewebes ist der Turgor, der in allen Richtungen gleich von innen gegen die Zellwand drückt, verantwortlich.
Führen Sie zur Demonstration des Zusammenhangs von Turgor und Festigkeit des Pflanzengewebes das folgende Experiment durch: Stellen Sie einen frisch kreuzweise 3 cm tief eingeschnittenen Blütenstängel des Löwenzahns, *Taraxacum officinale*, zunächst zwei Minuten in ein Becherglas mit Leitungswasser und danach ca. drei Minuten in ein Becherglas mit Natriumchloridlösung. Notieren Sie Ihre Beobachtungen und erklären Sie diese! 6

Teil B

„Die Erbsubstanz gewährleistet sowohl die Konstanz als auch die Variabilität der Erbinformation.“

Beweisen Sie die Richtigkeit dieser Aussage anhand einer fundierten Argumentation!
Erläutern Sie die Bedeutung dieser Eigenschaften für die Organismen!
Beziehen Sie in Ihre Darstellung geeignete Sachverhalte aus den nachfolgenden Materialien ein! 20

Material 1

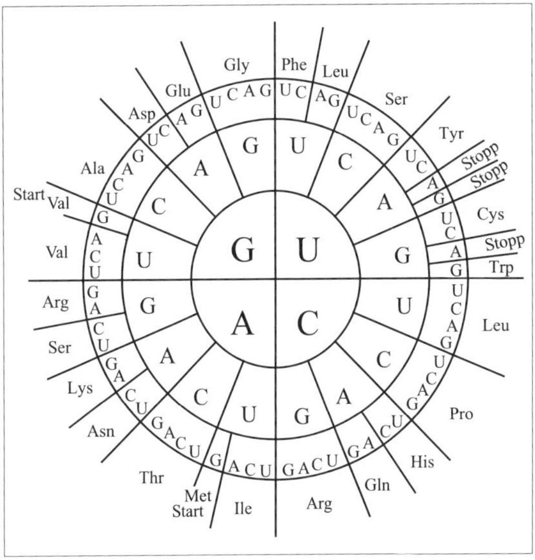

Code-Sonne (Die Codons sind von innen nach außen zu lesen.)

Material 2

Bei der Replikation der DNA treten DNA-Fehlpaarungen (mismatches) auf. Die „Replikationsmachine“ selbst macht dabei ungefähr einen Fehler pro 10^7 kopierte Nukleotide. Ein Komplex aus Mismatch-Reparaturproteinen korrigiert 99 % dieser Replikationsfehler.

Vorgang	**Fehlerrate**
DNA-Replikation (ohne Mismatch-Reparatur)	1 Fehler pro 10^7 kopierte Nukleotide
DNA-Replikation (einschließlich Mismatch-Reparatur)	1 Fehler pro 10^9 kopierte Nukleotide

Tab.: Vergleich von Fehlerraten bei der DNA-Replikation
Nach: Unterrichts-Materialien Biologie Stark Verlag Freising, T-Genetik S. 1

Material 3

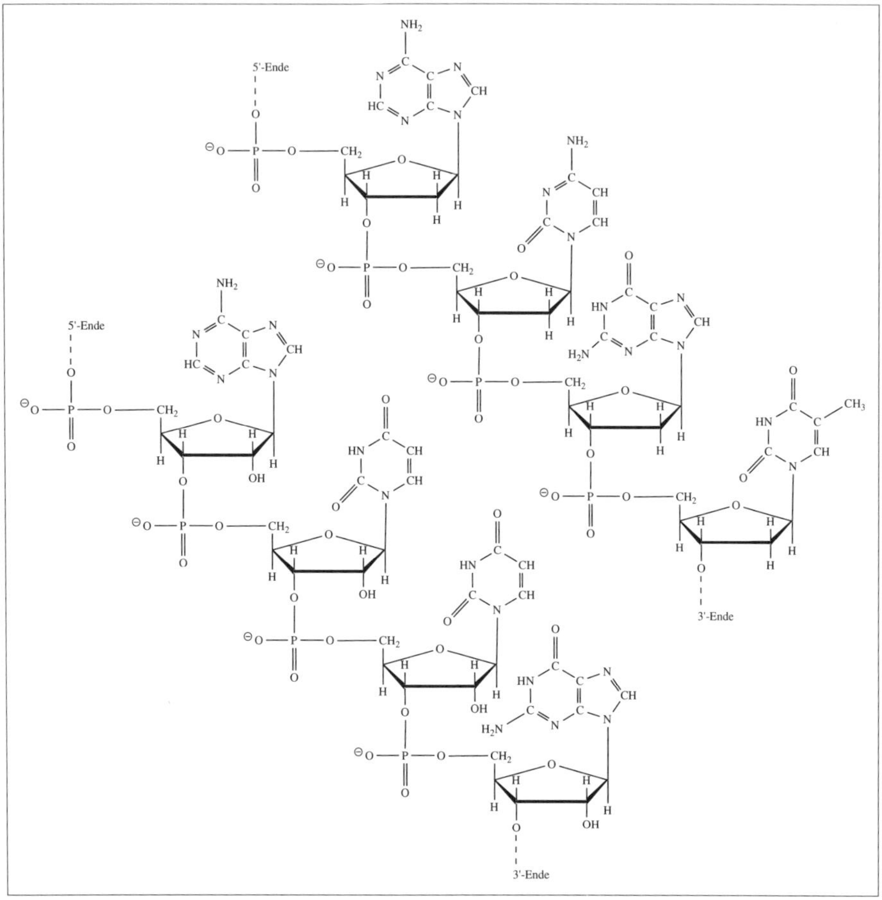

Polynukleotidkette von RNA und DNA
Aus: Pews-Hocke, C.: Themenheft Genetik Sek. II, Paetec Gesellschaft für Bildung und Technik mbH, Berlin, 1996, S. 26

Material 4

Bei der Untersuchung der Proteinbiosynthese von Eukaryoten machte man das nachfolgende Experiment: Man gab die gerade den Zellkern verlassende mRNA eines Gens zu dem DNA-Stück hinzu, von dem sie transkribiert worden war. Die folgende Abbildung zeigt die Hybridisierung, d. h. die Paarung der Ursprungs- DNA mit der mRNA genau dieses Teilstücks:

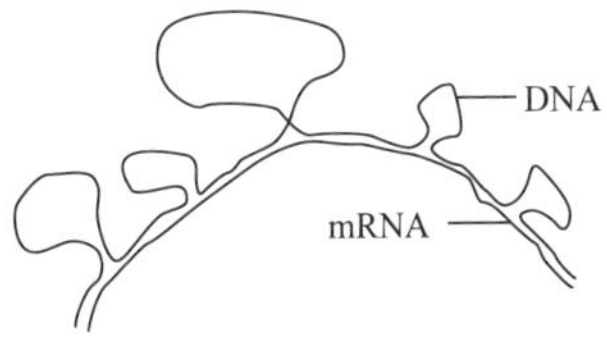

Aus: Unterrichts-Materialien Biologie
Stark Verlag Freising, G 1.15

Material 5

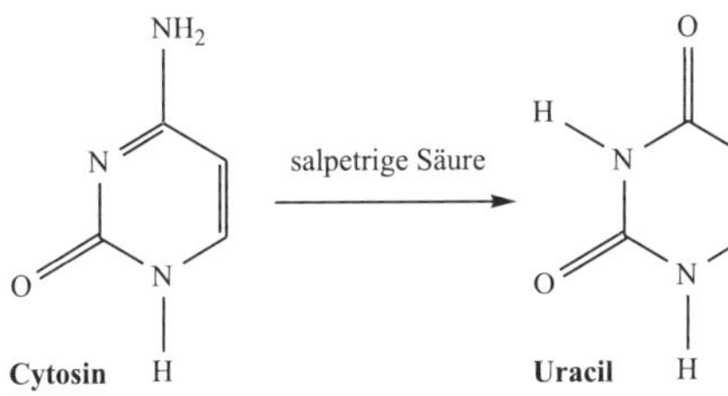

Desaminierung von Adenin:

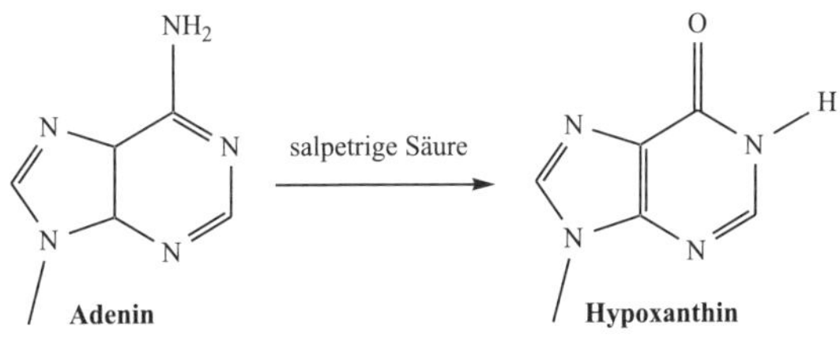

Paarung zwischen Hypoxanthin und Cytosin:

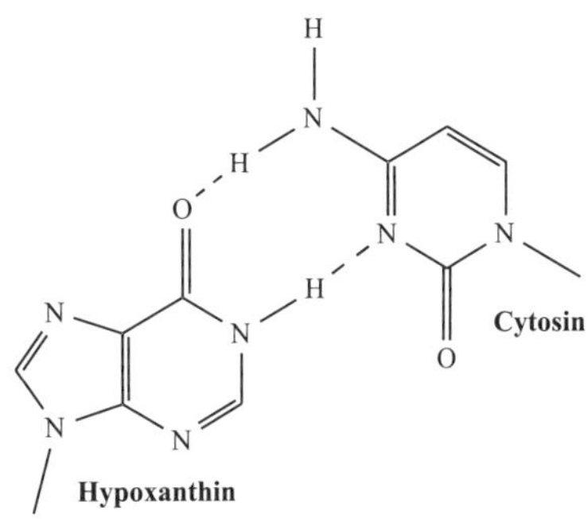

Folgen der Einwirkung von salpetriger Säure auf Cytosin bzw. Adenin. Nach: Strickberger M. W., Genetik (Studienausgabe in deutscher Sprache), C. Hanser Verlag München Wien, 1988, Seite 494

Material 6

Mit der Entdeckung katalytischer Eigenschaften von Ribonukleinsäuremolekülen durch TH. CECH und S. ALTMAN im Jahre 1980 – sie nannten sie Ribozyme –schien es plausibel, dass RNA-Molekülen in den Anfängen der Lebensentstehung eine entscheidende Rolle zukam. Die RNA-Moleküle waren sowohl in der Lage, Erbinformation zu speichern als auch ihre eigene Vervielfältigung zu steuern. Nach der Vorstellung vieler evolutionsbiologisch ausgerichteter Molekularbiologen ist die RNA phylogenetisch älter als die DNA. Im Artikel „Eisige Wiege des Lebens" in der Ausgabe 36/2004 des FOCUS auf Seite 72 heißt es: „Mittlerweile bekräftigen Versuche die Theorie von der eisigen Wiege des Lebens. [...] Die RNS-Nucleotide fügten sich nur in Anwesenheit von Eis zu Strängen zusammen, zudem zerfällt die RNS bei höheren Temperaturen rasch wieder. [...] Vermutlich waren bei der Entwicklung von anorganischen Stoffen zum belebten Organismus mehr Faktoren beteiligt, als wir uns heute vorstellen können. so können Unterwasservulkane Eis mit eingeschlossenen Biomolekülen geschmolzen haben. Diese reagierten miteinander, bevor sie wieder einfroren. Nach mehreren solcher Zyklen könnten die entstandenen Substanzen fortgeschwemmt worden sein und sich in einem anderen Substrat weiterentwickelt haben."

Material 7

Quastenflosser sind Zeugen längst vergangener Zeiten. heute lebende Vertreter dieser urtümlichen Fischfamilie dürften noch ganz ähnlich aussehen wie ihre Verwandten vor 400 Millionen Jahren.
Ein weiterer Repräsentant früherer Meeresbewohner ist der skurrile „Tintenfisch" *Nautilus*. Die Gattung *Nautilus* gibt es mit Sicherheit seit 38 Millionen, möglicherweise aber sogar seit 80 Millionen Jahren.
Stattlicher als die lebenden Fossilien aus dem Tierreich ist ein pflanzlicher Zeitzeuge der Erdgeschichte: der *Ginkgo*. Wie Fossilien belegen, hat sich die Pflanzensippe, zu der *Ginkgo biloba* gehört, vor allem im Erdmittelalter vor 150 Millionen Jahren stark entfaltet. *Ginkgo biloba* ist jedenfalls trotz – oder gerade wegen – seines hohen stammesgeschichtlichen Alters immer noch ein äußerst vitales Gewächs. Es wird von Exemplaren berichtet, die im Gegensatz zu anderen Bäumen verheerenden Feuersbrünsten, Stürmen und sogar der Atombombenexplosion von Hiroshima getrotzt haben. Auch den Smog heutiger Großstädte kann das Relikt aus längst vergangenen Zeiten anscheinend verkraften.

Material 8

Der Erreger von SARS, dem Schweren Akuten Respiratorischen Syndrom, ist ein Coronavirus mit Erbgut, welches aus RNA besteht. Bei den ersten Erkrankungen ist der Erreger vermutlich direkt vom Tier, einer Schleichkatzenart, auf den Menschen übergegangen. Der Verlust einer 29 Basen langen Sequenz der RNA und weitere Mutationen sind vermutlich für die Fähigkeit des Virus verantwortlich, sich von Mensch zu Mensch auszubreiten. Die Infektionskette begann im Januar des Jahres 2003 und wurde trotz aufwändiger Vorsichtsmaßnahmen erst im Juli des selben Jahres unterbrochen. Bei der Analyse der Basensequenzen von insgesamt 63 Isolaten des Erregers aus der frühen, der mittleren und der späten Phase der Infektionskette fanden sich rund 300 Mutationen. In der mittleren und späten Phase der Infektion, als bereits hochansteckende Varianten grassierten, traten kaum noch bedeutsame Veränderungen auf. In dieser Phase dominierten sogenannte stille Mutationen.

Nach: Kaulen, H.: Gene bunt gemixt – SARS: Protokoll einer Epidemie; FAZ, 04. 02. 2004, Nr. 29, S. N1

Lösung

Teil A

1.1 *Arabidopsis thalania* besitzt einige ausgezeichnete Voraussetzungen, die sie, ähnlich wie *E. coli* und *Drosophila melanogaster*, zum Forschungsobjekt in der Molekulargenetik prädestinieren:

- Das **Genom** ist mit $1{,}25 \cdot 10^8$ Basenpaaren **überschaubar** und nach Veränderungen leicht zu analysieren.
- Weiterhin bietet die **Selbstbefruchtung** die Möglichkeit, auch ohne großen Aufwand, wie einer sonst notwendigen künstlichen Bestäubung, Experimente zur **Kontrolle des Genotyps** durchzuführen.
- Die **kurze Entwicklungszeit** und die **große Anzahl an Nachkommen** sichern eine im Pflanzenreich eher seltene, schnelle Generationsfolge und vor allem die notwendige **statistische Absicherung** von experimentellen Ergebnissen.
- Vorteilhaft für die Molekulargenetik ist die für Pflanzen typische und im Beispiel der Ackerschmalwand relativ unproblematisch verlaufende Möglichkeit **gentechnischer Manipulationen**. Diese Veränderungen des Genoms können ebenfalls ständig gut mit dem Wildtyp verglichen werden, um z. B. die Wirkungsmechanismen im Bereich der Genregulation zu studieren.

1.2 Es entstehen **75 % lebensfähiger Embryonen**.

Kreuzungsschema:
Legende: m = Allel mit letaler Mutation
M = Allel des unmutierten Wildtyps

P: Mm × Mm

F_1:

	M	m
M	MM	Mm
m	Mm	mm

Da die Mutation die Mutterpflanze betrifft und diese Selbstbestäubung betreibt, besitzen die Hälfte der Keimzellen das mutierte Allel, sodass bei den daraus entstehenden Zygoten die Wahrscheinlichkeit des Aufeinandertreffens von zwei mutierten Allelen (Genotyp mm) bei 25 % liegt. Die anderen Nachkommen sind phänotypisch normal, da sie das dominante Wildallel mindestens einmal besitzen. Die Hälfte aller Nachkommen (Genotyp Mm) bringt statistisch gesehen die gleiche Verteilung hervor wie die Mutterpflanze. Bei 25 % (Genotyp mm) wird die Mutation nicht weiter gegeben, da sie absterben.

1.3 Aus evolutionsbiologischer Sicht erscheint die Selbstbestäubung (Autogamie) nicht sinnvoll.
Man geht in der Evolutionstheorie davon aus, dass die **Veränderung** des Genpools und die **Umverteilung** der Allele in ihm die Voraussetzungen für Entwicklung sind. Gerade die Fremdbestäubung (Allogamie) und nicht die Selbstbestäubung bietet für die Umverteilung der in der Population vielfältig vorhandenen Allele die besten Voraussetzungen. Die **Variabilität** der Phänotypen ist dann in hohem Maße gewährleistet. Bei sich verändernden Bedingungen (z. B. Klimaveränderungen oder auch stärkere Konkurrenz um ökologische Nischen) besitzt damit ein Teil der Nachkommen eine höhere Fitness und kann zur Artneubildung beitragen. Um eine aufspaltende oder verschiebende **Selektion** hervorzurufen, muss der **Evolutionsdruck** jedoch erheblich sein.

Die Vermischung des genetischen Materials innerhalb einer Population ist dagegen bei den seltenen obligat autogamen Pflanzen nicht mehr möglich. Die Rekombination des Erbmaterials beschränkt sich dabei auf die bei der Meiose zur Gametenbildung. Jede Pflanze bildet eine eigene Erblinie mit eingeschränktem genetischem Material und damit auch eingeschränkter Variabilität. Diese Einschränkungen wiederum sind nicht vorteilhaft für Anpassungsprozesse bei einer Veränderung der Umwelt der Pflanzen. Die einzelnen Erblinien sind durch die Selbstbestäubung natürlich auch fortpflanzungsbiologisch voneinander isoliert. Dies kann in der Perspektive aber sogar zu einer Vielzahl neuer Arten führen, wenn die Selektion in der entsprechenden Richtung wirkt.
Bei omnipotenten Pflanzen mit starker Reproduktionsrate wie *Arabidopsis* kann sich aber große Variabilität als kontraproduktiv erweisen. Sie besiedeln als ökologischer r-Typ und Pionierpflanzen mit hoher Geschwindigkeit neue Biotope. Dazu sind in kurzer Zeit **hohe Nachkommenzahlen** mit stabilen Merkmalen günstiger, da sie ohnehin in der Sukzessionsfolge durch andere Arten wieder verdrängt werden. Auftretende **Mutationen** werden nur in einer Linie vererbt. Sind die genetischen Veränderungen negativ, so stirbt **nur** diese Linie aus, was bei der riesigen Nachkommenschaft kaum ins Gewicht fällt. Positive Mutationen verbleiben trotz der Selbstbestäubung im Genom der Art. Die Reproduktionsrate wird noch dadurch verstärkt, dass der Aufwand und die **Zufälligkeit** bei Fremdbestäubung entfallen. So bedarf es z. B. keiner Insekten oder günstigen Windes zur Verbreitung der Pollen und zur Sicherung der Bestäubung. Das Vorhandensein von Selbstbestäubung ist damit ein Zeichen dafür, dass sich Evolution in einem **komplexen Wirkungsgefüge** vollzieht, in dem die durch Fremdbestäubung erreichte sexuelle genetische Rekombination nur ein, wenn auch wichtiges Element darstellt.

1.4 Die Beobachtungen, dass sich in den Chloroplasten (wie auch in den Mitochondrien) genetisches Material von Bakterien befindet, stützen die so genannte **Endosymbiontentheorie**. Diese geht davon aus, dass es bereits vor mehreren Milliarden Jahren fotosynthetisch aktive Bakterien (Cyanobakterien) gegeben hat. Deren spezifische Enzymausstattung wurde durch ein entsprechend strukturiertes Genom gespeichert und an die nächste Generation weiter gegeben. Diese Bakterien wurden durch andere (vermutlich heterotrophe) Einzeller durch Phagocytose aufgenommen, aber nicht verdaut. Sie verblieben im Inneren der fremden Zelle in einer Membranhülle. Das zunächst unfreiwillige Zusammenleben erwies sich dann für beide von großem Vorteil. Der Symbiont wurde von der Zelle versorgt und lieferte durch seine autotrophe Assimilation der Wirtszelle lebensnotwendige organische Stoffe. Große Teile des Endosymbiontengenoms wurden in den Zellkern der Wirtszelle transferiert. Diese zunehmende Abhängigkeit wird als Endosymbiose bezeichnet. Aus dieser Symbiose verschiedener Einzeller entwickelten sich später alle Fotosynthese betreibenden eukaryotischen Zellen. Der Rest des ursprünglichen Bakteriengenoms blieb in Form der spezifischen **Chloroplasten-DNA** erhalten, was auch erklärt, dass viele Chloroplastenproteine nicht durch das genetische Material des Pflanzenzellkerns codiert werden.

2.1 Das Pfeilschema gibt die Struktur der Biosynthesekette zur Ethylenbildung an:

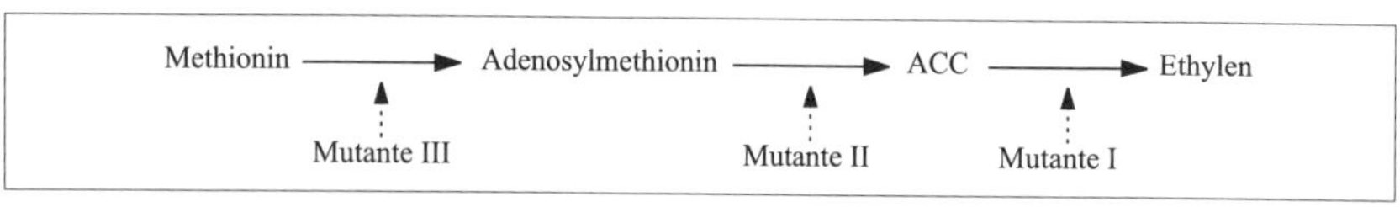

Das Enzym II, dessen Struktur durch eine Mutation verändert worden ist, realisiert die Umwandlung von Adenosylmethionin zu ACC. Damit reichert sich im Mutantentyp II das Substrat dieser Reaktion, nämlich **Adenosylmethionin**, an.

Stoffwechselvorgänge erfolgen in oft verzweigten Syntheseketten. Die entstehenden Produkte können über genregulatorische Vorgänge die Bildung der weiter verarbeitenden Enzyme induzieren oder die Enzyme, die sie hervorgebracht haben, hemmen. Durch Mutationen verändern sich meist die Primärstrukturen der Apoenzyme. Das kann Auswirkungen auf die Sekundär- und Tertiärstruktur der entsprechenden Proteine haben, sodass die Enzymreaktion stark gehemmt wird oder überhaupt nicht mehr ablaufen kann. Hemmung oder Ausfall eines Enzyms führen zu einer **Unterbrechung der Biosynthesekette** an dieser Stelle und zu einer **Anreicherung seines Substrats**, wenn dieses nicht durch andere parallele Stoffwechselwege übernommen und verarbeitet wird.

2.2 Wenn man die Biosynthesekette zur Produktion von Ethylen aufklären möchte, ist es notwendig, **kompetitive Hemmstoffe** einzusetzen. Enzymhemmungen durch veränderte Reaktionstemperaturen und durch Schwermetalle sind viel zu unspezifisch, wirken also auf alle Enzyme der Pflanze in ähnlicher Weise. Ein kompetitiver Hemmstoff dagegen besitzt eine große strukturelle Ähnlichkeit mit dem eigentlichen Substrat und konkurriert mit diesem um das aktive Zentrum eines Enzyms. Dadurch wird die eigentliche biochemische Reaktion vermindert ablaufen. Dieser Vorgang ist häufig reversibel und vom Konzentrationsverhältnis Hemmstoff : Substrat abhängig.

2.3 Früchte setzen mit zunehmender Reife das **Phytohormon Ethylen** (Ethen) frei. Dieser Stoff ist gasförmig („Apfelgas") und kann sich somit in einem Lagerraum frei ausbreiten. Die Wirkung dieses Gases auf Pflanzen ist offensichtlich vielfältig. Im Vortext wird beschrieben, dass durch Enzymaktivierung das grüne Chlorophyll abgebaut wird und andere Farbstoffe aufgebaut werden. Weiterhin gilt Ethen als **Reifebeschleuniger**. Für Äpfel bedeutet dies, dass die früh reifenden Sorten durch verstärkte Ethylenproduktion den Reifeprozess der späteren Sorten erheblich beschleunigen werden. Das ist für die eigentlich erwünschte längere Lagerung der Spätsorten nicht vorteilhaft.

2.4 Skizze der Zellwand:

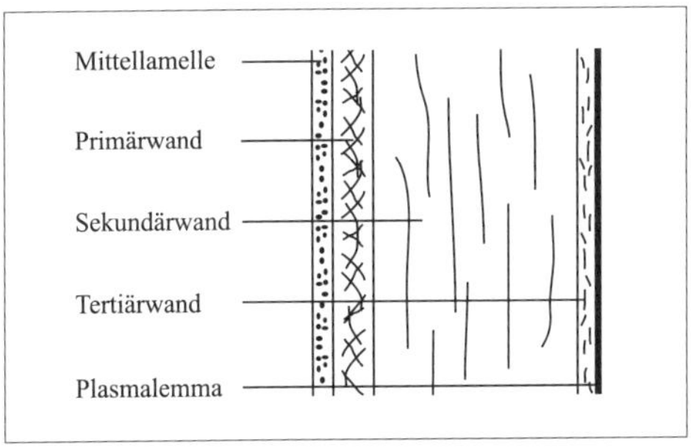

Der Hauptbestandteil der Zellwand ist die **Cellulose**, ein Polysaccharid mit β-Glucose als Monomer. Zum Nachweis gibt man zu einer cellolosehaltigen Probe Chlorzinkiod-Lösung (Iod-Kaliumiodidlösung mit Zinkchlorid). Wenn die Stoffprobe Cellulose enthält, färben sich diese Bestandteile violett.

2.5 Wenn man den Stängel wie in der Aufgabenstellung beschrieben kreuzweise einschneidet, geht der radiäre Zusammenhalt verloren und die Segmente reagieren auf Veränderungen ihrer Umgebung unabhängig vom übrigen Spross.

Beobachtungen und Erklärung nach Einstellen in Leitungswasser: Die Segmente krümmen sich nach oben oder ringeln sich sogar ein.
Diese Beobachtung ist durch **unterschiedliche Gewebespannungen in Zentralzylinder und Epidermis** während der Wirkung von Leitungswasser erklärbar. Letzteres stellt im Verhältnis zum Cytoplasma der Zellen im Inneren des Stängels eine hypotonische Lösung dar. Die höhere Konzentration von Ionen und anderen osmotisch wirksamen Stoffen im Plasma bewirken so eine **osmotische Wasseraufnahme** in die Löwenzahnzellen des Zentralzylinders. Diese vergrößern ihr Volumen bis der zunehmende Widerstand der Zellwände zum Gleichgewichtszustand mit einem höheren Turgor führt. Dieser Vorgang findet im Epidermisbereich kaum statt. Epidermiszellen als äußeres Abschlussgewebe sind gegen Umwelteinflüsse wie hypotonische Lösungen (Regen) z. B. durch die Kutikula und die verdickten Zellwände geschützt. Daher steigt der Druck in diesem Bereich weniger an und die Segmente bewegen sich in Richtung des geringeren Turgors nach außen.

Beobachtungen und Erklärung nach Einstellen in Salzwasser: Zunächst ist eine Streckung der Segmente zu beobachten, sodass der ursprüngliche Zustand wieder erreicht werden kann. Wenn die Salzkonzentration hoch und die Einwirkzeit lang genug war, kann man auch ein zunehmendes Verwelken des gesamten Pflanzenteiles beobachten.
Hier wurde die hypotonische durch eine hypertonische Außenlösung ersetzt. Die höhere Konzentration osmotisch wirksamer Stoffe (Natriumchlorid) führt zu einem **osmotisch bedingten Wasserentzug** aus dem Gewebe, sodass der Turgor und damit die Gewebespannung schnell nachlassen. Der Verwelkungsprozess kann auch durch **Plasmolyse**, also dem Ablösen des Zellplasmas von der Zellwand durch starken Wasserverlust, verstärkt werden.

Teil B

Die Aufgabenstellung verlangt eine begründete Darstellung der Eigenschaften und Mechanismen, welche der Konstanz bzw. der Variabilität der DNA zugrunde liegen, sowie eine Erläuterung der Bedeutung von Konstanz und Variabilität der DNA für die Organismen. Der unten aufgeführte Lösungsvorschlag stellt eine mögliche Bearbeitung der Aufgabenstellung unter Berücksichtigung der angegebenen Materialien dar.

Zur Lösung der Aufgabe sollen zunächst die Grundbegriffe und ihre Verknüpfungen geklärt werden. Unter der **Erbsubstanz** versteht man im Allgemeinen die in Zellen, Plastiden und Mitochondrien vorkommenden Nukleinsäureformen. Diese können als DNA in Verbindung mit Histon- und anderen Proteinen Chromosomen bilden oder als RNA-Formen zur Proteinbiosynthese beitragen. Die **Erbinformation** ist im weitesten Sinne die in der Nukleotidsequenz der DNA gespeicherte Information zum Aufbau von Enzymen und Struktureiweißen. Spezifische Proteine wiederum bestimmen den Phänotyp und regulieren den Stoffwechsel. Eine relative **Konstanz** der Erbinformation ist notwendig, wenn diese durch Zellteilungen an identische Tochterzellen (Mitosen) oder an artgleiche Nachkommen (Meiosen) weitergegeben wird. **Variabilität** entsteht entweder durch Veränderungen im Bereich der Erbsubstanz (Mutationen und Rekombinationen) oder der genetische Spielraum zur Merkmalsausbildung wird durch unterschiedliche Umweltbedingungen ausgeschöpft (Modifikationen).
Die **Konstanz** der sich entwickelnden Körpermerkmale ist an die Konstanz der DNA-Struktur gebunden. Die einzelnen Nukleotide der DNA (Material 3) bestehen aus jeweils einem Zuckermolekül (Desoxyribose), an das Nukleotidbasen (Adenin, Thymin, Guanin oder Cytosin) gebunden sind. Zwischen zwei benachbarten Desoxyribosemolekülen (am 3. bzw. 5. C-Atom) bestehen relativ stabile Verbindungen über Phosphorsäurereste. Die DNA bildet außerdem eine Doppelhelix aus zwei parallen Einzelsträngen. Die Verbindung zwischen ihnen wird durch Wasserstoffbrücken hergestellt. Dabei wird die Komplementarität der Stränge dadurch

erreicht, dass Adenin und Thymin untereinander zwei sowie Cytosin und Guanin drei Wasserstoffbrücken bilden. Die helikale Struktur fördert offensichtlich den Zusammenhalt des DNA-Makromoleküls, das beim Menschen in jedem Chromosom mehrere Millionen Nukleotide enthält. Die kristallähnliche Struktur der DNA wird durch die Verbindung mit basischen Histon-Eiweißen zusätzlich stabilisiert. Die Erbinformation wird durch den genetischen Code verschlüsselt gespeichert. Am codogenen DNA-Strang erfolgt die Transkription, also die Ausbildung eines komplementären mRNA-Stranges. Dieser enthält Ribose als Zuckermolekül und statt Thymin die Base Uracil (Material 3). Der mRNA-Strang verlässt den Zellkern. Bei Eukaryoten erfolgt wie in Material 4 beschrieben ein vorheriges Spleißen. Das bedeutet, dass nicht der gesamte entspiralisierte DNA-Strang in mRNA überschrieben wird, sondern nur die Abschnitte, die für die Translation, also die Umsetzung in Proteinstrukturen, unbedingt notwendig sind. Die Funktion der nicht transkribierten Teile ist noch nicht vollständig geklärt. Es könnte sich um „stillgelegte" DNA der Vorfahren handeln, sie könnten aber auch dem Schutz der wichtigen Abschnitte dienen. Die Translation erfolgt an den Ribosomen. Dabei wird der genetische Code realisiert. Wie in der Codesonne (Material 1) ersichtlich wird, ist der Code ein so genannter Triplettcode, besteht also aus einer Abfolge von jeweils 3 Nukleotiden. Am Triplett AAA z. B. kann eine tRNA mit der Basenfolge UUU andocken und die Aminosäure Lysin ablagern. Die Basensequenz der DNA wird so Schritt für Schritt in die Primärstruktur des entstehenden Proteins umgesetzt. Diese darf nur bedingt verändert werden, um die spezifischen Funktionen nicht zu gefährden. In der Codesonne wird auch die Degeneration des genetischen Codes deutlich, d. h. dass teilweise mehrere Codons für eine Aminosäure existieren. So gibt es für Leucin die Tripletts CUU, CUA, CUC, CUG, UUA und UUG. Die DNA kann sich also teilweise sogar in der Nukleotidsequenz verändern, ohne dass dies Auswirkungen haben muss.
Die wichtige Aufgabe der RNA für die Translation führte zu der Theorie (Material 6), dass diese Nukleinsäure bei der Entstehung des Lebens die primäre Matrize für die Eiweißsynthese gebildet haben könnte. Die DNA wäre folgerichtig dann aber das temperaturstabilere und sicherere Speichermedium für die Erbinformation und löste in der molekularbiologischen Evolution die RNA ab. Eine Reihe von Retroviren, wie auch der Auslöser von SARS (Material 8), besitzen auch heute noch ausschließlich RNA als Erbsubstanz.

Mutagene wie salpetrige Säure (Material 5) können die Nukleotidsequenz z. B. durch die Umwandlung von Basen (Cytosin in Uracil oder Adenin in Hypoxanthin) verändern. Das kann zur Veränderung von Aminosäuresequenzen, Proteinstrukturen und Merkmalen und damit zur Erhöhung der **Variabilität** innerhalb der Populationen führen.
Mutationen kommen aber auch während der identischen Replikation vor. Die in Material 2 beschriebenen Mismatches sind trotz Reparatur noch ein Problem für die Stabilität des gesamten Erbmaterials.
Mutationen und rekombinative Veränderungen im Verlaufe sexueller Fortpflanzung sind aber auch Grundlage der auf Variabilität basierenden Evolution. Bei den SARS-Viren sind Mutationen geradezu die Basis für ihre erfolgreiche Verbreitung vom Tier auf den Menschen (Material 8). Die antigenen Determinanten erweisen sich durch die Veränderung der Proteinstrukturen als so variabel, dass das Immunsystem des Menschen sich nur schlecht umorientieren kann. So können aus Virenstämmen in Anpassung an neue Wirte ganz neue Spezies entstehen.
Die Fähigkeit zur Umstrukturierung der DNA ist also auch Vorrausetzung für evolutive Prozesse und die Artneubildung. Dabei wird aber stets auf Vorhandenes und Stabiles aufgebaut. Hierin liegt aber auch die Bedeutung der Konstanz des Erbmaterials. Eine zu große Mutationsrate würde bei relativ konstanten Umweltbedingungen die Fitness der Populationen erheblich schwächen. Viele biochemische Grundvorgänge, die bei allen Organismen ähnlich ablaufen, benötigen Enzyme, deren Struktur sich in sensiblen Bereichen nicht verändern darf. Dazu muss die DNA in den entsprechenden Genen konstant bleiben. Reparaturenzyme

können, wie im Material 2 beschrieben, durch die größtenteils erfolgreiche Fehlerkorrektur zur Konstanz im Erbgut beitragen.
Die im Material 7 angeführten Beispiele von lebenden Fossilien belegen einerseits die große Stabilität von Erbsubstanzen gut an ihre ökologischen Nischen angepasster Organismen wie Quastenflosser, *Nautilus* oder *Ginkgo*-Baum. Andererseits sind diese Organismen sehr anpassungsfähig und besitzen breite Toleranzbereiche und es ist keinesfalls erwiesen, dass sich ihr Genpool seit ihrem ersten Auftreten in der Erdgeschichte kaum verändert hat.

Leistungsfach Biologie (Thüringen): Abiturprüfung 2005
Aufgabe 2: Stoffwechsel, Genetik, Neurophysiologie, Evolution

Teil A BE

1 In grünen Pflanzen finden neben der Fotosynthese viele andere physiologische Prozesse statt. Pflanzen sind Lebewesen, an denen sich vielfältige Anpassungserscheinungen nachweisen lassen.

1.1 Die Fotosynthese ist ein temperaturabhängiger Vorgang.
Begründen Sie die Richtigkeit dieser Aussage! 3

1.2 Die Fotosyntheseraten von verschiedenen Pflanzen unterscheiden sich. Fertigen Sie eine grafische Darstellung an, die den Tagesgang (24 Stunden) der Fotosyntheserate einer Pflanze aus der Krautschicht des Waldes und einer Pflanze einer Wiese an einem wolkenfreien Sommertag beschreibt und interpretieren Sie das Diagramm! Beziehen Sie dabei anatomisch-morphologische Anpassungen der Laubblatttypen ein! 7

1.3 Erklären Sie die Aufnahme des Wassers an der Wurzelepidermis! In der Abbildung ist die Wasseraufnahme einer Eiche und einer Kiefer dargestellt. Ordnen Sie die Kurven den genannten Bäumen zu und begründen Sie die Zuordnung! Interpretieren Sie die Kurvenverläufe ab dem Zeitpunkt t_1! 5

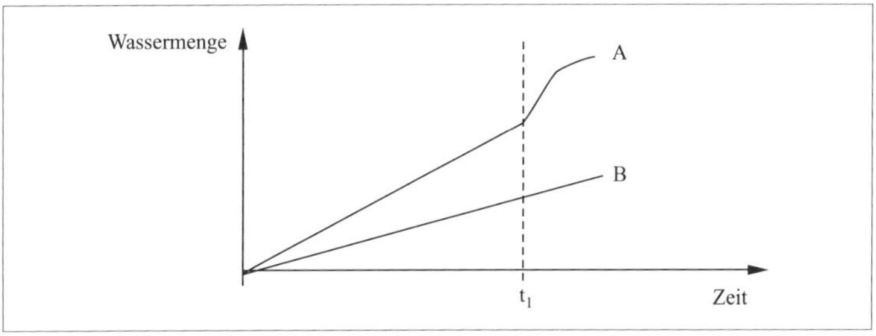

Abb. 1: Aufgenommene Wassermenge einer Kiefer und einer etwa gleich großen Eiche an einem sonnigen Tag an dem selben Standort.

1.4 Im Tagesverlauf wurden in Blättern einer Pflanze die Konzentrationen von Stärke und Glukose gemessen. Erklären Sie die Kurvenverläufe in der Abbildung!
Überprüfen Sie die Ihnen zur Verfügung gestellten zwei Stoffproben auf das Vorhandensein von Stärke und Glukose! Fordern Sie die benötigten Geräte und Chemikalien schriftlich an und fertigen Sie ein Protokoll an. 8

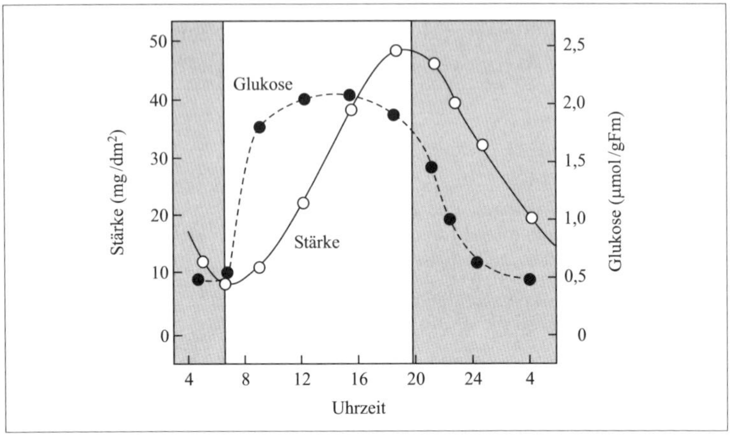

Abb. 2: Konzentration zweier Stoffe im Tagesverlauf (gFm-Gramm Frischmasse).

1.5 Tomaten wurden gekreuzt. Für die Auswertung stehen Pflanzen verschiedener Generationen zur Verfügung:

P1 rote Stängel, gefiederte Blätter

P2 grüne Stängel, ungefiederte Blätter

F_1 uniform mit rot gefärbten Stängeln und gefiederten Blättern

Erstellen Sie ein Erbschema über die genannten Generationen und benennen Sie den Erbgang! Nennen Sie die Zahlenverhältnisse der Geno- und Phänotypen in der F_2-Generation! 3

1.6 Reizbarkeit ist eine Grundeigenschaft aller Lebewesen. Erläutern Sie das Zusammenwirken von zwei Zellbestandteilen, die wesentlich an der Erregungsleitung beteiligt sind! 4

1.7 Interpretieren Sie die Darstellung in folgender Abbildung! 4

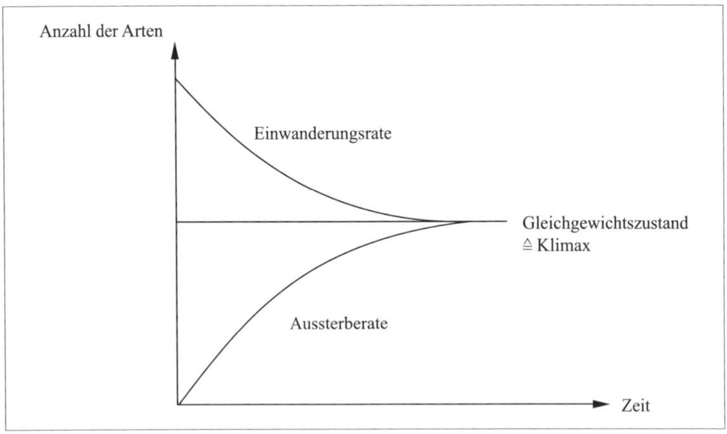

Abb. 3: Besiedlung während einer Primärsukzession.
Kalusche, D.: Ökologie – Ein Lehrbuch, Quelle & Meyer Verlag, Wiesbaden 1999, S. 99

2 Im Internet ist nachzulesen:
Es wird oft behauptet, dass die Mongolische Rennmaus, *Meriones unguiculatus*, ein Tier ist, das gegen Inzuchtfolgen äußert „resistent" sei. Das ist meines Erachtens komplett falsch. Es mag sein, dass nur selten Jungtiere auftauchen, die direkt inzuchtgeschädigt sind, aber auch das kommt vor, und wenn es zu direkten Inzuchtfolgen wie fehlenden Gliedmaßen oder Missbildungen kommt, ist die Situation sehr schlimm. Das wirkliche Problem sind die „schleichenden" Folgen einer jahrzehntelangen Inzucht.

Nach: http://www.midnightmoon.ch/inzucht.html.

2.1 Beurteilen Sie die Folgen einer jahrzehntelangen Inzucht! Beziehen Sie dabei auch einen Stammbaum ein, der Ihre Angaben stützt! 3

2.2 Vergleichen Sie die Zucht von Tieren durch den Menschen mit der „natürlichen Zuchtwahl", die Darwin in seiner Evolutionstheorie beschrieben hat! 3

Teil B

„Der Mais hat als Kulturpflanze einen unvergleichlichen Siegeszug über die ganze Welt angetreten. Doch dieser Siegeszug hat auch seinen Preis."
Erarbeiten Sie einen Text der diese Aussage begründet! Beziehen Sie in Ihre Darstellung geeignete Sachverhalte aus den nachfolgenden Materialien ein! 20

Material 1

Die Gentechnik macht es möglich: Eigentlich stammt der Wirkstoff gegen die gefräßigen Maiszünsler-Raupen aus einem Bakterium. Nun wird er in den Maispflanzen gebildet – bei den ersten gentechnisch veränderten Sorten in allen Pflanzenteilen. Neuere Sorten produzieren den Wirkstoff überwiegend dort, wo er benötigt wird: im Stängel. Dort leben die Raupen, für konventionelle Pflanzenschutzmittel unerreichbar.

Aus: Mit den Waffen von Bakterien gegen Fraßinsekten; http://www.biosicherheit.de/mais/146.doku.html

Material 2

Pflanzen produzieren ihre Insektizide selbst und wehren damit ihre Fraßfeinde ab. Die Gentechnik hat grundsätzlich neue Wege im Pflanzenschutz eröffnet. Wenn es funktioniert, könnten chemische Pflanzenschutzmittel eingespart und die Umwelt entlastet werden. Mais und Baumwolle mit gentechnisch vermittelter Insektenresistenz werden bereits großflächig angebaut. Und auch in der EU sind solche Maissorten bereits zugelassen.
Die Vorgeschichte: Seit fast hundert Jahren ist bekannt, dass bestimmte, überall im Boden anzutreffende Bakterien – *Bacillus thuringensis* (Bt) – eine giftige Wirkung auf Insekten haben und sie abtöten. Ursache dafür ist das Bt-Toxin ein von den Bakterien gebildetes Eiweiß. Nehmen es Insekten mit der Nahrung auf, wird es dort in eine aktive Form umgewandelt, welche die Darmwand der Tiere zerstört. Erst stellen sie das Fressen ein, dann sterben sie ab.
Die einzelnen Bt-Toxin-Varianten treffen die jeweiligen Schädlinge einer bestimmten Kulturpflanze, ohne andere, als Nützlinge geschätzte Arten zu gefährden. Das Bt-Toxin ist für Säugetiere und Menschen harmlos.

Aus: http://www.biosicherheit.de/mais/146.doku.html

Material 3

Mais kann nicht selbstständig überleben, da die nach der Befruchtung heranwachsenden Körner so fest am Kolben haften bleiben, dass eine natürliche Verbreitung unmöglich ist. Ohne den Menschen gäbe es keine neue Maisgeneration und ohne die Pflanzenzüchtung gäbe es erst gar keinen Mais. Pflanzenzüchtung ist also nichts Neues.

Aus: http://www.biosicherheit.de/mais/146.doku.html

Material 4

	Starker Befall durch Zünsler	Geringer Befall durch Zünsler
Saatgut (€/ha)	–18,5	–18,5
Insektizideinsatz (€/ha)	+42	–
Kostenänderung (€/ha)	+23,5	–18,5
Ertragssteigerung (t/ha)	+1,0	+0,15
Ertragssteigerung (€/ha)	+123	+18,5
Gewinn (€/ha)	146,5	0

Tab.: Vorteile bei den Schlüsselkosten der Maisproduktion durch den Einsatz von Bt-Sorten in Regionen mit starkem und geringem Zünsler-Befall.

Material 5

Gerade in Nordamerika wird Mais auf riesigen Flächen angebaut und eine Vielzahl von Farmern ist auf den Maisanbau spezialisiert. Die Maispflanze stellt im Vergleich zu anderen Getreidearten relativ geringe Ansprüche an den Boden, jedoch höhere Ansprüche an das Klima und die Wasserversorgung. Optimale Voraussetzungen für die Entwicklung bieten dem Mais humusreiche Böden mit stabiler Krümelstruktur und einem ausreichenden Speichervermögen für Wasser und Nährstoffe. Maisanbau ist auch in klimatisch ungünstigeren Lagen möglich.

Nach: http://www.dekalb.de/mais_sortenwahl.html

Material 6

Fläche	Insekten resistent	Herbizid resistent	Insekten plus Herbizid resistent
8 Mio. ha	72 %	24 %	4 %

Anbau von gentechnisch verändertem Mais in den USA im Jahre 2000.

Material 7

Botanischer Name: *Zea mays*

Vorkommen: Tropen, Subtropen, durch Züchtung (Hybridmais) auch gemäßigte Breiten; Ursprung Mittel-/Südamerika

Botanik: Getreideart, einhäusig getrenntgeschlechtlich, einjährig, C4-Pflanze, Unterscheidung in 7 Gruppen nach Kornform, davon Zahnmais (convar. dentiformis) zur Stärkegewinnung in Europa von Bedeutung, Stärkemais (convar. amylacea) besonders in Südamerika (Endosperm ganz mehlig-stärkehaltig)

Wachstum: Saat April/Mai, langsame Jugendentwicklung, Schossphase stark abhängig von Temperatur ca. 2–2,5 Monate, Ernte von Körnermais etwa ab Oktober

Ertragsleistungen: Körnermais ca. 72–110 dt/ha

Inhaltsstoffe Korn: 60–70 % Stärke, 4–5 % Fett, 8–10 % Eiweiß, 1,5–2,8 % Fasern, ca. 16 % Wasser

Nutzbare Pflanzenteile:
Samen: Stärke, Eiweiß, Maiskeimöl, Popcorn, Maisgrieß, Viehfutter
Kolben: Corn-Cob-Mix (CCM) und Lieschkolbenschrot als Viehfutter, Gemüsemais

Ganzpflanze: Viehfutter (Silomais), Biomasse

Nach: http://www.inaro.de/Deutsch/Pflanzen_index.htm

Material 8

Mais *(Zea mays)* gehört zur Familie der Gräser mit subtropischer Heimat in Süd- und Mittelamerika. Es handelt sich um eine C_4-Pflanze, die aufgrund von Besonderheiten im biochemischen Stoffwechsel in der Lage ist, mit wenig Wasser das CO_2 noch sehr effektiv zu assimilieren. Die Folge davon ist eine sehr hohe Produktion an Biomasse, sowohl in den wärmeren, subtropischen und tropischen Klimazonen, als auch unter mitteleuropäischen Bedingungen. Mais wird nachweislich seit 2000 Jahren in Mexiko kultiviert und kam durch Columbus nach Europa. Die erste Ausbreitung erfuhr die Pflanze – als Folge ihres ursprünglich sehr hohen Wärmebedarfs – in den Mittelmeerländern. Mais diente vor allem der ärmeren Landbevölkerung als Grundnahrungsmittel und Tierfutter […]. In Deutschland hielt der Mais vor 100 Jahren als „Welschkorn" Einzug in Südbaden und im Rottal. Seit 50 Jahren stiegt seine Bedeutung enorm an. Obgleich er durch die Züchtung jetzt an die hiesigen Klimabedingungen angepasst ist, kommt ihm die globale Erwärmung zugute. Mais ist die weltweit wichtigste Getreideart mit Anbauzonen in allen Erdteilen. Die Produktion liegt auf 140 Mill. ha mit jährlich etwa 590 Mill. Tonnen höher als Weizen und Reis. In den USA werden 40 % der Welternte erzeugt, in der EU 6,2 %, in Deutschland 0,5 %. Der Ertrag hat sich in Deutschland in den letzten 50 Jahren von 2,0 auf 10,0 t/ha gesteigert.

Nutzung: Grundsätzlich ergeben sich bei Mais drei verschiedene Nutzungen für die es jeweils angepasste Sorten gibt.

- Als Nahrungsmittel – das Mehl aus den Körnern kann in Brotmischungen, Breien oder anderen Produkten genutzt werden; weitere Formen der Zubereitung sind möglich.
- Als Tierfutter – die Körner oder auch andere Pflanzenteile dienen in verschiedenen Erntezubereitungen als Kraftfutter oder Grundfutter für Rinder, Schweine und Geflügel.
- Als Rohstoff – die Körner können als Rohstoff für plastische Produkte und Verpackungsmaterial sowie Formteile für technische Anwendungen dienen.

Nach: http://www.landwirtschaft-mlr.baden-wuerttemberg.de/la/lap/pflbau/allgpflb/mais-lhf03.htm
(Autor: P. Schweiger)

Material 9

In Regionen mit tropischem Regenwald (Südamerika, Afrika, Asien) wird nicht selten in folgender Weise Landwirtschaft betrieben: Ein Bereich des Regenwaldes (ca. ½ ha), der für Anpflanzungen vorgesehen ist, wird bis auf großstämmige Bäume gerodet. Das auf einer dünnen Humusschicht gewachsene Pflanzenmaterial wird nach dem Abtrocknen verbrannt. Die Asche verbleibt auf dem Feld, auf dem nun eine Nutzpflanze angebaut wird. Das Diagramm zeigt, wie sich der Ertrag in den Jahren nach der Rodung entwickelt, wenn in jedem Jahr die gleiche Pflanzenart angebaut wird (z. B. Mais).

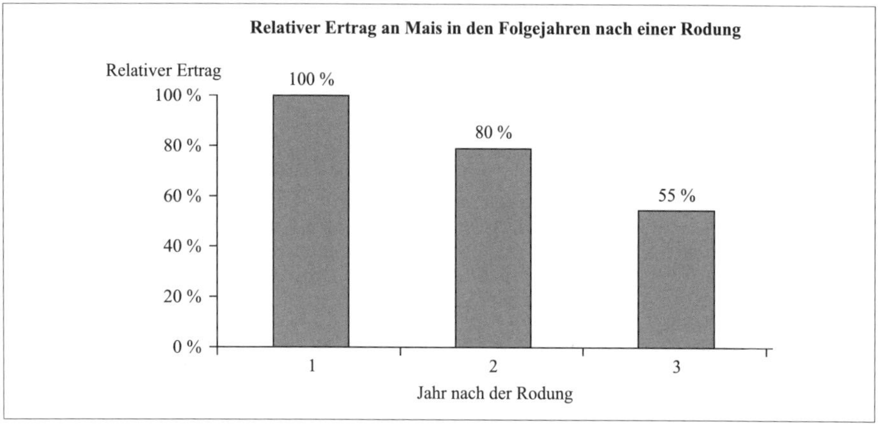

Lösung

1.1 *Für die Betrachtung der Abhängigkeit der Fotosyntheseintensität von der Temperatur gibt es zwei Lösungsansätze. Zum einen kann man die Wirkung unterschiedlicher Temperaturen auf die Regulationsmechanismen von Pflanzen beziehen. Hier sind Ökotyp, Blattstrukturen, Spaltöffnungsweiten, Chlorophylldichten und andere spezifische Faktoren wichtig. Die wichtigste Wechselwirkung besteht zum anderen jedoch in der Tatsache, dass die Fotosynthese, wie alle anderen physiologischen Prozesse, durch spezifische Enzyme reguliert wird.*

Die Enzyme der Dunkelreaktion der Fotosynthese finden sich im Stroma der Chloroplasten und reagieren in ihrer Aktivität auch grundsätzlich ähnlich wie alle anderen Enzyme. Fotosynthese kann zwar bereits bei Temperaturen unter 0 °C stattfinden, wenn die Pflanze daran angepasst ist, läuft aber prinzipiell bei höheren Temperaturen schneller ab. Der Anstieg bis etwa 35 °C folgt der **RGT-Regel**, die in diesem Bereich auch für Enzymreaktionen zutrifft. Durch stärkere Teilchenbewegungen erhöht sich die Anzahl wirksamer Zusammenstöße und damit die Reaktionsgeschwindigkeit. Nach Überschreiten des optimalen Temperaturbereichs (der artspezifisch unterschiedlich sein kann) fällt die Fotosyntheseleistung ab ca. 40 °C sehr rasch ab. Die Eiweißstrukturen der Enzyme werden zunehmend zerstört (denaturiert), damit können sie auch ihre Funktion nicht mehr erfüllen und die Fotosynthese wird abgebrochen.

Schema (nicht verlangt):

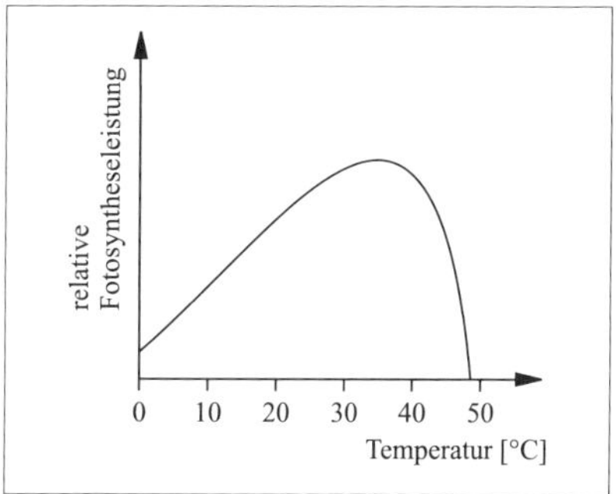

1.2 Die geforderte grafische Darstellung der Fotosyntheserate der zwei Pflanzenarten könnte diese Form besitzen:

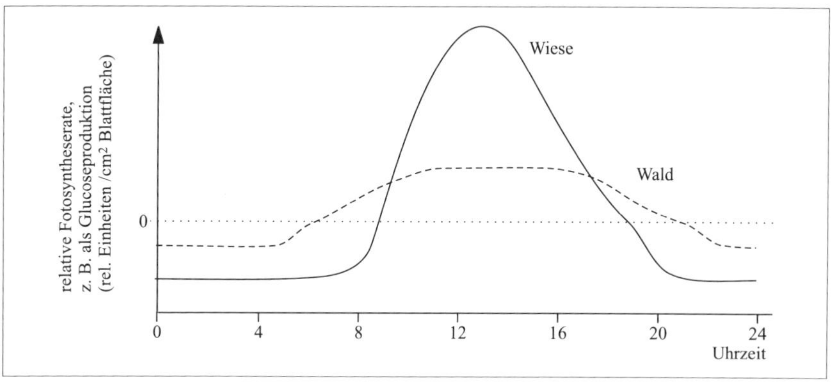

Interpretation des Diagramms

Das Kurven-Diagramm stellt die Abhängigkeit der Fotosyntheserate (Glucoseproduktion in relativen Einheiten) von der Zeit dar (genauer: von der Beleuchtungsstärke, die wiederum abhängig ist von der Tageszeit). Betrachtet werden zwei Pflanzenarten unterschiedlicher Standorte (Freiland/Wiese sowie Wald/Krautschicht). Gemeinsamkeiten weisen die Graphen der Kurven in ihrem grundsätzlichen Verlauf auf. Bei Dunkelheit ist die Produktion von Glucose negativ, d. h. durch die Zellatmung wird Glucose verbraucht. Die Dissimilation fällt aber wegen der heterotrophen Assimilation von Fotosyntheseprodukten und der niedrigeren Nachttemperaturen insgesamt geringer aus, als die autotrophe Assimilation am Tage. Optimale Bedingungen findet man in die Zeit der größten Lichtintensität um die Mittagzeit.
Die zu untersuchenden Licht- und Schattenpflanzen zeigen aber auch verschiedene anatomisch-morphologische sowie physiologische Unterschiede in Anpassung an ihre spezifischen Lebensbedingungen:

Die **Lichtpflanzen** auf der Wiese überschreiten erst bei relativ hoher Lichtintensität gegen 8 Uhr den Lichtkompensationspunkt, an dem die Fotosyntheserate der Zellatmungsrate entspricht. Mit zunehmender Lichtstärke steigt auch die Rate der Fotosynthese bis gegen 12 Uhr an und erreicht dann den Lichtsättigungspunkt, an dem trotz zunehmender Lichtintensität keine weitere Leistungssteigerung mehr erreicht werden kann. Der Abfall der Glucoseproduktion am Nachmittag kann zwei Ursachen haben, die sich gegenseitig verstärken:

- Da an einem sonnigen Sommertag die Wärmeentwicklung jetzt am stärksten ist, verschließen die Pflanzen zum Schutz vor Austrocknung ihre Spaltöffnungen und der CO_2-Mangel lässt den Calvinzyklus und damit den Gesamtprozess abbrechen.
- In den chlorophyllhaltigen Zellen wird durch intensive Fotosynthese Glucose angereichert, die nicht so schnell in Assimilationsstärke umgewandelt werden kann. Damit erhöht sich der Turgor der Zellen und über Regulationsmechanismen, an denen auch die Schließzellen beteiligt sind, wird die Fotosynthese gebremst.

Die Lichtpflanzen besitzen zum Schutz vor Austrocknung relativ kleine, aber dicke Blätter mit mehrschichtigem Palisadengewebe und einer hohen Chlorophyllkonzentration. Dadurch ist die hohe Fotosyntheseaktivität erklärbar, wenn man sie im Verhältnis zur Blattfläche betrachtet.

Gegen 19 Uhr ist die Lichtintensität wieder so gering, dass der Glucoseverbrauch im Vergleich zur Produktion überwiegt, der Kompensationspunkt wird abermals überschritten. In der Dunkelheit gibt es keine Fotosynthese und damit nur noch einen Verbrauch an Glucose (negative Produktion). In der Nacht kann zeitweise die Zellatmung durch sehr schnell absinkende Temperaturen (Wärmeabstrahlung) ebenfalls reduziert werden, was im leichten Ansteigen der Kurve angedeutet ist.

Schattenpflanzen dagegen erreichen bereits bei geringerer Lichtintensität den Kompensationspunkt, was aber durch den ohnehin geringeren absoluten Lichteinfall in der Krautschicht des Waldes noch relativiert wird. Im Beispiel erhält die Fotosyntheserate bereit um 6 Uhr einen positiven Wert, steigt bis 9 Uhr gleichmäßig an und erreicht dann viel früher als Sonnenpflanzen den Lichtsättigungspunkt. Es findet bis in die Abendstunden eine gleichmäßige Fotosynthese auf niedrigem Niveau statt. Der abendliche Kompensationspunkt setzt durch die spezifische Anpassung an extremen Lichtmangel entsprechend auch später ein als bei Lichtpflanzen. Zur optimalen Ausnutzung des Lichtes sind die Blätter groß, dünn und nur mit einer dünnen Kutikula ausgerüstet. Das Palisadengewebe ist einschichtig. Die ständig geringe Lichtintensität führt zur Entwicklung wenigerer Chloroplasten, was in der geringeren Schwingungsweite im Kurvenverlauf deutlich wird.

1.3. **Erklärung der Wasseraufnahme an der Wurzelepidermis**

Die Wurzelepidermis (Rhizodermis) besteht aus einem lückenlosen wasserdurchlässigen Abschlussgewebe, dessen Oberfläche durch Haarbildungen stark vergrößert wird. Die Wasseraufnahme erfolgt durch **Osmose**. Das ionenarme Bodenwasser stellt im Vergleich zum Zellplasma der Rhizodermiszellen eine hypotonische Lösung dar. Im Inneren der Zellen befindet sich eine höhere Konzentration osmotisch wirksamer Substanzen (anorganische Ionen, Zucker, Eiweiß-Ionen), die durch das Plasmalemma zurückgehalten werden. So kommt es zu einer Wasseraufnahme aus dem Boden in Richtung der hypertonischen Innenlösung.

Begründete Zuordnung der Kurven

Die Kurve A im Diagramm gehört zur Eiche und die Kurve B zur Kiefer.
Der geringere Anstieg des Graphen lässt erkennen, dass die Kiefer besser an trockene und wärmere Standorte angepasst ist. Sie verliert in der gleichen Zeit weniger Wasser durch Transpiration als die Eiche. Kiefernnadel besitzen nicht nur eine sehr geringe Oberfläche im Verhältnis zu ihrem Volumen, sondern auch eine dicke Kutikula und eingesenkte Spaltöffnungen als charakteristische xeromorphe Merkmale. Eichen dagegen sind Tropophyten mit relativ großen Blattspreiten, mäßig starker Kutikula und Spaltöffnungen in einer Ebene mit der Epidermis. Damit sind Eichen wechselfeuchten Bedingungen angepasst und der höhere Wasserverbrauch fördert bei gutem Angebot sogar den Transport von Mineralsalzen in die assimilierenden Bereiche.

Interpretation der Kurvenverläufe ab dem Zeitpunkt t_1

Am im Diagramm dargestellten Zeitpunkt t_1 erfolgt offensichtlich eine Veränderung der Umweltbedingungen, die bei der Eiche zu einem plötzlichen Anstieg der Transpiration führt. Das können z. B. plötzlich auftretender Wind oder das Aufklaren der Bewölkung sein. Die trockenheitsresistenten Kiefern beeinflusst das aufgrund ihrer spezifischen Anatomie kaum. Eichen dagegen müssen bei plötzlich auftretender Erwärmung ihre Blätter kühlen, die Transpiration erhöhen und daher viel mehr Wasser aufnehmen.

1.4 **Erklärung der Kurvenverläufe**

Das Kurvendiagramm zeigt die Veränderungen der Stärke- und Glucosekonzentrationen in Blättern im Verlaufe eines Tages. Der Graph der Glucosekurve erreicht in den Mittagsstunden sein Maximum und in der Nacht sein Minimum. Erklärbar ist das durch die sich in Abhängigkeit von der Lichtintensität verändernde Fotosyntheserate. Die Glucoseproduktion zieht die Bildung von Assimilationsstärke nach sich. Diese wird als osmotisch neutraler Stoff in den Chloroplasten zeitverzögert zur Glucose gebildet. Wenn die Beleuchtungsstärke für die Fotosynthese nicht mehr ausreicht, wird durch entsprechende Enzyme die Assimilationsstärke zu wasserlöslichen Mono- oder Disacchariden abgebaut und diese verteilen sich mit dem Saftstrom in der gesamten Pflanze. Diese Vorgänge erklären die nächtlich absinkenden Stoffkonzentrationen in den Blättern.

Musterprotokoll zum Stärke- und Glucosenachweis:

Aufgabenstellung:
Weisen Sie in den beiden gegebenen Stoffproben Stärke und Glucose nach!

Vorüberlegungen:
Wenn in einer Stoffprobe **Glucose** enthalten ist, lässt sich dies mit der **Fehling-Probe** nachweisen.

Die freie Aldehydgruppe der Glucose wird zu einer Carboxylgruppe oxidiert und die in der Fehlingschen Lösung enthaltenen Cu^{2+}-Ionen zu Cu^{+} reduziert, was in einem ziegelroten Niederschlag erkennbar ist.

Der Amylose-Anteil der **Stärke** wird durch **Iod-Kaliumiodidlösung** nachgewiesen.

Die Iodmoleküle lagern sich in die Helix des Stärkemakromoleküls ein und verändern die Lichtabsorption. Das Ergebnis ist die typische Blau-Schwarz-Färbung.

Geräte und Chemikalien:
4 Reagenzgläser, Reagenzglashalter, Reagenzglasständer, Schutzbrille, Brenner, Streichhölzer; Stoffe A und B, Fehlingsche Lösung I und II, Iod-Kaliumiodidlösung

Durchführung:
- Die beiden Stoffproben werden jeweils gleichmäßig auf zwei Reagenzgläser verteilt, mit der einen Hälfte wird der Stärke-, mit der anderen der Glucosenachweis durchgeführt.
- Stärkenachweis: Zu der Stoffprobe werden einige Tropfen Iod-Kaliumiodidlösung gegeben.
- Glucosenachweis: Aus gleichen Anteilen Fehling I und Fehling II wird Fehlingsche Lösung hergestellt. Erkennbar ist die gebrauchsfertige Lösung an ihrer ungetrübten tiefblauen Färbung. Jetzt wird die zu untersuchende Substanz hinzu gegeben und vorsichtig bis zur Farbänderung erhitzt.

Beobachtungen:
- Stärke: Die Stoffprobe A färbt sich sofort intensiv schwarz, bei Verdünnung der Lösung erscheint sie blau. Stoffprobe B bleibt farblos.
- Glucose: Nach Erwärmung entwickelt sich bei Stoffprobe B ein orange-roter Niederschlag. Bei Stoffprobe A färbt sich die Lösung schmutzig-grün.

Auswertung:
Die Beobachtungen zeigen, dass
- in der Substanz A Stärke, aber keine Glucose enthalten ist.
- in der Substanz B Glucose, aber keine Stärke enthalten ist.

Die beiden Stoff können selbstverständlich auch zusammen in einer Probe vorkommen!

1.5 **Erstellen eines Erbschemas**

Legende: Stängelfarbe: S = rot; s = grün
Fiederung der Blätter: B = gefiedert; b = ungefiedert

P: SSBB × ssbb

F_1:

	SB	SB
sb	SsBb	SsBb
sb	SsBb	SsBb

Benennen des Erbganges

Es liegt ein dihybrider, dominant-rezessiver Erbgang vor.

Die Zahlenverhältnisse der Geno- und Phänotypen in der F_2-Generation

Genotypen	Anzahl	Phänotypen	Anzahl
SSBB	1	rotstänglig/gefiedert	9
SSBb	2	rotstänglig/gefiedert	
SsBB	2	rotstänglig/gefiedert	
SsBb	4	rotstänglig/gefiedert	
SSbb	1	rotstänglig/ungefiedert	3
Ssbb	2	rotstänglig/ungefiedert	
ssBB	1	grünstänglig/gefiedert	3
ssBb	2	grünstänglig/gefiedert	
ssbb	1	grünstänglig/ungefiedert	1

Man kann sich diese Zahlen zwar aus den Genotypen der F_1 ableiten, es bietet sich aber genauso gut an, ein Kreuzungsquadrat zu bilden und abzuzählen.

F_1: SsBb × SsBb

F_2:

	SB	Sb	sB	sb
SB	SSBB	SSBb	SsBB	SsBb
Sb	SSBb	SSbb	SsBb	Ssbb
sB	SsBB	SsBb	ssBB	ssBb
sb	SsBb	Ssbb	ssBb	ssbb

1.6 *Erläutern Sie das Zusammenwirken von zwei Zellbestandteilen, die an der Erregungsleitung beteiligt sind, z. B. Mitochondrien und Ionenpumpen.*

Die im Soma der Neuronen zahlreich vorhandenen **Mitochondrien** sind die eigentlichen „Kraftwerke der Zelle“. Durch die Vorgänge der Zellatmung wird Glucose über mehrere Stufen unter Sauerstoffverbrauch zu Kohlenstoffdioxid und Wasser umgewandelt:

$$C_6H_{12}O_6 + 6\,O_2 \longrightarrow 6\,CO_2 + 6\,H_2O$$

Die bei dieser Reaktion entstehende Energiemenge beträgt 2876 kJ/mol Glucose. Für den Organismus und damit auch für die neuronalen Funktionen sind aber nur energiereiche Phosphate, wie ATP als **Energiequelle** brauchbar. Der Anteil der gebildeten ATP-Einheiten beträgt 36, was einer gespeicherten chemischen Energie von etwa 1140 kJ/mol entspricht. Der Restenergieanteil besteht aus Wärmeenergie. Bei poikilothermen Organismen kann diese Energie zur Aufrechterhaltung der hohen **Körperkerntemperatur** beitragen und damit helfen stabile Bedingungen für neuronale Prozesse zu erzeugen.

Die von den Mitochondrien gelieferten ATP-Moleküle treiben besonders im Bereich des Axons die **Natrium-Kalium-Pumpe** an. Diese sorgt im Zustand des Ruhepotenzials für die Rückführung von Ionen, die durch die Membran diffundiert sind und bei Aktionspotenzialen zur Wiederherstellung der Ionenverteilung des Ruhepotenzials. Im Inneren der aus Kanalproteinen bestehenden Pumpen kommt es durch äußere, meist spannungsabhängige Erregungen zu einer Konformationsänderung der Kanal- oder Tunnelproteine, welche den Transport von Ionen auch gegen den Konzentrationsgradienten ermöglicht. Diese Vorgänge erfordern die Freisetzung der in ATP enthaltenen Energie nach der Form:

$ATP \longrightarrow ADP + P_i$

Ein mol ATP kann dabei eine Energiemenge von rund 30 kJ speichern und abgeben. Der freiwerdende Phosphatrest P_i und ADP müssen in das Mitochondrium zurückgeführt werden, damit wieder ATP synthetisiert werden kann.

1.7 In dem Kurvendiagramm wird die Anzahl der eingewanderten und ausgestorbenen Arten während der **Primärsukzession** eines Ökosystems dargestellt. Unter Primärsukzession versteht man die den spezifischen Klimabedingungen entsprechende ununterbrochene Entwicklung einer Biozönose, ausgehend von Rohboden. Das neue Biotop kann dabei z. B. durch Vulkanismus, Erdrutsche, schnelle Sedimentation oder Bergbautätigkeit entstanden sein. Zunächst ist die Einwanderungsrate der Organismen sehr hoch. Es siedeln zunächst **Pionierarten**, die anspruchslos sind und eine hohe Reproduktion besitzen. Alle Arten, deren Populationsdynamik dieser r-Strategie folgt, besetzen fast gleichzeitig den noch unbesiedelten Lebensraum. Durch die Lebenstätigkeit der Erstbesiedler werden schrittweise Bedingungen geschaffen, die auch anspruchsvolleren Arten genügen (höhere Bodenfruchtbarkeit, mikroklimatische Veränderungen durch die Bodenbedeckung, andere Mikroorganismen im Boden). Diese Zweitbesiedler sind aber unter den besseren Bedingungen konkurrenzstärker die Pionierarten und verdrängen sie zunehmend aus dem Lebensraum. Dieser Prozess ist in der zunehmenden Aussterberate zu erkennen. Allmählich beginnen sich aber auch Arten des **Klimax** zu etablieren. Da diese den jetzt herrschenden Bedingungen optimal angepasst sind, können nur noch wenige Arten von außen in das Biotop vordringen und erfolgreich vermehren. Es ist sichtbar, dass zu diesem Zeitpunkt auch immer weniger Arten verschwinden, bis Aussterberate und Zuwanderrate gegen Null gehen und nach außen das Ökosystem kaum noch Veränderungen in der Artenzusammensetzung aufweist.

2.1 Inzucht wird häufig als einzige Möglichkeit gesehen, bei Haustieren bestimmte genormte, dem Zuchtprogramm entsprechende Merkmale über lange Zeit zu erhalten.
Positive Folgen von Inzucht können in der Erhaltung leistungsfähiger homozygoter Erbkombinationen bestehen. Aber durch die zwangsläufig stattfindende Verarmung des Genpools kann ein **umgekehrter Heterosiseffekt** entstehen, da durch die Ähnlichkeit der Genome weniger unterschiedliche Merkmalskombinationen möglich sind. Treten genetische Abweichungen auf, sind diese meist rezessiv und werden in natürlichen Populationen „verdünnt" und oft bedeutungslos, da die Wahrscheinlichkeit des Zusammentreffens zweier mutierter Allele hier wesentlich geringer ist als bei Inzucht. Bei jahrelanger Inzucht kann es mit der Zeit zu einer Anreicherung des mutierten Allels (a) kommen, wie im Schema dargestellt:

P: Aa x AA

F_1:

	A	a
A	AA	Aa
A	AA	Aa

Die Merkmalsverteilung in der F_1-Generation ist wie bei den Eltern. Die Hälfte der Nachkommen ist Konduktor für die Mutation. Durch Inzucht wird anschließend die F_1-Generation untereinander gekreuzt:

F_1: Aa × Aa

F_2:

	A	A	A	a
A	AA	AA	AA	Aa
A	AA	AA	AA	Aa
A	AA	AA	AA	Aa
a	Aa	Aa	Aa	aa

Dabei liegt die Wahrscheinlichkeit, dass die rezessiven mutierten Allele aufeinander treffen, bei 6,25 %. Damit tritt, wenn auch mit relativ geringer Wahrscheinlichkeit, der Defekt phänotypisch als direkte Inzuchtschädigung auf. Problematisch bleibt, dass mehr als ein Drittel der Nachkommen wieder Konduktoren sind und sich daran unter den konkreten Zuchtbedingungen auch in Zukunft nichts ändert. Die **fehlende Panmixie** führt also immer zum Erhalt aller weiteren genetischen Veränderungen in der Rennmauspopulation, sodass deren Vitalität früher oder später stark reduziert wird.

2.2 *Charles Darwin bezieht sich in seinen Werken in erheblichem Maße selbst auf die Tierzucht als „künstliche Zuchtwahl". Er stellt z. B. das Zuchtverfahren zur Erzeugung verschiedener „sports" von Rassetauben in einen engen Kontext zur „natürlichen Zuchtwahl" als Form der Artneubildung in der Natur.*

Beide Selektionsformen beruhen auf den gleichen evolutionsbiologischen Grundlagen, die Darwin in seiner Evolutionstheorie als Erster zusammenhängend dargestellt hat:

- Alle Organismen produzieren mehr Nachkommen, als zur einfachen Reproduktion theoretisch notwendig wäre.
- Die Nachkommen variieren in ihren Merkmalen.
- Aufgrund dieser Merkmale werden die Individuen selektiert.
- Die selektierten Organismen (die mit der besseren Fitness) können sich fortpflanzen und ihre Merkmale vererben.

Im Gegensatz zur natürlichen Zuchtwahl (natürliche Selektion, survival of the fittest), bei der die Umweltbedingungen die am besten angepassten Organismen selektionieren, bestimmt bei der Tierzucht der Mensch die Auswahlkriterien für die Fortpflanzung und damit für das „Überleben" von bestimmten Merkmalen oder ihrer Kombinationen. Solche Organismen weisen meist unter natürlichen Bedingungen eine sehr geringe Fitness auf, sodass Haustiere gerade wegen ihrer durch Menschenhand veränderten Merkmale der Ernährung und des Schutzes durch den Menschen bedürfen.

Teil B

Laut Aufgabenstellung soll der „weltweite Siegeszug der Kulturpflanze Mais" mithilfe des eigenen Vorwissens und der Materialien begründet werden. Der unten aufgeführte Lösungsvorschlag zeigt eine mögliche Bearbeitung der Aufgabe unter Berücksichtigung relevanter Materialien.

Mais existiert als Kulturpflanze seit mindestens 2 000 Jahren und stammt ursprünglich aus Mexiko. Dabei wurde die Pflanze stets den Bedürfnissen und den jeweiligen Klimabedingungen angepasst (Material 8). In den Materialien gibt es viele Hinweise auf die Ursachen des Siegeszuges dieser weltweit am meisten verbreiteten Getreideart. Im gewaltig gestiegenen Anbau und in der wachsenden Bedeutung für die Ernährung der Weltbevölkerung liegen aber auch die Probleme, die denen anderer massenhaft und industriell produzierten Monokulturen ähnlich sind.

An dieser Stelle sollen noch einmal die Ursachen zusammengefasst werden, die Mais zur Kulturpflanze ersten Ranges prädestiniert haben:

- Mais wächst als C_4-Pflanze auch in trockneren Klimaten mit hoher Geschwindigkeit und sehr hohen Erträgen (Material 7 und Material 8).
- Seine Produkte sind sehr vielfältig verwertbar, z. B. als Mehl, Tierfutter oder Rohstoff für die Industrie (Material 8).
- Mais ist durch seine stoffliche Zusammensetzung, besonders durch den hohen Eiweißanteil, ein hochwertiges Lebensmittel (Material 7).
- Mais kommt fast unter allen Umweltbedingungen zurecht, wenn die Bodenstruktur relativ gut ist (Material 5).
- Mais wird schon seit Jahrtausenden angebaut und kann mithilfe selbst gezogener Samen einfach vermehrt werden

Die zunehmende globale Ausdehnung des Maisanbaus hat aber auch ihre Schattenseiten. Diese bezieht sich besonders auf ökologische und sozialökonomische Bereiche.
In Nordamerika, nicht weit entfernt von seiner ursprünglichen Heimat, wird heute in großem Ausmaß Mais produziert (Material 5). Die Folge dieser einseitigen Orientierung auf eine Nutzpflanze bringt nach populationsdynamischen Gesetzmäßigkeiten die massenhafte Vermehrung artspezifischer Konsumenten hervor, die der Mensch als Schädlinge betrachten muss. Einer der bedeutendsten ist der **Maiszünsler**, dessen Raupen sich allen aufgesprühten Insektiziden zum Trotz im Inneren der Mais-Stängel satt fressen können. Eine wirksame Waffe gegen den Maiszünsler scheint das gentechnische Einbringen von Bt-Toxin-Genen in das Maisgenom zu sein (Material 2). Die Pflanze produziert das Insektizid somit selbst, scheinbar ohne dass die Umwelt belastet wird. Fast auf drei Viertel der Anbaufläche von genmanipulierten Mais in den USA wird heute (mit steigender Tendenz) bereits der insektenresistente Bt-Mais angebaut (Material 6). Ungeklärt sind aber in diesem Zusammenhang immer noch die Nebenwirkungen des artfremden Gens auf benachbarte Kultur- und Wildpflanzen und die Toxizität für unschädliche Insekten.
Die im Material 4 dargestellte ökonomische Betrachtung lässt erkennen, dass der Einsatz von teurem Bt-Mais-Saatgut sich nur bei starkem Befall und dann auch nur in Verbindung mit konventionellen Insektiziden lohnt. Bei geringem Befall ist der Einsatz ökonomisch nicht sinnvoll. Hier muss also vor Ort die Populationsentwicklung genau erforscht und vor allem prognostiziert werden, um bei Kalamitäten richtig reagieren zu können. Das ist in einem entwickelten Industrieland mit staatlich hoch subventionierter Landwirtschaft kein Problem.
In den Entwicklungsländern dagegen, wo die Ernährung eine Existenzfrage darstellt, sind die Bauern noch nicht einmal in der Lage, gute Insektizide zu erwerben – geschweige denn das sehr teure Bt-Saatgut. Sie produzieren statt dessen ihr Saatgut aus dem Anbau des vorherigen Jahres. Durch die geringe Saatgutqualität und die Ausbreitung der Schädlinge verringert sich aber der Ertrag und der verhängnisvolle Kreislauf von Missernten, Verschuldung und mangelnder Schädlingsbekämpfung beginnt von vorn.
Der Maisanbau hat sich aufgrund seiner o. g. Vorteile auch in die tropische Regenwaldzone ausgebreitet. Dort erfolgt der Anbau nach irreversibler Brandrodung des Waldes. Der genutzte Ackerboden verliert jedoch nach wenigen Jahren seine Fruchtbarkeit, weil Mais auf eine stabile Krümelstruktur und gutes Wasserhaltevermögen angewiesen ist. Beides hat die nährstoffarme und sehr dünne Humusdecke des ehemaligen Regenwaldes nicht zu bieten (Material 9), sodass bereits innerhalb von drei Jahren der Ertrag an Mais halbiert ist. Die Folge davon sind die notwendig gewordene Schaffung neuer Rodungsflächen und die allmähliche aber stetige Vernichtung der Regenwälder. Das wiederum stellt einen nicht wieder reparablen Schaden im Bereich der Artenvielfalt unseres Planeten und eines der größten vom Menschen verursachten ökologischen Katastrophen dar.

Leistungsfach Biologie (Thüringen): Abiturprüfung 2006
Aufgabe 1: Neurobiologie, Immunbiologie, Cytologie/Physiologie

Teil A BE

1 Myasthenia gravis bedeutet wörtlich übersetzt „schwere Muskelschwäche". Dahinter verbirgt sich eine Krankheit, von der in der Bundesrepublik Deutschland etwa 12 000 Fälle bekannt sind. Jährlich kommen etwa 200–300 neue Fälle dazu. Die schnellere Ermüdbarkeit der Muskulatur bei körperlicher Belastung ist ein typisches Symptom der Krankheit. Im Anfangsstadium sind nur einzelne Muskeln oder Muskelgruppen betroffen, häufig erkennbar an den herabhängenden oberen Augenlidern. Die Ursache der Krankheit ist eine Störung der Erregungsübertragung an der motorischen Endplatte. Die Mehrzahl der Erkrankten hat bei rechtzeitiger Behandlung keine verkürzte Lebenserwartung.

1.1 Fertigen Sie eine beschriftete Skizze der motorischen Endplatte an und beschreiben Sie die wesentlichen Vorgänge, die bei der Übertragung der Erregung ablaufen! 5

1.2 Für den Ablauf der Erregungsübertragung an der motorischen Endplatte und die Muskelkontraktion sind auch Enzyme notwendig.
Planen Sie Experimente, mit denen Sie drei Eigenschaften der Enzyme nachweisen können! Erläutern Sie die zu erwartenden Ergebnisse! 6

1.3 Bei ca. 90 % der an Myasthenia gravis Erkrankten lassen sich im Blutserum Antikörper gegen einen bestimmten Abschnitt der Acetylcholinrezeptoren nachweisen.
Beschreiben Sie den Aufbau und die Bildung eines Antikörpers! 4

1.4 Entwickeln Sie eine begründete Hypothese, wie es zu den im Einführungstext beschriebenen herabhängenden oberen Augenlidern kommen kann! Nutzen Sie dazu auch die folgenden Abbildungen! 6

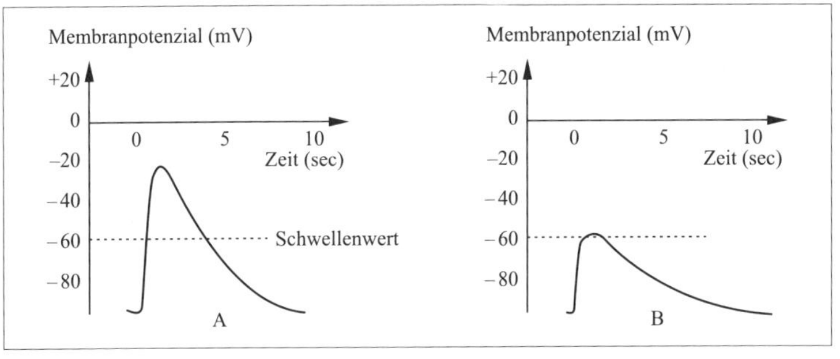

Endplattenpotenzial bei Gesunden (A) und an Myasthenia gravis Erkrankten (B)
Nach: Jannan, M.: Unterrichts-Materialien Biologie M. 11; Stark Verlagsgesellschaft & Co. KG Freising, S. 19

1.5 Zur Behandlung von Myasthenia gravis kennt man heute mehrere therapeutische Möglichkeiten, u. a.:
- Acetylcholinesterase-Inhibitoren
- Austausch des Blutplasmas
- Entfernung der Thymusdrüse

Erläutern Sie für zwei der aufgeführten therapeutischen Maßnahmen die möglichen Wirkungsmechanismen! 4

2 Zellen sind Grundbaustein jedes Lebewesens. Sie haben im Wesentlichen den gleichen Aufbau.

2.1 Vergleichen Sie die unterschiedlichen Volumenanteile von Zellkern, Mitochondrien und endoplasmatischem Retikulum in den dargestellten Zellen in der folgenden Abbildung und ziehen Sie daraus Schlussfolgerungen über die Funktionen der Zellen! 6

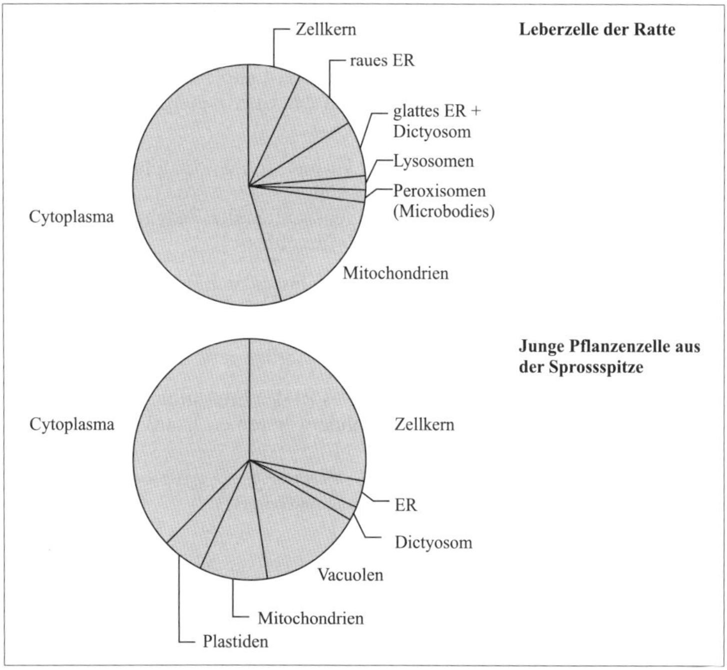

Nach: Haala, Gert: Natura Lehrerband Zellbiologie, Ernst-Klett-Verlag für Wissen und Bildung, Stuttgart, 1996, S. 33

2.2 In der Leberzelle der Ratte gibt es ca. 160 Mitochondrien mit einer Gesamtmembranfläche von 59 650 μm^2. Davon sind 7 450 μm^2 Hüllmembran und 52 200 μm^2 innere Membran. Erläutern Sie am Beispiel der Mitochondrienmembranen den Zusammenhang zwischen Bau und Funktion! 4

2.3 Ein Bestandteil des Zellkerns ist die DNA. Bei Messungen des DNA-Gehaltes eines bestimmten Zelltyps erhielt man die nachfolgenden Werte:

Zeitpunkt	1	2a	2b	2c	3	4	5
DNA-Gehalt in rel. Einheiten	2	2,5	3,5	3,8	4	2	1

Stellen Sie die Messwerte grafisch dar und erklären Sie die Veränderungen des DNA-Gehaltes! 5

Teil B

Methan, die einfachste organische Verbindung, spielt in der Natur eine oft unterschätzte Rolle. Schon seit der Entstehung des Lebens auf der Erde vor etwa 3 Milliarden Jahren bis in die heutige Zeit hat Methan Einfluss auf das Leben der Organismen. Heute wird der Naturstoff gezielt vom Menschen genutzt. Andererseits sind die negativen Auswirkungen der verstärkten Methanfreisetzung in die Atmosphäre nicht mehr zu übersehen.
Ein Agrarbetrieb, der die Erweiterung seines Milchviehbestandes plant und gleichzeitig eine Biogas-Anlage zur Energiegewinnung bauen will, braucht für die Errichtung der Anlagen die Zustimmung der umliegenden Gemeinden. Ein Argument der Gegner ist die negative Wirkung des Methans auf das Klima der Gegenwart.
Verfassen Sie ein Referat für eine Informationsveranstaltung, in dem um die Zustimmung der umliegenden Gemeinden geworben werden soll!
Beziehen Sie in Ihre Darstellung geeignete Sachverhalte aus den nachfolgenden Materialien ein! 20

Material 1

Als Methanbildner, früher auch Methanbakterien genannt, werden Archaeen *(Archaea)* bezeichnet, bei deren Stoffwechselvorgängen Methan entsteht.
Die Methanbildner sind strikt anaerob, sie arbeiten bei Temperaturen zwischen 0 und 70 °C, wenige Arten sogar bei bis zu 90 °C, bei höheren Temperaturen werden sie abgetötet. Erhöhte Temperaturen steigern die Effizienz der Methanbildner. Sie benötigen pH-neutralen oder schwach alkalischen Boden. Mist und Gülle sind besonders gute Lebensräume für Methanbakterien, sie finden hier für sie wichtige Stickstoffverbindungen, Mineralstoffe und Spurenelemente. Die Umgebung der Methanbildner muss mindestens zu 50 % Wasser enthalten. Einer der natürlichen Lebensräume von Methanbildnern ist der Verdauungstrakt von Wiederkäuern. Hemmstoffe für Methanbildner sind organische Säuren, Desinfektionsmittel und Sauerstoff.
Für die Entstehung des Methans bei den Stoffwechselvorgängen ist folgende Reaktion verantwortlich:

$$C_6H_{12}O_6 \longrightarrow 3\,CH_4 + 3\,CO_2$$

Nach: http://de.wikipedia.org/wiki/Methanbildner

Material 2

Methan ist mit etwa 20 % am anthropogenen Treibhauseffekt beteiligt und damit das zweitwichtigste langlebige Treibhausgas. Die Methankonzentration wird seit 1983 direkt in der Atmosphäre und global repräsentativ gemessen und hat von 1983 bis 1999 von 1 610 ppb auf 1 751 ppb zugenommen.

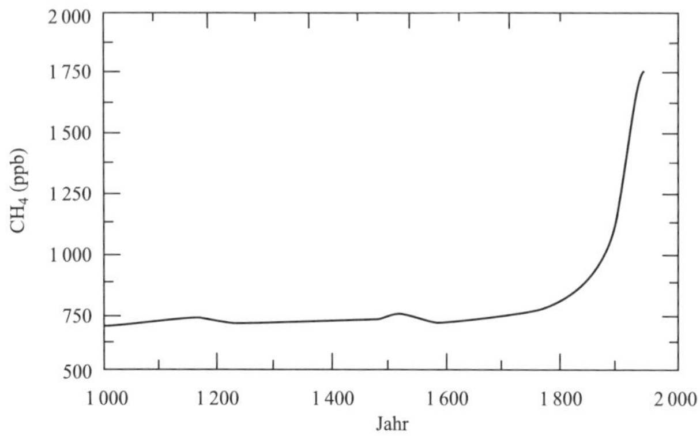

Veränderungen der Methan-Konzentration der Atmosphäre in den letzten 1 000 Jahren (Die Konzentration ist in parts per billion (10 – 9) angegeben)
Nach: IPCC (2001): Climate Change 2001: The Scientific Basis. Summary for Policymakers and Technical Summary of the Working Group I Report, Cambridge, Figure 8

Material 3

Die größten natürlichen Methanquellen sind Feuchtgebiete, Rindermägen und Reisfelder. Dort nämlich finden methanogene Bakterien *(Archaea)* beste Bedingungen und das heißt im Wesentlichen niedrige Sauerstoffkonzentrationen.

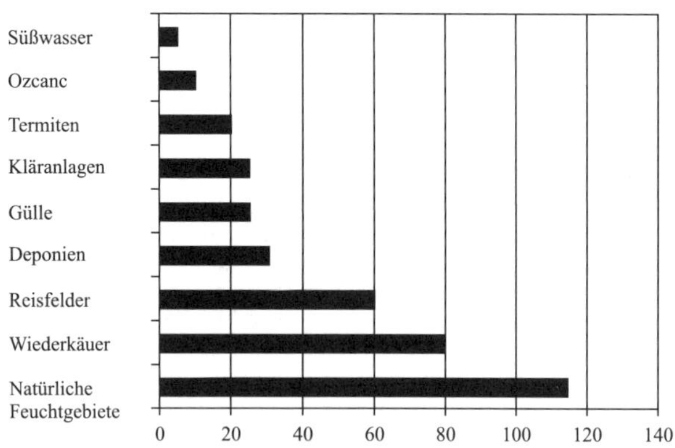

Methanemission in Mill. Tonnen pro Jahr
Nach: Schornsteine für Methan – wie Reisanbau das Klima killt; Geomax, Ausgabe 6, Herbst 2003, Max-Planck-Gesellschaft, Referat für Presse- und Öffentlichkeitsarbeit, München

Material 4

Biogas ist ein Gemisch aus Methan, Wasserstoff, Kohlendioxid und Schwefelwasserstoff. Es entsteht bei der anaeroben Vergärung von organischem Material. Biogas wird auch als Faulgas, Sumpfgas oder Klärgas bezeichnet. In Kläranlagen und Biogasanlagen wird es als Brennstoff zur Stromerzeugung oder zu Heizungszwecken genutzt. Biogas entsteht auch im Rindermagen. Auch im menschlichen Darm finden sich vereinzelt Biogasbakterien.

Methan	40–75 %
Kohlenstoffdioxid	25–55 %
Wasserdampf	0–10 %
Stickstoff	0 – 5 %
Sauerstoff	0 – 2 %
Wasserstoff	0 –1 %
Ammoniak	0 –1 %
Schwefelwasserstoff	0 –1 %

Zusammensetzung von Biogas
Nach: www.wasserwissen.de/abwasserlexikon/b/biogas.htm

Material 5

Dicke Matten von lebenden Bakterien haben Walter Michaelis vom Institut für Biogeochemie und Meereschemie der Universität Hamburg und seine Mitarbeiter im Schwarzen Meer entdeckt. Diese Matten bilden in 230 Meter Meerestiefe bis zu vier Meter hohe Riffe. „Ähnlich müssen die Meere der Erde vor vielleicht drei Milliarden Jahren ausgesehen haben“, vermutet Michaelis.

Solche Matten sind den Mikrobiologen schon seit längerem bekannt, überrascht hat jedoch die Ernährung der Schwarzmeer-Mikroorganismen, berichtet das US-Wissenschaftsmagazin „Science“ in seiner neuesten Ausgabe. Während die Bakterien normalerweise Sauerstoff benötigen, leben die Schwarzmeer-Organismen in Methan-Senken, in denen praktisch gar kein Sauerstoff vorkommt. Aus diesem Grund verbrennen sie das Methan auch nicht mit Hilfe von Sauerstoff, sondern nutzen das reichlich vorhandene Sulfat. Dabei entstehen Sulfid und Bicarbonate. Daraus und aus der gleichzeitig frei werdenden Energie bauen die Bakterien nicht nur ihre eigenen Eiweiße auf, sondern konstruieren auch die Stützstruktur der vier Meter hohen Riffe. Geochemiker wissen, dass ähnliche Methan-Bakterien gleich nach Entstehung des Lebens eine entscheidende Rolle spielten. Obendrein soll in dieser Zeit vor mehr als drei Milliarden Jahren im Gegensatz zur heutigen Situation fast kein freier Sauerstoff in der Atmosphäre vorhanden gewesen sein.

Damals könnten also durchaus überall in den Weltmeeren ähnliche Bakterienriffe gewachsen sein wie das jetzt im Schwarzen Meer entdeckte. Sie sind der erste Beweis, dass organische Materie auch ohne Sauerstoff und pflanzliche Biomasse entstanden sei und sich abgelagert habe.

Nach: RHK, Im Schwarzen Meer entdecken Forscher mächtige Riffe aus Methan-Bakterien, in: Die Welt; http://www.geowiss.uni-hamburg.de/i-bioge/downloads/ghostdabs_weltonline.pdf (09. 08. 2002)

Material 6

Es wird geschätzt, dass in der EG durch die Verwertung industrieller und landwirtschaftlicher Abfälle theoretisch ca. 50 Mill. Tonnen „Rohöleinheiten" jährlich ersetzt und in Zukunft etwa 10 % des Gesamtenergiebedarfs durch Bioenergie gedeckt werden können. Die Bedeutung der Bioenergie aus Biomasse liegt nicht nur im Einsparen von fossilen Energieträgern, sondern auch in der Verwertung von Abfallstoffen und damit auch im Umweltschutz und dem Wiedererlangen des ökologischen Gleichgewichts.

Aus: Freudig, Doris (Hrsg.): Lexikon der Biologie, Band 2, Spektrum Akademischer Verlag, Heidelberg, S. 8

Material 7

Dichte	1,2 kg/m³
Heizwert	4–7,5 kWh/m³ (abhängig vom Methangehalt)
Zündtemperatur	700 °C
Zündkonzentration Gasgehalt	6–12 %
Geruch	aufgrund des Schwefelwasserstoffs nach faulen Eiern

Eigenschaften von Biogas

Material 8

Das Biogas aus 1 t organischer Reststoffe oder 3 t Gülle/Festmist ersetzt ca. 60 l Heizöl oder 120 kWh Strom-Netto und vermindert den Schadstoffausstoß von Kohlenstoffdioxid um 200 kg.
Eine Kuh produziert pro Tag etwa 10–20 kg Mist. Daraus können 1–2 Kubikmeter Biogas hergestellt werden. Die Biomasse, welche eine Kuh in einem Jahr erzeugt, entspricht der Energie von 300 Liter Heizöl.

Nach: Waizenegger, Bernhard, Chemiereferat Biogas,
http://www.seilnacht.tuttlingen.com/referate/biogas01.htm

Lösung

Teil A

1.1 In dieser Aufgabe ist eine Skizze anzufertigen, die die Elemente einer motorischen Endplatte und nicht die einer beliebigen Synapse wiedergibt. So ist das Endknöpfchen abgeflacht und die postsynaptische Membran ist die Zellmembran der Muskelfaser, die Einstülpungen aufweist. Wesentliche Vorgänge der Erregungsübertragung sollen anschließend zusammenhängend dargestellt werden. Die weiteren Reaktionen wie z. B. die Muskelkontraktion werden nicht verlangt.

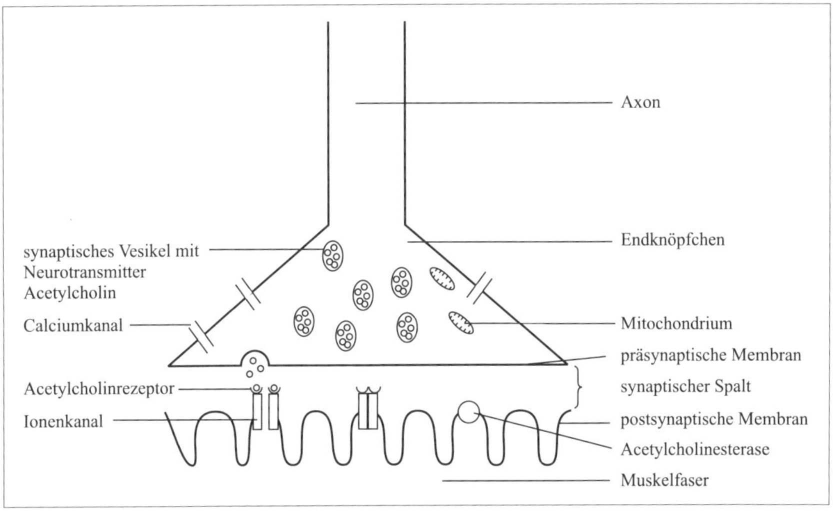

Die **motorische Endplatte** wird auch neuromuskuläre Synapse genannt, da sie die Umsetzung von Erregungen motorischer Axone in Muskelfaserkontraktionen realisiert. Dabei werden beim Eintreffen eines Aktionspotenzials zunächst spezifische Ionenkanäle geöffnet, die einen massiven Einstrom von Ca^{2+}-Ionen in das Innere des synaptischen Endknöpfchens bewirken. Die mit dem Transmitter **Acetylcholin** gefüllten Vesikel wandern dadurch an die präsynaptische Membran und schütten den Transmitter in den synaptischen Spalt aus. In Membraneinstülpungen der postsynaptischen Membran (Zellmembran der Muskelfaser) liegen Acetylcholinrezeptoren, welche beim Andocken des Transmitters die mit ihnen gekoppelten Na^{+}-Ionenkanäle öffnen. Dadurch wird das natürliche Ruhepotenzial der Muskelfaser im Bereich der Endplatten angehoben (**Endplattenpotenzial**). Wird ein bestimmter Schwellenwert überschritten, wird durch weitere Reaktionen die Muskelfaserkontraktion ausgelöst. Das Enzym **Acetylcholinesterase** spaltet Acetylcholin in Cholin und Acetationen, die beide von der präsynaptischen Membran aufgenommen, im Synapsenendknöpfchen zu Acetylcholin resynthetisiert und in Vesikel eingeschlossen werden. Auch die Ca^{2+}-Ionen wurden bereits während der Depolarisationsphase des Aktionspotenzials durch spezifische Ionenpumpen aus dem Endknöpfchen gepumpt.

1.2 Diese Experimente sollen nur theoretisch geplant werden und könnten u. a. folgende Eigenschaften von Enzymen nachweisen:

- den Aufbau aus Proteinen
- ihre Substratspezifität
- ihre Reaktionsspezifität
- die Temperaturabhängigkeit der Enzymreaktion
- die Abhängigkeit vom pH-Wert
- die Wirkung verschiedener Hemmstoffe auf Enzymreaktionen

Es ist günstig, hier Experimente vorzustellen, die Sie aus dem Unterricht kennen, und die zu erwartenden Ergebnisse anschaulich und verständlich darzustellen. Bei der Erläuterung können Sie auch Punkte mit einbeziehen, die über das experimentell Überprüfte hinausgehen (z. B. die Tatsache, dass Schwermetalle irreversibel schädigend wirken, auch wenn Sie nicht überprüft haben, ob Verdünnen der Schwermetalle die Funktion des Enzyms wiederherstellt oder nicht).

1. Nachweis des Aufbaus von Enzymen aus Proteinen:
Eine Enzymemulsion wird zunächst mit Natriumhydroxidlösung und danach mit Kupfer-II-sulfat-Lösung versetzt. Nach leichtem Erwärmen wird eine violette Färbung sichtbar.

Erläuterung des Ergebnisses:
Die vorgestellte **Biuret-Reaktion** ist einer der typischen Nachweise für Eiweiße. Die in Proteinen vorhandenen Peptidbindungen zwischen den Aminosäuren werden durch Natronlauge aufgeschlossen und das entstehende Biuretmolekül bildet mit Kupferionen den beobachteten violetten Farbstoff. Mit dieser Reaktion ist nachgewiesen, dass Enzyme in ihrem Grundkörper aus Proteinen bestehen.

2. Temperaturabhängigkeit von Enzymreaktionen:
Der Substratumsatz pro Zeiteinheit (Reaktionsgeschwindigkeit) eines Enzyms wird z. B. in Schritten von 10 °C gemessen. Geeignet dafür ist u. a. eine Amylase, die eine mit Iod-Kalium-Iodid gefärbte Stärkelösung durch Stärkespaltung entfärbt. Je schneller sich diese Entfärbung vollzieht, umso höher ist die Reaktionsgeschwindigkeit. Diese ist bei niedrigen Temperaturen gering, nimmt bis etwa 40 °C stetig zu, um danach geringer zu werden und bei über 50 °C auf Null zu sinken.

Erläuterung des Ergebnisses:
Als typische Verdauungsenzyme besitzen Amylasen ein Temperaturoptimum in der Nähe der Körpertemperatur (37 °C). Bis zu dieser Temperatur folgen sie in ihrer Aktivität der RGT-Regel, die besagt, dass bei einer Temperaturerhöhung von 10 °C die Reaktionsgeschwindigkeit verdoppelt bis verdreifacht wird. Wird die Temperatur noch weiter erhöht, beginnen die Proteine der Enzyme zu denaturieren. Das führt zunächst zu einer reversiblen, bei noch höheren Temperaturen dann zu einer irreversiblen Strukturänderung, was die Funktionsfähigkeit und Aktivität zunehmend beeinträchtigt.

3. Enzym-Hemmung durch Schwermetalle:
Zu einer Enzymlösung, z. B. Katalase wird eine Schwermetallsalzlösung (Silbernitrat, Kupfersulfat o. Ä.) gegeben und die Enzymreaktion mit einer unbeeinflussten Probe verglichen, bei der das zersetzte Wasserstoffperoxid stark aufschäumt. Die Probe mit der Schwermetalllösung reagiert kaum.

Erläuterung des Ergebnisses:
Schwermetallionen binden sich an die Enzymproteine und verändern deren Struktur bis zur Funktionsunfähigkeit z. B. des aktiven Zentrums. Diese Veränderung ist irreversibel und unspezifisch und führt zur Verringerung der Enzymaktivität bis zur völligen Denaturierung.

1.3 Die Beschreibung der Baumerkmale eines Antikörpers kann durch eine einfache Skizze unterstützt werden. Bei der Beschreibung ihrer Bildung im Rahmen der humoralen Immunantwort muss chronologisch und geordnet vorgegangen werden. Eine Darstellung der Proteinbiosynthese ist dabei aber genauso wenig verlang wie die Beschreibung der Antikörperfunktion oder der zellulären Immunantwort.

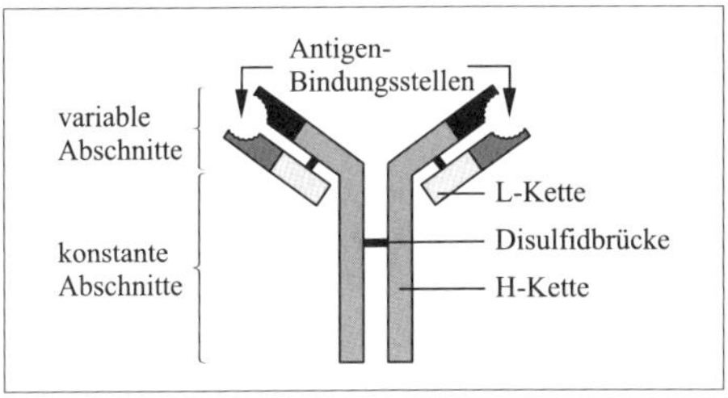

Die unterschiedlichen Antikörpertypen besitzen einen prinzipiell gleichen Y-förmigen Aufbau. Sie bestehen aus je zwei parallel angeordneten und durch Disulfidbrücken verknüpften Polypeptidketten. Ein Teil der längeren H-Ketten und der L-Ketten bilden den konstanten Abschnitt, der immer gleich aufgebaut ist und so etwas wie die Grundstruktur des Antikörpers bildet. Am Ende des abgespreizten Teils befinden sich die variablen Abschnitte, die sich im Profil und im Ladungsmuster unterscheiden können. Hier befinden sich die Andockstellen für antigene Determinanten (Antigen-Bindungsstellen).

Antikörper sind die Endprodukte der **humoralen Immunantwort**. Die im Knochenmark gebildeten B-Lymphozyten werden zunächst durch Kontakt mit (z. T. von Makrophagen präsentierten) antigenen Determinanten und durch Botenstoffe der T-Lymphozyten aktiviert. Jetzt beginnen sich die durch spezifische Antigene aktivierten B-Lymphozyten zu teilen und sich zu so genannten Plasmazellen zu differenzieren. Diese Plasmazellen produzieren mithilfe eines ausgeprägten Membransystems massenhaft Antikörper, die im variablen Teil diejenigen antigenen Determinanten binden können, durch die die B-Lymphozyten vorher aktiviert wurden.

1.4 Da bereits im Vortext angegeben ist, dass die Ursache für diese Erkrankung eine Störung der Erregungsübertragung an der motorischen Endplatte ist, muss sich die Hypothese auf diesen Bereich konzentrieren. Zur Lösung ist auch die Information aus Aufgabe 1.3 hilfreich, dass es Antikörper gibt, die an Acetylcholinrezeptoren binden können.

Für eine vollständig gesteuerte Muskelkontraktion ist eine ungestörte Übertragung der Erregungen auf die Muskelfasern notwendig. Diese erfolgt durch den Transmitter Acetylcholin, der auf der Muskelfaserseite an spezifische Rezeptoren andocken muss, um durch Na^+-Ioneneinstrom das Endplattenpotenzial auf den Schwellenwert anzuheben.
Bei den an Myasthenia gravis erkrankten Personen liegt wahrscheinlich eine **Autoimmunerkrankung** vor, bei der sich das Immunsystem gegen körpereigene Zellen richtet. Spezifische Antikörper werden gegen Abschnitte der Acetylcholinrezeptoren gebildet, die vom Immunsystem irrtümlich als antigene Determinanten erkannt wurden. Die Rezeptoren scheinen dadurch in ihrer Wirksamkeit behindert zu werden, sodass das Endplattenpotenzial, wie in der Abbildung B dargestellt, nur gering über den Schwellenwert angehoben werden kann. Die Folge ist eine schlaffe Lähmung der Muskelgruppen, die von der Steuerung über die betroffenen motorischen Endplatten abhängig sind. Die beiden Abbildungen zeigen im Vergleich, dass die Intensität von Muskelkontraktionen offensichtlich von der Größe der Anhebung des Membranpotenzials über den Schwellenwert abhängig ist und so durch geringere Muskelkontraktionen die Augenlider herabfallen können.

1.5 In dieser Aufgabe sollen in verständlicher Form und unter Einbringung eigener Kenntnisse zwei der drei Wirkungsmechanismen von Maßnahmen gegen die Myasthenia gravis dargestellt werden. Es ist nicht erforderlich, die neurobiologischen Grundlagen oder deren weitere Auswirkungen zu erklären.

Acetylcholinesterase-Hemmer:
Die Acetylcholinesterase spaltet den für motorische Synapsen typischen Transmitter Acetylcholin in Cholinmoleküle und Acetationen, sodass dessen Rezeptorstelle an der präsynaptischen Membran wieder freigesetzt wird. Wird dieser Vorgang gehemmt, verbleiben die Acetylcholinmoleküle in den nicht von Antikörpern blockierten Rezeptoren und lösen dort einen ständigen Na^{+}-Ioneneinstrom aus. Diese bewirken einen Anstieg des durchschnittlichen Membranpotenzials, was die Auswirkungen von Myasthenia gravis zum Teil kompensieren kann. Der schlaffen Lähmung wird sozusagen mit einer starren entgegengewirkt.

Austausch des Blutplasmas:
Im Blutplasma befinden sich die Elemente des humoralen Immunsystems, also auch die gebildeten Antikörper gegen die Acetylcholinrezeptoren. Tauscht man das Plasma gegen Plasma eines kompatiblen Spenders ohne Myasthenia gravis aus, so wird die schädliche Antikörperkonzentration vorübergehend reduziert und der Ablauf der Erregungsübertragung auf die Muskulatur verbessert.

Entfernung der Thymusdrüse:
Eine wahrscheinliche Erklärung der Wirksamkeit liegt in der Funktion der Thymusdrüse als lymphatisches Organ zur Reifung von T-Lymphocyten. Diese wiederum steuern über Botenstoffe die Bildung von B-Lymphocyten und damit von Antikörpern. Über diesen Zusammenhang ist über die Reduzierung von rezeptorspezifischen Antikörpern die therapeutische Wirkung vorstellbar.

Medizinisch gesehen ist eine Entzündung der Thymusdrüse – Thymitis – die wahrscheinlichste Ursache für M. gravis.

2.1 Hier sollen die Volumenanteile von drei Zellbestandteilen verglichen werden. Die Unterschiede in den Anteilen sind aus der Größe der Kreissegmente nur ungefähr ablesbar. Es ergibt sich weiterhin das Problem, dass bei der Leberzelle das glatte endoplasmatische Retikulum (ER) mit den Dictysomen zusammengefasst ist und bei der Pflanzenzelle das glatte und das raue ER zusammen sowie die Dictysomen extra angegeben sind. Es empfiehlt sich daher (auch wegen der ähnlichen Funktionen) die Anteile von ER und Dictyosomen zu addieren.

Aus den Diagrammen ergeben sich für die geforderten Zellbestandteile folgende geschätzte Anteile:

	Leberzelle	junge Pflanzenzelle
Zellkern	8 %	27 %
Mitochondrien	20 %	12 %
ER (und Dictysomen)	20 %	6 %

Es ist erkennbar, dass der Volumenanteil des Zellkerns in der jungen Pflanzenzelle sehr hoch ist. In der Leberzelle ist dieser geringer, aber dafür enthält sie einen höheren Anteil an Mitochondrien und Membransystemen.
Zellkerne enthalten die genetische Information in Form einer konstanten Anzahl an Chromosomen. Da sich diese Zahl und damit auch die Größe des Zellkerns während der

Zelldifferenzierung nicht verändert, ist der hohe Anteil in der jungen Pflanzenzelle mit ihrem geringen Alter zu erklären. Junge Zellen enthalten zunächst wenig Cytoplasma und kleine Vakuolen, sodass der Zellkern einen relativ großen Platz einnimmt, der mit zunehmender Ausdifferenzierung (Leberzelle) und allgemeinem Zellwachstum immer geringer wird.
Ähnliches gilt für die Mitochondrien. Diese müssen aus wenigen von der Mutterzelle übernommenen erst herausgebildet werden. Ihr Volumenanteil in der jungen Pflanzenzelle ist daher zunächst gering, dürfte aber auch erst nach der Wachstumsphase größer werden, da die Zelle auch wächst. In einer Leberzelle mit ihrem intensiven Stoffwechsel einer tierischen Zelle eines gleichwarmen Säugetiers ist der Energiebedarf entsprechend hoch und wird durch die Zellatmung in den Mitochondrien gedeckt. Das erklärt den hohen Anteil dieser Zellorganellen.
Das Endoplasmatische Retikulum stellt den Reaktions- und Speicherraum der Proteinbiosynthese dar. Es steht im Zusammenhang mit den Dictysomen, die die Syntheseprodukte speichern, umwandeln und mittels Membranvesikeln transportieren. Eine junge Pflanzenzelle synthetisiert Proteine nur für den Eigenbedarf, also zum Ersatz von Enzymen und zur Strukturbildung. Die Leberzellen dagegen verarbeiten auch externe Substrate, wie Aminosäuren oder Alkohol bzw. entgiften das Blut. In ihnen finden deshalb ständig erhebliche und vielfältige Stoffwechselreaktionen statt, die die ständige Neuproduktion von Enzymen notwendig macht. Da diese in den Membransystemen realisiert wird, müssen sie auch überproportional angelegt sein. Außerdem wird Gallensaft in den Leberzellen produziert und in das Verdauungssystem abgegeben.
Zusammenfassend lässt sich deshalb sagen, dass die unterschiedlichen Volumenanteile vom Entwicklungsstadium und der spezifischen Zellfunktion ableitbar sind.

2.2 Die geforderte Erläuterung führt Sachkenntnisse vom strukturellen und funktionellen Wesen der Mitochondrien in einer geschlossenen und logischen Darstellung zusammen. Dabei ist es notwendig, die Optimierung von zellulären Prozessen durch spezielle Baumerkmale (Membranfläche!) zu erklären.

Die **Mitochondrien** sind Zellorganellen zur Zellatmung und bestehen aus einem doppelten Membransystem. Die äußere Membran ist glatt, gibt dem ganzen Mitochondrium seine charakteristische meist ellipsoide Gestalt und bildet den äußeren Abschluss. Diese Membran umgrenzt dabei bei geringem Materialverbrauch ein fast optimal großes Volumen. Die durch die Membran vollzogene Kompartimentierung ermöglicht, dass die Mitochondrien eine eigenständige Vermehrung realisieren können (mithilfe der in ihnen enthaltenen Enzyme, DNA etc.).
Gleichzeitig muss diese Hüllmembran aber die Gase Sauerstoff und Kohlenstoffdioxid sowie Wasser nahezu ungehindert diffundieren lassen. Die anderen Stoffe, die bei der Zellatmung notwendig werden, wie verschiedene Cosubstrate und Acetyl-Coenzym A können durch aktive Transporte in das Innere gelangen, was durch spezifische Membranstrukturen wie Kanäle erfolgt.
Die innere Membran ist in charakteristischer Form gefaltet, dadurch resultiert die etwa siebenfach größere Fläche. Diese Membranfalten füllen fast die gesamte Matrix aus und bieten so *(besonders auf der Oberfläche der Matrixseite)* einer großen Zahl von **Atmungsenzymen** Platz.
Das extraplasmatische Kompartiment (Membranzwischenraum) dient als Reservoir für Protonen, die von der Membraninnenseite dort hinein gepumpt werden. Diese energiereichen Protonen geben beim Rückfluss an den so genannten F_1-Partikeln ihre Energie zur **Synthese von ATP** ab. Anschließend vereinigen sie sich mit Sauerstoffionen zu Wasser. Dieser Vorgang bringt bei der vollständigen Veratmung von Glucose den größten Energiegewinn und ist nur durch diese Strukturen möglich.

Nach der Endosymbiontentheorie wurde die innere Membran durch die symbiotischen aeroben Einzeller und die Hüllmembran durch die Wirtszelle gebildet. Dadurch wurde die oxidative Dissimilation effizienter, wenn nicht überhaupt erst möglich.

2.3 Die saubere grafische Darstellung sollte in einem X-Y-Kurven-Diagramm erfolgen. Dabei ist der DNA-Gehalt vom Zeitpunkt abhängig.
Das Erklären erfordert eine zusammenhängende Darstellung der Ursachen des DNA-Gehaltes zu den einzelnen Zeitpunkten. Bezogen auf den Gesamtprozess ist zu erkennen, dass es sich um die Vorgänge während einer Meiose handeln könnte, da der DNA-Gehalt am Schluss nur die Hälfte des Ausgangswertes ausmacht.

Grafische Darstellung der Veränderung des DNA-Gehaltes als Diagramm:

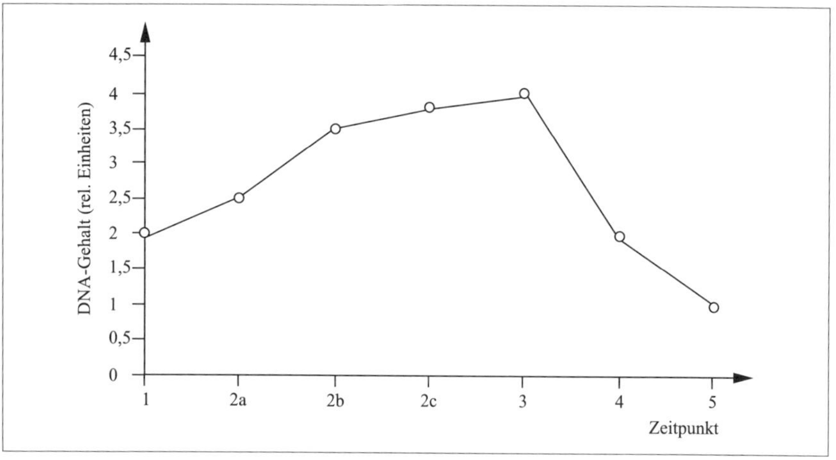

Aus dem Kurvenverlauf ergibt sich der logische Schluss, dass die zu beobachtende Halbierung des DNA-Gehaltes nur bei der **Meiose** durch Reduzierung des Chromosomensatzes der diploiden Mutterzelle zu einer haploiden Geschlechtszelle möglich ist.
Zum Zeitpunkt 1 liegt ein so genannter Arbeitskern (im Interphasestadium) vor, der unmittelbar vor einer Teilung steht. Zu den Zeitpunkten 2a bis 3 findet kontinuierlich die Verdopplung der DNA durch **Replikation** statt. Dabei wird der gesamte DNA-Doppelstrang systematisch unter Steuerung geeigneter Enzyme (z. B. Polymerasen) zunächst entspiralisiert und die beiden Einzelstränge durch Anlagerung von komplementären Nukleotiden wieder zu zwei identischen Doppelsträngen vervollständigt. Es muss demnach in diesem Stadium auch die doppelte DNA-Menge vorliegen, die in den beiden Chromatiden aufgeteilt ist. Am Punkt 3 haben sich die homologen Chromosomen als **Tetraden** (Vier-Chromatid-Chromosomen) in der Äquatorialebene angeordnet und mit Spindelfasern zu den Zellpolen orientiert. Die Verteilung der homologen Chromosomen erfolgt jetzt in der Meiose I bis zum Zeitpunkt 4. Die entstehenden Tochterzellen besitzen einen haploiden Satz Zwei-Chromatid-Chromosomen, dessen DNA-Gehalt genauso groß ist wie der eines diploiden Satzes mit Ein-Chromatid-Chromosomen zum Zeitpunkt 1. In der folgenden Meiose II werden bis zum Zeitpunkt 5 die Chromatiden auf zwei Tochterzellen verteilt, sodass sich auch die DNA-Menge wieder halbiert und jetzt auch den halben Ausgangswert für jede Zelle ausmacht.
Der Kurvenverlauf gibt also die charakteristische Veränderung der Chromatidenzahl, ablesbar über die DNA-Masse, während der einzelnen Abschnitte der Meiose wieder.

Teil B

Die Aufgabe erfordert eine zusammenhängende Darstellung als Referat oder Referatsentwurf. Dabei sollen geeignete Materialien einbezogen werden, d. h. es gibt auch solche, die weniger oder sogar ungeeignet sind und der Grad der Einbeziehung kann ebenfalls unterschiedlich sein.
Nach der konkreten Aufforderung in der Aufgabenstellung muss hier eindeutig argumentativ auf eine Befürwortung der Biogas-Anlage hingearbeitet werden. Dabei müssen die Argumente der Gegner sachlich entkräftet und unentschlossene Gemeindemitglieder dadurch gewonnen werden.
Von den unterschiedlichen möglichen Lösungsansätzen könnte der folgende vom strategischen Ansatz her erfolgreich sein:
1. Schritt: Vermittlung von Sachwissen zum Thema an die Zuhörer, um deren Objektivität bei der Bewertung der Fakten zu sichern. Dazu bieten sich besonders die Materialien 1 bis 4 an. Das Diagramm im Material 2 erscheint wenig geeignet, da es auf Vermutungen über die Methankonzentration bis 1983 beruht. Ähnliches trifft auf das Material 5 zu, da hier lediglich umfangreiche Fakten zu Methan abbauenden Bakterien dargestellt werden, die das Thema nur tangieren.
2. Schritt: Argumentationen für die Erweiterung der Milchvieh-Anlage und für den Bau der Biogas-Anlage. Dabei sind die Vorteile aus verschiedenen Perspektiven (ökonomische und ökologische) zu präsentieren.
3. Schritt: Hauptargument der Erweiterungsgegner entkräften
4. Schritt: Am Ende empfiehlt sich immer eine prägnante Zusammenfassung.

1. Methanfreisetzung in die Atmosphäre

Die **Archaeen** sind eine ursprüngliche Form von Mikroorganismen, die organische Stoffe unter Sauerstoffabschluss in **Methan und Kohlenstoffdioxid** zu gleichen Teilen umwandeln. Sie existieren auch in einer solchen lebensfeindlichen Umwelt, wie bei Temperaturen bis zu 90 °C, in Gülle, Mist und den Verdauungsorganen von Rindern (Material 1). Methan steht im Verdacht, genau wie Kohlenstoffdioxid, am so genannten **Treibhauseffekt** beteiligt zu sein, d. h. die Wärmeabstrahlung in das Weltall zu verringern und damit zur globalen Erwärmung beizutragen. Methan ist wesentlicher Bestandteil von Biogas (oder Sumpfgas) und ist in diesem etwa im Verhältnis 1 : 1 zu Kohlenstoffdioxid enthalten, was auf den Stoffwechsel der Archaeen hinweist (Material 4).
Messungen (durchgeführt erst seit 1983) haben eine Zunahme des Methangehalts in der Atmosphäre um etwa 9 % ergeben (Material 2). Dabei wird geschätzt, dass die Methan-Emission aus Gülle und den Verdauungssystemen von Wiederkäuern inzwischen fast die gleiche Größenordnung erreicht wie die aus allen natürlichen Feuchtgebieten der Erde, nämlich über 100 Mio. Tonnen pro Jahr. Zählt man noch alle Reisfelder und Deponiegase sowie Kläranlagen als anthropogene Methanproduzenten hinzu, werden die natürlichen Methanquellen weit übertroffen (Material 3). Eine Reduzierung dieser zusätzlichen Methanmasse durch Methan zersetzende Bakterien erscheint unwahrscheinlich, da diese Bakteriengruppe nur auf dem Grund mancher Flachmeere wie dem Schwarzen Meer aktiv wird (Material 5).
Die Fakten belegen, dass die Methanemission mit der Anzahl der Rinder und der damit anfallenden Güllemasse steigt und doch eigentlich verringert werden müsste.

2. Vorteile einer Biogas-Anlage

Bei der Erweiterung der Milchviehanlage sind natürlich primär lokale ökonomische Effekte zu beachten, wie z. B. die bessere verbrauchernahe Versorgung mit Frischmilchprodukten, die Schaffung direkter und indirekter neuer Arbeitsplätze und Ausreichung staatlicher Fördermittel. Die ökonomischen Vorteile durch kürzere Transportwege und die

Verwendung von Futtermitteln aus regionalen Quellen ergeben auch solche im ökologischen Bereich z. B. durch verminderte Schadstoffemissionen.
Die Kopplung mit einer Biogas-Anlage spart **fossile Energieträger** in nicht geringem Umfang ein *(Argumente und Zahlen können beliebig aus M 6, 7 und 8 kombiniert werden)* und würde auch die Methangasemission mindestens um ein Drittel reduzieren (Material 3).

3. Warum eine Biogas-Anlage keinen Einfluss auf den Treibhauseffekt hat

Natürlich ergibt sich durch Einstellen einer höheren Anzahl von Milchkühen ein absolut höherer Betrag an Methangas. Der im Verdauungssystem entstehende Anteil ist auch tatsächlich nicht zu vermeiden, was auch für die Erhöhung der CO_2-Emission zutrifft. Da aber Kühe bekanntlich Pflanzenfresser sind, würde der CO_2-Anteil im Kohlenstoffkreislauf regeneriert werden und damit keinerlei Einfluss auf den Treibhauseffekt haben.
Der geplante, mit der Erweiterung gekoppelte Bau der Biogas-Anlage wandelt das in Gülle und Mist entstehende Methan durch einfache Verbrennung in Kohlenstoffdioxid und Wasser um. Da der gesamte Kohlenstoff in den Futtermitteln assimiliertes CO_2 darstellt, liegen hier **regenerative Energieformen** vor, die nicht von fossilen Brennstoffen stammen und damit keinen Beitrag zum Treibhauseffekt liefern. Da auch die aus der bereits vorhandenen Anlage (und vielleicht auch von benachbarten Viehställen) stammende Gülle in der neuen Biogas-Anlage verbraucht wird, sinkt die Gesamtemission von Methan sogar. Eine Befürchtung, dass die neuen Anlagen die Methanbilanz weiter erhöhen würde, besteht also keinesfalls.

4. Zusammenfassung

- Methan und CO_2 sind nicht zu vermeidende Stoffwechselprodukte der Archaeen, welche bei der Massentierhaltung zwangsläufig anfallen.
- Bei Erweiterungen von Milchviehanlagen empfiehlt sich die Einrichtung einer Biogasanlage.
- Diese bietet neben regenerativ gewonnener Energie auch die Beseitigung von Methan aus dem Güllebereich der gesamten Anlage.
- Das erhöhte CO_2-Aufkommen spielt keine Rolle, da es ursprünglich aus dem von den Futterpflanzen assimilierten stammt.
- Damit wird die Masse des in die Atmosphäre abgegebenen Methans insgesamt geringer, was ökologisch vorteilhaft ist.

Leistungsfach Biologie (Thüringen): Abiturprüfung 2006
Aufgabe 2: Verhaltensbiologie, Fotosynthese, Evolution

Teil A BE

1 Die Speicherung des „Bildes“ vom jeweiligen Geschlechtspartner bei Stockenten erfolgt zwar grundsätzlich im Zentralnervensystem, unterscheidet sich aber bei männlichen und weiblichen Tieren. Bei weiblichen Stockenten ist das „Bild“ des Erpels angeboren, also im genetischen Programm vorhanden. Man spricht in diesem Zusammenhang in der Ethologie von zentralnervösen Verschaltungsmechanismen mit Filterfunktion (AAM). Das „Bild“ der Ente entsteht dagegen bei Erpeln durch Prägung. Stockentenerpel tragen ein Prachtkleid, die weiblichen Enten ein Schlichtkleid. Es gibt also einen ausgeprägten Geschlechtsdimorphismus.

1.1 Charakterisieren Sie die Prägung als Lernvorgang! 3

1.2 Mit erwachsenen Stockenten wurden folgende Experimente durchgeführt:
A: Den Weibchen wurden die Eierstöcke entfernt. Nach der Mauser bildeten sie ein Prachtgefieder aus.
B: Den Männchen wurden die Hoden entfernt. Nach der Mauser bildeten sie ein Prachtgefieder aus.
C: Den Männchen und Weibchen wurden die Keimdrüsen entfernt. Anschließend wurden die Tiere mit Östrogenen behandelt. Nach der Mauser bekamen alle Tiere ein Schlichtkleid.

Balzendes Stockentenpaar
Aus: Linder Biologie, Bilddatenbank Teil II, © Bildungshaus Schulbuchverlage Westermann Schroedel Diesterweg Schöningh Winklers GmbH www.schroedel.de, Hannover 2002

Erklären Sie die Versuchsergebnisse A bis C! 5

1.3 Bei Chilenischen Krickenten tragen beide Geschlechter ein Schlichtkleid. Im Experiment werden Eier der Krickenten von Stockenten ausgebrütet und die Jungen aufgezogen. Später balzen die Weibchen der so aufgezogenen Krickenten Stockentenerpel an. Stellen Sie eine Hypothese auf, die diesen Sachverhalt erklärt! 4

2 In der nachfolgenden Tabelle sind Ergebnisse einer Untersuchung über die Produktivität eines Buchenwaldes und eines benachbarten Fichtenwaldes dargestellt.

	Buche	Fichte
Alter (Jahre)	100	89
Höhe (m)	27	25,6
Jährliche Blattproduktion	höher	niedriger
Fotosyntheseleistung pro Einheit Blatttrockenmasse	höher	niedriger
Länge der Wachstumsperiode (Tage)	176	260
Gesamtproduktion (Tonnen Kohlenstoff pro ha und Jahr)	8,6	14,9

Charakteristika repräsentativer Bäume zweier Arten, die in weniger als 1 km Entfernung voneinander auf einem Plateau eines Waldstückes wachsen.
Nach: Townsend, Colin R., Harper John L., Begon, Michael E.: Ökologie, Springer Berlin, New York 2002, S. 484

2.1 Wie der Tabelle zu entnehmen ist, investieren Buchen mehr Biomasse in die Blattproduktion und haben eine höhere Fotosyntheseleistung pro Einheit Blatttrockenmasse. Begründen Sie, warum sich diese Unterschiede nicht in der Bilanz der Gesamtproduktion widerspiegeln! 4

2.2 In der Tabelle ist für die Buche eine durchschnittliche Fotosyntheseleistung pro Blatttrockenmasse angegeben. Doch bei genauerer Betrachtung sind die Fotosyntheseleistungen der Laubblätter ein und derselben Buche sehr unterschiedlich.
Fertigen Sie ein Diagramm an, an dem Sie diesen Sachverhalt erläutern! 5

2.3 Stellen Sie ein Abzugspräparat von der unteren Epidermis eines Laubblattes her! Zeichnen Sie das mikroskopische Bild und beschriften Sie dieses! 5

3 In einem fast 100 Jahre alten Lehrbuch heißt es in dem Kapitel über Pflanzenernährung: „Eine ungefähre Vorstellung von dem Vorgang der Assimilation kann uns vielleicht die folgende Formelgleichung geben:

$$6\,CO_2 + 5\,H_2O \longrightarrow C_6H_{10}O_5\ (\text{Stärke}) + 6\,O_2$$

… Mit der Erkenntnis, daß bei der Assimilation der Kohlensäure (CO_2) zunächst Stärke in der Pflanze erzeugt wird, ist für die Frage, wie sich nun weiter der chemische Aufbau des Pflanzenkörpers selbst vollzieht, nur wenig gewonnen. … Völlig unklar aber ist zurzeit noch, wie aus den verhältnismäßig einfachen, nur aus drei Elementen aufgebauten Kohlenhydraten, nun die so ungemein hoch konstituierten Eiweißstoffe mit ihrem Gehalt an Stickstoff, Schwefel und Phosphor hervorgehen, und wie aus diesen die Menge des lebenden Protoplasmas ergänzt wird."

Aus: Kraepelin, K., Einführung in die Biologie, Teubner Verlag Leipzig 1912, S. 179 f.

3.1 Beurteilen Sie die Aussagen zur Kohlenstoffassimilation aus heutiger Sicht und beschreiben Sie unter Einbeziehung einer schematischen Darstellung den Verlauf dieses Stoffwechselprozesses! 5

3.2 Beschreiben Sie zwei Möglichkeiten, wie Pflanzen ihren Stickstoffbedarf decken! 4

3.3 Erläutern Sie die Voraussetzungen für die Proteinbiosynthese in Pflanzenzellen aus der Sicht der heutigen Biologie! 5

Teil B

Nach allem was wir heute wissen, sind die gegenwärtig existierenden Organismen Ergebnis einer lange währenden Evolution. Darüber, ob der Mensch darin eine Sonderstellung einnimmt, kann man unterschiedlicher Meinung sein.
Verfassen Sie einen Artikel über das Zusammenwirken von Faktoren bzw. Mechanismen der Evolution, in dem Sie an Hand von fünf Thesen die oben getroffenen Aussagen diskutieren! Beziehen Sie in Ihre Darstellung auch geeignete Sachverhalte aus den nachfolgenden Materialien ein! 20

Material 1

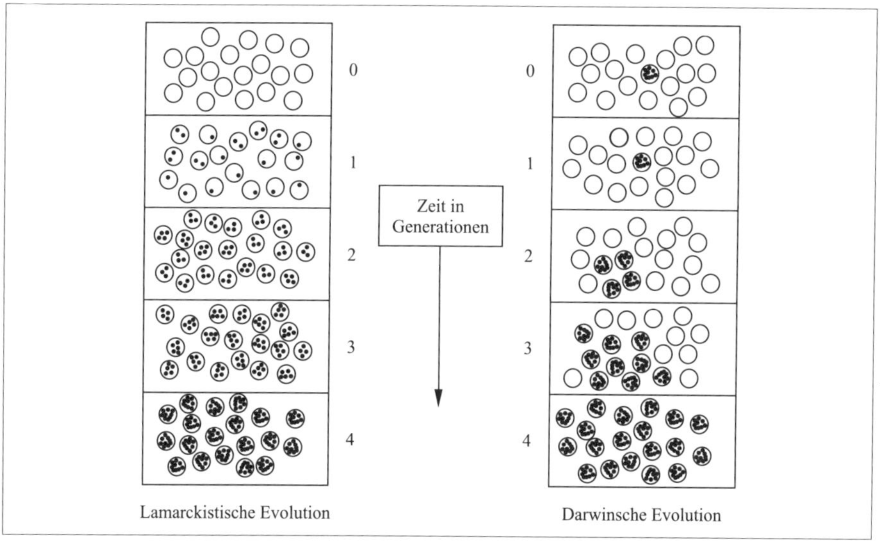

Vergleich lamarckistischer und darwinistischer Evolution: Individuen mit einer bestimmten vorteilhaften Anpassung werden durch gepunktete Kreise dargestellt. Die Anzahl der Punkte stellt den Grad der Anpassung dar.
Aus: Weber, Thomas P., Darwinismus. S. Fischer Verlag Frankfurt/M. 2002, S. 101

Material 2

Ein klassisches Beispiel der Gen-Kultur-Koevolution ist die Evolution der Laktose-Toleranz beim Menschen. Seit über 6 000 Jahren spielen Milchprodukte eine wichtige Rolle bei der Ernährung des Menschen. Vor dieser Zeit waren die meisten Menschen nicht in der Lage, den energiereichen Milchzucker aufzunehmen, da die Aktivität des Laktose abbauenden Enzyms Laktase zu gering ist. Es gab jedoch eine genetische Variabilität der Fähigkeit, Laktose abzubauen. Mit dem Beginn der Domestikation von Milch produzierenden Tieren erhielten Individuen mit einer hohen Laktase-Aktivität einen Auslesevorteil. Nach mehr als 300 Generationen ist in menschlichen Populationen, die eine ungebrochene Tradition des Genusses von Milchprodukten haben, folgende Entwicklung eingetreten: Sie bestehen zu mehr als 90 % aus Individuen, die Laktose aufnehmen können ohne zu erkranken. Bei Populationen ohne diese Tradition beträgt dieser Wert nur 20 % Prozent.

Nach: Weber, Thomas P., Darwinismus. S. Fischer Verlag Frankfurt / M. 2002, S. 108

Material 3

„Kreationismus (v. lat. *creare* = erschaffen) bezeichnet ein religiöses Weltbild, in dem die Entstehung des Universums als Schöpfungswerk eines Gottes erklärt wird. … Spezifische Eigenart des Kreationismus gegenüber anderen Ausprägungen des Schöpfungsglaubens ist, dass der Kreationismus seine Erklärung der Weltentstehung explizit als Alternative zu den Erklärungen der Naturwissenschaften versteht …"

Aus: http://de.wikipedia.org/wiki/Kreationismus

Material 4

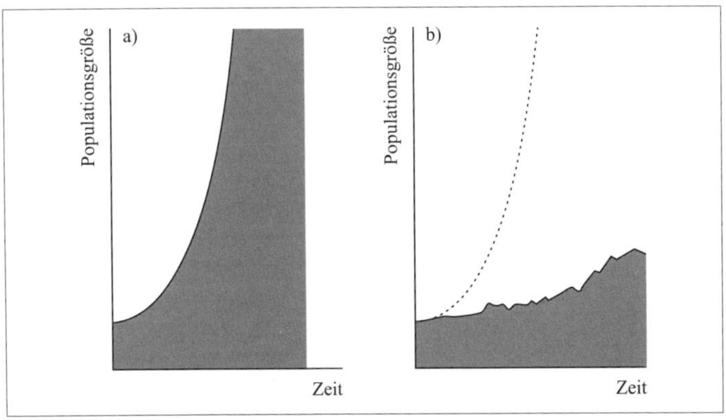

Wachstum einer Population bei unbegrenzten bzw. begrenzten Ressourcen
Aus: Kleinert, Reiner, Abiturhilfe Biologie, Evolution. Mentor Verlag, München 1997, S. 39

Material 5

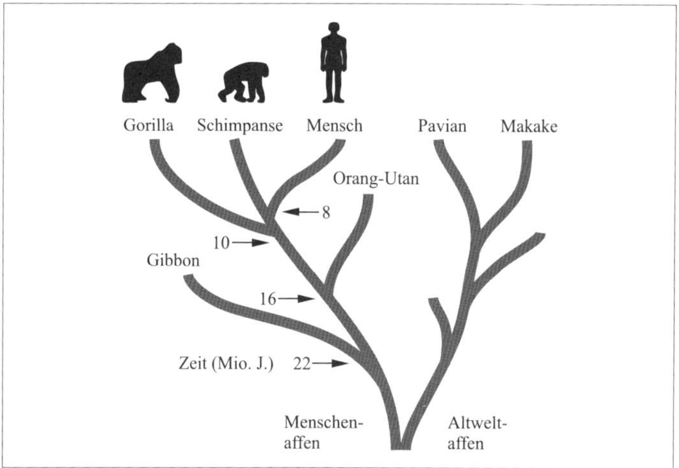

Stammbaum der Primaten basierend auf vergleichenden DNA-Sequenzanalysen
Aus: Kutschera, Ulrich, Evolutionsbiologie, Verlag Paul Parey, Berlin 2001, S. 154

Material 6

Serumreaktion. Anti-Serum für den Menschen ergibt mit Blut vom	
Menschen	100 % Ausfällung
Schimpansen	85 % Ausfällung
Gorilla	64 % Ausfällung
Orang-Utan	42 % Ausfällung
Pavian	29 % Ausfällung
Rind	10 % Ausfällung
Rotwild	7 % Ausfällung
Pferd	2 % Ausfällung
Beuteltier	0 % Ausfällung

Eiweißverwandtschaft einiger Säuger
Aus: Steitz, Erich, Die Evolution des Menschen, Schweizerbart'sche Verlagsbuchhandlung Stuttgart 1993, S. 11

Material 7

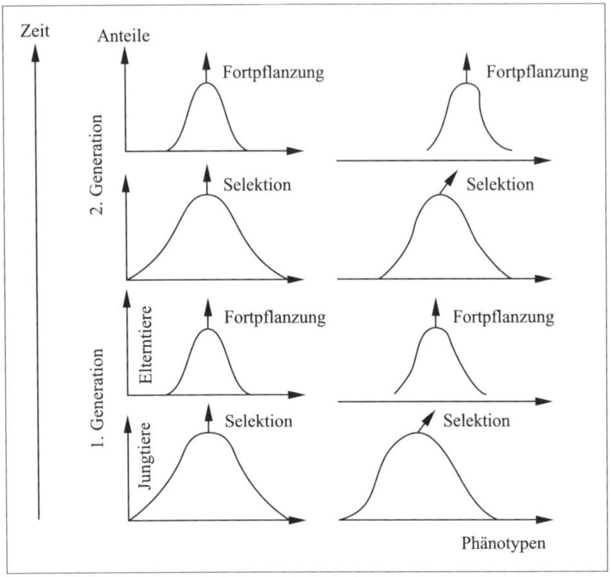

Wirkungen der Selektion auf die Variabilität innerhalb einer Population
Aus: Wuketits, Franz M., Grundriss der Evolutionstheorie, Darmstadt 1989, S. 127

Material 8

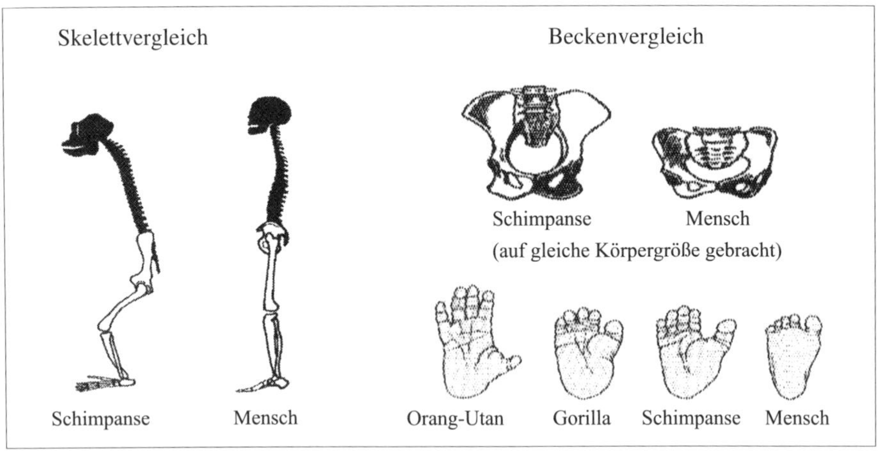

Vergleich von Skeletteilen bzw. Organen von Schimpanse und Mensch
Aus: Meyer, Hartmut und Daumer, Karl, Evolution, Bayerischer Schulbuchverlag, München 1990, S. 83

Material 9

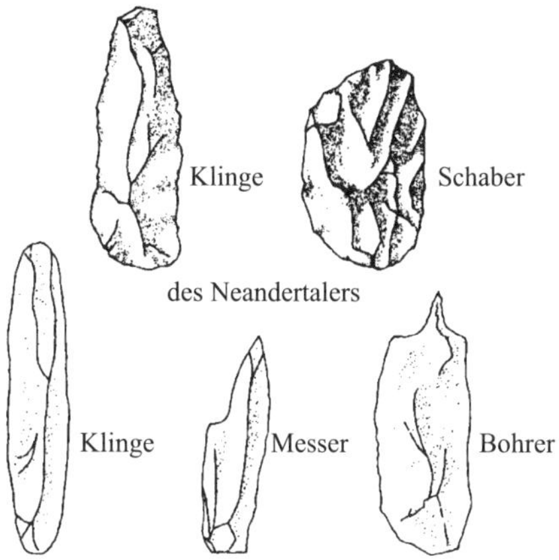

Werkzeugvergleich
Aus: Meyer, Hartmut und Daumer, Karl, Evolution, Bayerischer Schulbuchverlag München 1990, S. 89

Lösung

Teil A

1.1 Charakterisieren bedeutet hier, dass wesentliche Merkmale von Prägungsvorgängen unter dem Gesichtspunkt von Lernvorgängen zu beschreiben sind.

Lernen im ethologischen Sinne besteht in Erweiterungen des Verhaltens über genetisch programmierte Muster hinaus. Angeborene **Instinkthandlungen** setzen die sofortige und bei einer Art immer gleich bleibende Reaktion auf einen spezifischen Schlüsselreiz voraus und brauchen nur gelegentlich einfache Lernvorgänge zur Orientierung im Biotop. **Prägungen** sind zwar auch genetisch determiniert, das betrifft aber nur die Basis dieses Verhaltenselements, z. B. die kurze Zeitspanne der Prägbarkeit während der Ontogenese. Die in der frühen so genannten **sensiblen Phase** durchgeführte Prägung ist individuell (und kann in dieser Phase auch umgeformt werden). Die Individuen speichern in dieser Phase wesentliche Erkennungsmerkmale ihrer Art oder bzw. und deren geschlechtsspezifische Ausprägung. Vorsätzliche Fehlprägungen in ethologischen Experimenten konnten das eindeutig belegen. Die gespeicherten und damit erlernten Signale sind damit eine lebensnotwendige Erweiterung des genetisch programmierten Verhaltens und stellen somit eine Form des obligatorischen Lernens dar.

1.2 In dieser Aufgabe sollen Versuchsergebnisse erklärt werden. Das bedeutet, dass in einer zusammenhängenden Darstellung die Ursachen für die beschriebenen Erscheinungen angegeben und auch Gesetzmäßigkeiten in ihrer spezifischen Wirkung erkannt werden. Die Erkenntnis, dass nicht die Kastrationen, sondern die Konzentration an weiblichen Sexualhormonen für die experimentellen Ergebnisse verantwortlich sind, erfordert den Überblick über alle Versuche!

Versuch A: Das Entfernen der Eierstöcke führt zum Fehlen der von ihnen produzierten weiblichen Hormone. Diese scheinen die Bildung des männlichen Prachtkleides bei der Ente unterdrückt zu haben.

Versuch B: Auch hier sind nach Entfernen der Gonaden keine der dort gebildeten spezifischen Geschlechtshormone (z. B. Testosteron) mehr vorhanden, was aber offenbar keinen Einfluss auf die Ausbildung sekundärer Geschlechtsmerkmale hat d. h. diese auch nicht unterdrückt.

Versuch C: Nach vollständiger Kastration bei beiden Geschlechtern bewirkte nur die Zugabe des weiblichen Sexualhormons **Östrogen** die Ausbildung eines Schlichtkleides (oder vielleicht exakter: die Unterdrückung eines Prachtgefieders). Offensichtlich wird durch Östrogen die Proteinbiosynthese für die Pigment bildenden Enzymkomplexe repressiv reguliert. Damit wird die nach der Mauser durch externe Bedingungen (z. B. Lichtfaktor) ausgelöste Bildung eines Prachtgefieders bei Weibchen unterdrückt und der **Geschlechtsdimorphismus** während der Brutperiode realisiert.

1.3 Die geforderte Erklärung soll die Ursachen der Beobachtungen in Form einer Hypothese darstellen. Diese ist zwar relativ frei formulierbar, darf aber ihren gesicherten naturwissenschaftlichen Hintergrund (ethologische Gesetzmäßigkeiten) nicht verlassen.

Bei den **Chilenischen Krickenten** gibt es keinen Geschlechtsdimorphismus, sodass deren Nachwuchs wahrscheinlich auf allgemeine Artmerkmale, spezielle geschlechtstypische Handlungen oder Kommunikationsformen geprägt wird. Das Anbalzen der **Stockentenerpel** ist damit auf eine **sexuelle Fehlprägung** der Krickentenweibchen zurückzuführen. Sie sind zuerst allgemein auf die andere Art geprägt worden, da nur diese in

der sensiblen Prägungsphase anwesend war. Das erklärt, weshalb überhaupt die andere Art angebalzt wird.
Die Prägung der Weibchen der Krickenten auf die Erpel lässt sich hypothetisch damit erklären, dass es während der sensiblen Phase bei **beiden Arten** ähnliche geschlechtsspezifische Unterschiede im Brutverhalten gibt. Erpel und Ente könnten z. B. unterschiedlich in die Aufzucht der Kücken einbezogen werden oder in der Kommunikation charakteristische Unterschiede aufweisen. Damit ist erklärbar, weshalb die Krickentenweibchen auf das Bild und Verhalten der Stockentenerpel geprägt wurden und diese nach Erreichen der Fortpflanzungsreife abrufen können.

Ähnliche Verhaltensmuster sollten, obwohl nicht einbezogen, auf das Balz-Verhalten der Krickentenerpel zu Stockentenweibchen zutreffen.

2.1 Der dargestellte Widerspruch zwischen Fotosyntheseleistung und Biomasse-Gesamtproduktion soll durch Einbeziehung geeigneter logischer Argumente gelöst werden.

Die beiden vorgestellten Pflanzenarten weisen eine unterschiedliche Strategie zum Überstehen frostbedingter Trockenperioden, die für das holarktische gemäßigte Klima typisch sind, auf.
Buchen stellen nach dem vollständigen **Blattfall** die Fotosynthese vollständig ein und lebende Pflanzenteile überstehen den Winter in Wurzeln, geschützten Knospen oder Geweben unter der Borke (Bildungs- und Leitgewebe). Der Laubabwurf erfordert die beschriebene erhöhte Blattproduktion, da ja alle Blätter nachgebildet werden müssen. Die kürzere Wachstumsperiode von 176 Tagen ergibt dann ein Defizit in der Gesamtproduktion im Vergleich zur Fichte, die auch im Winter an frostfreien Tagen aktiv sein kann.
Die Fichte besitzt zwar durch ihre winterharte Blattform eine geringere Fotosyntheseleistung pro Blattfläche als die Buche, gleicht das aber durch eine längere Vegetationsperiode aus. Außerdem müssen Nadelbäume nur den geringsten Teil ihrer Blätter jährlich erneuern, was sich in der Gesamtbilanz ebenfalls positiv bemerkbar macht.

2.2 Das Diagramm muss die Abhängigkeit der Fotosyntheseleistung (in einer geeigneten Einheit) von der Lichtintensität darstellen. Dabei ist zwischen Licht- und Schattenblättern zu unterscheiden, da diese sich in charakteristischer Art und Weise voneinander unterscheiden.
Die Erläuterung bezieht sich auf die Darstellung des Zusammenhangs zwischen eintreffender Lichtmenge, Modifikationen des Blattbaus und Fotosyntheseleistung.

Fotosyntheseaktivität in Licht- und Schattenblättern:

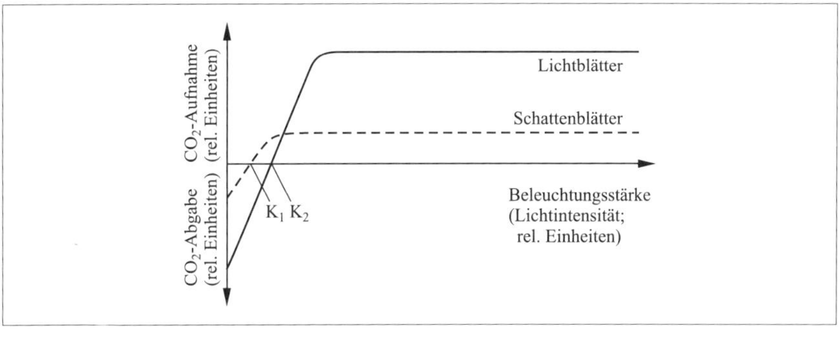

Blätter auf der südlichen Außenseite kommen in einen höheren Lichtgenuss als solche im Inneren des Blätterdaches der Buche oder auf ihrer lichtabgewandten Nordseite. Es bilden sich während der Blattentfaltung Modifikationen in Form von **Licht- und Schattenblättern** heraus, die in Morphologie und Physiologie den ökologischen Typen von Licht- und Schattenpflanzen sehr ähnlich sind. Dabei stellen die beiden genannten Blatttypen die Extreme dar, zwischen denen es je nach Lichtgenuss fließende Übergänge gibt.
Lichtblätter besitzen mehrschichtige Palisadengewebe mit hoher Chlorophylldichte. Da die Thylakoide der Chloroplasten selbst nicht so stark aufgefaltet sind, wie die von Schattenblättern, liegt der Lichtkompensationspunkt K_2 (CO_2-Aufnahme durch die Fotosynthese > CO_2-Abgabe durch die Atmung) auch bei einer höheren Lichtintensität als der der Schattenblätter (K_1). Die **Fotosyntheseaktivität** erreicht bei Lichtblättern einen höheren absoluten Wert, da deren Blätter dicker sind und pro Flächeneinheit mehr Chloroplasten und eine höhere Enzymdichte für den Calvin-Zyklus besitzen. Die Aktivität nimmt daher bei Lichtblättern bei zunehmender Lichtintensität ständig zu und geht unter realen Umweltbedingungen kaum in eine Lichtsättigung über wie das bei den Schattenblättern der Fall ist. Deren größere Oberfläche dient zwar auch der Optimierung der Fotosynthese, aber nur im Bereich geringerer Lichtintensitäten. Es fehlen hier für die Verwertung von Starklicht auch die durch die Blattdicke bedingte Chloroplastendichte und Enzymausstattung für den gesteigerten Calvin-Zyklus.
Zusammengefasst lässt sich sagen, dass die Unterschiede in den Fotosyntheseleistungen im Lichtgenuss der einzelnen Blätter zu finden sind. Schattenblätter sind geringen Lichtintensitäten optimal angepasst, besitzen einen frühen Lichtkompensationspunkt, aber auch eine Lichtsättigung bei geringerer Intensität. Sie erreichen trotz ihrer Optimierung nicht die Leistungen der Lichtblätter, sodass die Produktivität der Buche auf der lichtzugewandten Seite höher liegt.

2.3 Ein Abzugpräparat wird hergestellt, indem man die Unterseite eines Laubblattes einritzt und die transparente Epidermis vorsichtig abzieht. Es dürfen keine grünen Anteile mehr vorhanden sein, denn das weist auf das nicht erwünschte Abziehen von chlorophyllhaltigem Assimilationsgewebe hin. Bei der Auswahl geeigneter Zellen für die Zeichnung wird erwartet, dass diese typisch für die untere Epidermis sind: Epidermiszellen und Schließzellen mit Spaltöffnungen.

Zeichnung der unteren Epidermis eines Laubblattes:

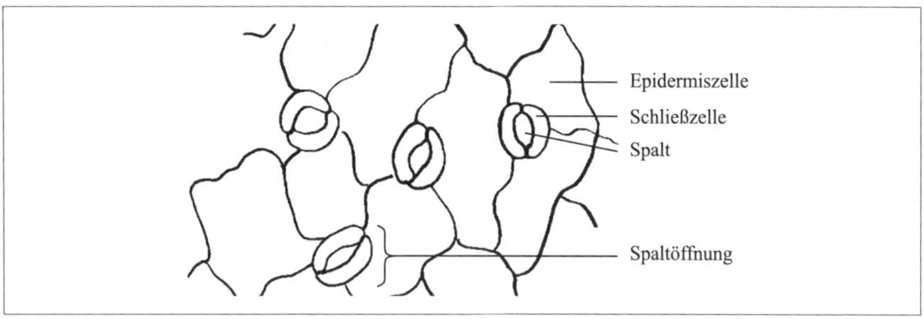

3.1 Die zweiteilige Lösung erfordert erstens den kritischen Umgang mit einer historischen Quelle und ihre Bewertung aus dem heutigen Stand der Pflanzenphysiologie. Der angefügte Teil des historischen Textes zu Eiweißsynthesen darf auf keinen Fall mit einbezogen werden.
Im zweiten Teil soll mit Unterstützung eines geeigneten Schemas die Kohlenstoffassimilation (Calvin-Zyklus) beschrieben werden, was eine umfassende und geordnete Darstellung dieses Prozesses erfordert.

Die von Kraepelin angegebene Gleichung ist stöchiometrisch richtig und gibt die Summenreaktion für die Stärkebildung an. Der assimilierte Kohlenstoff soll in Form von Kohlensäure zugeführt werden, also H_2CO_3 oder $H_2O + CO_2$ im Verhältnis 1 : 1. Geht man davon aus, stimmen die Molzahlen von CO_2 und H_2O nicht mehr. Ursache für diese Diskrepanz ist das bei der Stärkebildung entstehende Wasser. Angegeben ist aber nur ein Stärke-Monomer, was der chemischen Seite gar nicht mehr gerecht wird. Die alte Anschauung beruht auf der Beobachtung, dass bei der Fotosynthese Assimilationsstärke entsteht. Das Primärprodukt Glucose konnte zu dieser Zeit nicht zugeordnet werden, da die einzelnen Phasen der Fotosynthese und ihre Verknüpfungen nicht bekannt waren.

Somit sind drei Aussagen nicht richtig:
- Bei der Assimilation von CO_2 entsteht zunächst nicht Stärke, sondern Glucose.
- Damit ergibt sich für die Summengleichung der Fotosynthese die bekannte Form: $6\,CO_2 + 12\,H_2O \rightarrow C_6H_{12}O_6 + 6\,O_2 + 6\,H_2O$ und nicht die angegebene.
- Der Sauerstoff wird bei Kraepelin mit der **CO_2-Assimilation** in Verbindung gebracht, was einer noch sehr lange danach existierenden Fehleinschätzung entspricht.

Die wichtigste heute existierende Theorie von der Assimilation des Kohlenstoffdioxids ist der des **Calvin-Zyklus**, der im Stroma der Chlorplasten abläuft.

Schema des Calvin-Zyklus:

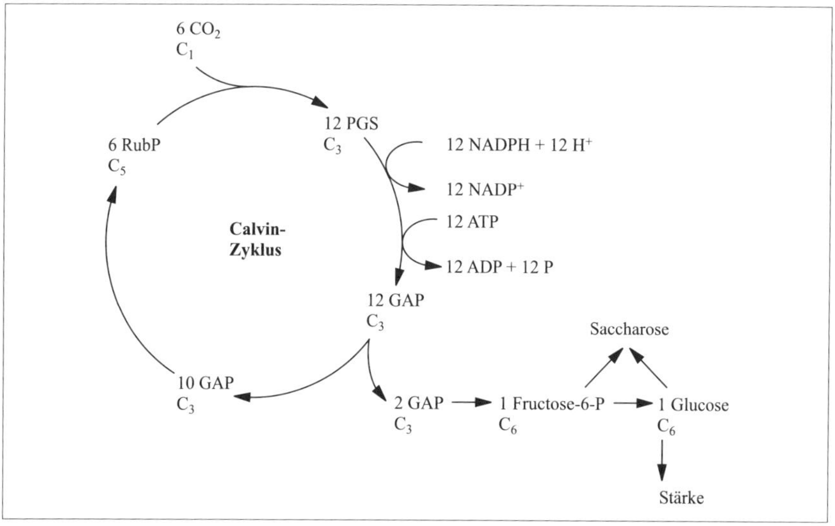

Je ein Molekül Kohlenstoffdioxid wird zunächst unter Mitwirkung des Enzyms **Rubisco** an sechs Rezeptormoleküle (**Ribulose-1,5-biphosphat, RubP**) gebunden. Da diese vorher aus fünf Kohlenstoffatomen bestanden, entstehen jetzt instabile C_6-Körper, also Moleküle mit je sechs Kohlenstoffatomen. Diese C_6-Körper zerfallen symmetrisch in je zwei

C_3-Körper, den **Glycerinsäure-3-phosphat**-Molekülen (= Phosphoglycerinsäure, PGS). Diese werden jetzt zu **Glycerinaldehyd-3-phosphat**-Molekülen (GAP) reduziert. Sowohl das Reduktionsmittel ($NADPH + H^+$) als auch die Energiequelle ATP entstammen der lichtabhängigen ersten Fotosynthesephase. Der weitere Stoffwechselweg teilt sich nun. Als erstes verbinden sich jetzt zwei Moleküle Glycerinaldehyd-3-phosphat zu **Fructose-6-phosphat**, einem C_6-Körper. Damit wird pro Zyklus nur ein Molekül **Primärprodukt Glucose** produziert. Im Weiteren können Glucosemoleküle zu Assimilationsstärke oder mit Fructose zu Saccharose umgewandelt werden. Die verbleibenden 10 Glycerinaldehyd-3-phosphat-Moleküle werden stets zu sechs Molekülen des CO_2-Rezeptors Ribulose-1,5-biphosphat regeneriert. Somit kann der Kreislauf erneut beginnen.

3.2 Die Beschreibung verlangt eine geordnete Darstellung von zwei pflanzenphysiologischen Vorgängen zur Deckung des Stickstoffbedarfs, also der verschiedenen Möglichkeiten der Gewinnung und Aufnahme von Nitrat-Ionen. Transaminierungsvorgänge oder weiterführende Prozesse werden nicht gefordert.

1. Möglichkeit: Die Pflanzen nehmen Nitrationen (NO_3^-), also die einzige stickstoffhaltige Ionenform, die sie direkt verwerten können, unmittelbar über ihre Körper-Oberfläche aus der Umgebung auf. Da **NO_3^--Ionen** gut wasserlöslich sind, kommen sie in allen Oberflächengewässern und im Grundwasser in unterschiedlichen Konzentrationen vor und können durch aktive Transportvorgänge in das Innere z. B. von Wurzelhaarzellen transportiert werden.

2. Möglichkeit: Bei einem Mangel an direkt verfügbaren Nitrationen, wie er auf sumpfigen Böden vorkommt, gewinnen spezialisierte Pflanzen (z. B. Sonnentau) ihren benötigten Stickstoff aus Insekten und anderen Kleintieren. Diese werden dazu durch die **karnivoren Pflanzen** mit unterschiedlichen Methoden gefangen, getötet und zersetzt. Nitrifizierende Bakterien wandeln häufig das zerfallende Insekteneiweiß in Nitrationen um, welche durch die Pflanzen auf die beschriebene Art aufgenommen werden können.

3. Möglichkeit: Vertreter einiger Pflanzenfamilien (z. B. Schmetterlingsblütengewächse) leben in Symbiose mit **Knöllchenbakterien**. Diese leben an und teilweise in den pflanzlichen Wurzelzellen und sind in der Lage Luftstickstoff aufzunehmen, umzuwandeln und in ihre Eiweiße einzubauen. Die dazu notwendige Energie entnehmen sie dem Symbionten, also der Pflanze. Diese wiederum profitiert von den Ammoniumionen, die die Bakterien in ihrem Stoffwechsel produzieren und so den Stickstoffbedarf der Pflanze weitgehend decken können.

3.3 In dieser Aufgabe sollen die Voraussetzungen für die Proteinbiosynthese und auf keinen Fall die Proteinbiosynthese selbst systematisch, anschaulich und verständlich dargestellt werden. Dabei sollte man sich auf die beiden wesentlichen Bereiche (Aminosäuresynthese und genetischer Code) beschränken, um das Thema nicht unnötig zu erweitern.

Für die Synthese von Proteinen sind zunächst proteinogene Aminosäuren notwendig. Organismen mit autotropher Assimilation produzieren diese in einem eigenen Aminosäurestoffwechsel. Dazu werden zunächst Nitrationen mit Hilfe von $NADPH + H^+$ zu Nitritionen (NO_2^-) reduziert. Diese können im Zusammenhang mit der Fotosynthese in den Chloroplasten noch weiter zu Ammoniumionen (NH_4^+) reduziert werden. Trägermoleküle wie Glutamat binden anschließend die Ammoniumionen und übertragen sie auf aktivierte organische Säuren (**Transaminierung**). Die entstehenden 2-Aminosäuren können auch noch in weitere umgewandelt werden, sodass der Pflanze schließlich alle 20 proteinogenen Aminosäuren zur Verfügung stehen. Heterotrophe Organismen müssen wenigstens die für sie essenziellen Aminosäuren mit der Nahrung aufnehmen und im Körper teilweise umwandeln.

Um funktionsfähige Proteine zu produzieren ist als weitere Voraussetzung die Festlegung der Reihenfolge (Sequenz) der Aminosäuren im Proteinmolekül notwendig. Da alle Organismen artspezifische Eiweiße benötigen, muss diese Information vervielfältigt und weitergegeben werden. Die Realisierung dieser Vorgänge erfolgt ausgehend von der Erbinformation in Form der DNA. Dabei wird die Nukleotidsequenz der DNA während der Proteinbiosynthese in die Sequenz der Aminosäuren umgesetzt. Jedem Nukleotidtriplett in einem proteinogenen DNA-Abschnitt ist eine ganz bestimmte Aminosäure zugeordnet (**genetischer Code**) und wird während der Proteinbiosynthese auch an der entsprechenden Stelle eingebaut. Durch Replikation der DNA kann die Erbinformation bei Zellteilungen an die Tochterzellen identisch weitergegeben werden, sodass alle Zellen eines Individuums (Keimzellen und mutierte Zellen ausgenommen) die gleiche Erbinformation besitzen.
Aminosäurestoffwechsel und Realisierung der Erbinformation sind nur unter Beteiligung von Biokatalysatoren (Enzyme) möglich und an bestimmte zelluläre Strukturen wie Zellkern und Membransysteme gebunden.

Teil B

Die Aufgabenstellung verlangt die Diskussion zweier Aussagen zur Evolution im Allgemeinen und zur Stellung des Menschen in dieser. Das soll so erfolgen, dass zu fünf frei gewählten Thesen eigene Gedanken entwickelt werden, die zu einem begründeten Urteil hinsichtlich der Problemstellung führen. Eingeengt wird die Freiheit der Thesenwahl durch die eindeutige Richtungsfestlegung der Aufgabenstellung. Es wird bestimmt, dass der geforderte Artikel über das „Zusammenwirken der Evolutionsfaktoren bzw. Mechanismen der Evolution" verfasst werden soll. Durch diese Bestimmung werden im ersten Teil Belege für die wahrscheinliche Richtigkeit der synthetischen Evolutionstheorie und ein Überblick über ihre Abläufe verlangt. Die Mechanismen sind dabei im Zusammenwirken der Evolutionsfaktoren zu erkennen und sollten bei ihrer Bearbeitung auf die wesentlichen Elemente und exemplarische Belege begrenzt sein. Im zweiten Teil können zur Evolution des Menschen konträre Meinungen dargestellt, miteinander verglichen und der eigene Standpunkt begründet werden.
Die Aufforderung, geeignete Materialien aus der Sammlung einzubeziehen, ist ein eindeutiger Hinweis darauf, dies auch zu tun. Die Auswahl wird aber durch die Theseninhalte bestimmt und kann durch eigene Beispiele beliebig ergänzt werden.
Die folgenden Thesen stellen nur vertretbare Beispiele zur Lösung dieser offenen Aufgabe dar.

These 1: Evolution ist ein Charakteristikum des Lebens auf der Erde

Als Evolution bezeichnet man allgemein die Entstehung, Umwandlung und Weiterentwicklung eines Systems.
In einem mehrere Milliarden Jahre währenden Prozess entstanden auf der Erde die ersten Lebensformen – einzellige Organismen – mit einem einfachen, auf den Verbrauch natürlich entstandener organischer Moleküle hin orientierten Stoffwechsel. Diese zeigten bei unbegrenzten Ressourcen exponentielles Wachstum (Material 4). Als die organischen Moleküle knapper wurden, setzten die ersten Selektionen unter den Urorganismen ein und führten zur Entstehung der unterschiedlichsten Stoffwechselformen (autotrophe Assimilationen, Gärungen, Zellatmung). Der in Fotosynthese entstehende Sauerstoff sorgte für eine dramatische Veränderung der Umweltbedingungen, der nur wenige aerobe Organismen gewachsen waren. Durch Endosymbiose entstanden aus prokaryotischen Zellen die Eukaryoten. Durch Zelldifferenzierung entwickelten sich daraus vielzellige Organismen, die im Silur aus den Gewässern heraus auch das Festland als neuen Lebensraum eroberten.

Trockenheit, Ressourcenknappheit, Naturkatastrophen und eine sich stetig verändernde Umwelt führten durch ihren spezifischen Selektionsdruck zur Ausbildung immer neuer Arten, die sich spezialisierten und wieder ausstarben.
Solange es Leben gibt, war der Zwang zur Anpassung immer gegeben, und damit kann Evolution zu Recht als Merkmal des Lebens postuliert werden.

These 2: Variabilität ist der Angriffspunkt für Selektion

Voraussetzung für jede Veränderung im Artenspektrum ist die Variabilität innerhalb von Populationen. Diese betrifft den Genpool und die Phänotypen, die in dieser Population realisiert sind. Mutationen beeinflussen den Genpool durch vererbbare Veränderungen der DNA-Struktur, der Chromosomenstruktur oder deren Anzahl im Genom. Diese Veränderungen führen zu Veränderungen des Phänotyps der Mutanten. Die Mutationsrate ist teilweise von äußeren Bedingungen wie der Dichte energiereicher Strahlung abhängig. Die genetische und phänotypische Vielfalt wird auch durch Rekombinationen während der Mitose und im Zusammenhang mit sexueller Fortpflanzung erhöht. Dabei wird der Genpool aber nicht erweitert, sondern seine Elemente immer neu kombiniert. Besonders sich verändernde Umweltbedingungen üben auf die variablen Phänotypen einer Population einen erhöhten Selektionsdruck aus, unter dem sich die Fortpflanzungswahrscheinlichkeit (Fitness) bestimmter Merkmalsträger verändert, sodass sich das Merkmalsspektrum innerhalb der Population verschiebt. Im Material 1 ist in der Darwinschen Evolution dieser Prozess dargestellt. Es wird deutlich, dass vorteilhafte Anpassungen und damit ihre Merkmalsträger zum Schluss in der Population dominieren und die anderen verschwinden. Auch das Material 7 demonstriert diese Selektionswirkungen auf die Variabilität. In der linken Spalte bleiben die Umweltbedingungen in der betrachteten Zeit konstant. Die angepassten Organismen besitzen die höhere Fitness gegenüber abweichenden Merkmalen und die Genzusammensetzung wird immer wieder im Bereich des Mittelwertes eingeengt (stabilisierende Selektion). In der rechten Spalte verschiebt sich in der Population die Genzusammensetzung durch die spezifische Wirkung des Selektionsdrucks auf einen Teil der Phänotypen (transformierende Selektion).
Die Evolution stellt sich so als differentielle Rekombination dar, also als eine durch den Selektionsdruck ausgeübte Verschiebung der Merkmalsverteilung durch unterschiedliche Fortpflanzungswahrscheinlichkeit.

These 3: Selektion und verschiedene Isolationsprozesse wirken bei der Artneubildung zusammen

Während die Selektion wie beschrieben die Merkmalszusammensetzung beeinflusst, kann durch Isolationsprozesse verschiedener Formen die Panmixie, also der unbegrenzte Genfluss in einer Population, eingeschränkt oder verhindert werden. Die entstehenden Teilpopulationen nehmen eine eigenständige Entwicklung, die bis zur Bildung einer neuen Art führen kann, deren Individuen untereinander keine fruchtbaren Nachkommen mehr hervorbringen können (vollständige genetische Isolation). Beispiele für Isolationsvorgänge sind Neubesiedlungen von Inseln, wie dem Galapagos-Archipel. Die „zufälligen Irrgäste“ am Beginn der Besiedelung bringen nur einen geringen Teil ihres ursprünglichen Genpools mit (Gendrift). Die meist großen Entfernungen verringern die Wahrscheinlichkeit der Vermischung mit dem ursprünglichen Genpool drastisch. Die Evolution der unfreiwilligen Emigranten vollzieht sich jetzt durch das Wechselspiel von Variabilität und Selektion nicht nur unabhängig von ihren Vorfahren, sondern auch in Form einer adaptiven Radiation zu verschiedenen neuen Arten, welche die vorhandenen ökologischen Nischen besiedeln.

These 4: Es existieren Belege für die Evolution von Mensch und Tier

Evolutionsbelege können unterschiedlichster Natur sein und haben ihre Beweiskraft durch moderne Verfahren wie den DNA-Sequenzanalysen wesentlich verstärkt. Fossilien und ihre Datierung geben Hinweise auf die Zusammensetzung der Ökosysteme vergangener Erdzeitalter und die riesigen zeitlichen Dimensionen, in denen sich die Evolution vollzieht.
Morphologisch-anatomische Belege sind in Form homologer und analoger Organbildungen schon seit langer Zeit bekannt und können Entwicklungsreihen verdeutlichen.
Der im Material 5 vorgestellte Stammbaum beruht auf der modernen Methode der DNA-Sequenzierung und zeigt die Verwandtschaftsverhältnisse innerhalb der Primaten. Der Mensch lässt sich hier problemlos einordnen, was seine gemeinsame Abstammungslinie mit Schimpanse und Gorilla nachweist, von der er sich vor 8 bis 10 Mio. Jahren getrennt hat. Diese Tatsache wird durch das Material 6 noch bekräftigt, in dem durch die Präzipitinreaktion die 85 %ige Übereinstimmung der menschlichen Eiweiße mit denen des Schimpansen bestätigt wird.
Auch die ständige Erweiterung des Fundus menschlicher Fossilien von der *Australopithecus*-Gruppe über verschiedene *Homo*-Formen verdichtet das Wissen über die Entwicklung des Menschen. Moderne Verfahren zur Herstellung von Gesichtsplastiken lassen uns unsere Vorfahren wahrhaftiger werden. Das Internet sichert heute die Verknüpfung weltweiter Datenbanken zu evolutionsbiologisch relevanten Sachverhalten.

These 5: Biologische und kulturelle Evolution des Menschen zeigen progressive Rückkopplungseffekte

Obwohl für diese These nicht unbedingt von Bedeutung, zeigt das Material 3 zum Kreationismus aber die weltanschauliche Relevanz und Brisanz im Bereich der Anschauungen über die Entstehung und Entwicklung des Menschen.
Schon von Anfang an standen biologische und sozialkulturelle Evolution beim Menschen in gegenseitiger Wechselwirkung. Die biologischen Voraussetzungen, die der Mensch in das von Heberer beschriebene Tier-Mensch-Übergangsfeld mitbrachte (binokulares Sehen, aufrechter Gang, feinmotorisch gut ausgebildete Hände und das streng organisierte Gruppenleben) waren die Voraussetzungen für die Werkzeugherstellung, die Weitergabe von Erfahrungen und Traditionsbildung und eine erweiterte Kommunikationsfähigkeit durch die sich entwickelnde Sprache. Das setzt aber erweiterte Gehirnbereiche für Speicherung und Assoziation voraus, die in einer zunehmenden relativen Gehirnmasse erkennbar sind. Zur Versorgung des gewachsenen Gehirns sind proteinreiche Nahrungsmittel mit hohem Nährwert notwendig, die sich der Mensch nur durch intelligenten Waffen- und Werkzeuggebrauch verschaffen konnte.
Diese Wechselwirkung zwischen anatomischen und sozialkulturellen Merkmalen führt zu einer sich selbst verstärkenden Entwicklung in Richtung moderner Mensch. Die biologische Entwicklung liegt in evolutionsbiologischen Grundsätzen begründet. Die Bedingungen aber unter denen diese Evolution stattfindet bestimmt zunehmend der Mensch selbst, indem er durch seine kreativen und kognitiven Fähigkeiten die Wirkungsbedingungen steuert und ständig neue Ressourcen erschließt.
Die Frage, ob der Mensch die von ihm hervorgebrachten Produktivkräfte mit Mitteln seiner jetzigen biologischen Entwicklung noch in Zukunft beherrschen wird, ist offen.

Leistungsfach Biologie (Thüringen): Abiturprüfung 2007
Aufgabe 1: Neurobiologie, Genetik, Evolution, Immunbiologie

Teil A BE

1 Zu den Grundeigenschaften des Lebens zählen neben der Erregbarkeit u. a. der Stoffwechsel, die Fortpflanzung und die Entwicklung. Diese Merkmale finden sich in unterschiedlicher Ausprägung bei allen Organismen.

1.1 Eine Grundlage für die Erregbarkeit ist das Vorhandensein von Biomembranen.

Erklären Sie diese Aussage! 4

1.2 Im Verlauf der Evolution der Organismen bildeten sich im Tierreich unterschiedliche Typen von Nervensystemen heraus.
Stellen Sei diese Entwicklungstendenzen dar! 4

1.3 Wirbeltiere verfügen über sehr effizient arbeitende Nervenzellen.
Fertigen Sie eine beschriftete Skizze eines derartigen Neurons an und begründen Sie die getroffene Aussage! 4

1.4 Isolierte Nervenzellen lassen sich auf einem geeigneten Nährmedium in Reinkultur vermehren. Für ausreichende Nährstoffe ist ständig gesorgt. Der Verlauf der Vermehrung ist nachfolgend grafisch dargestellt.

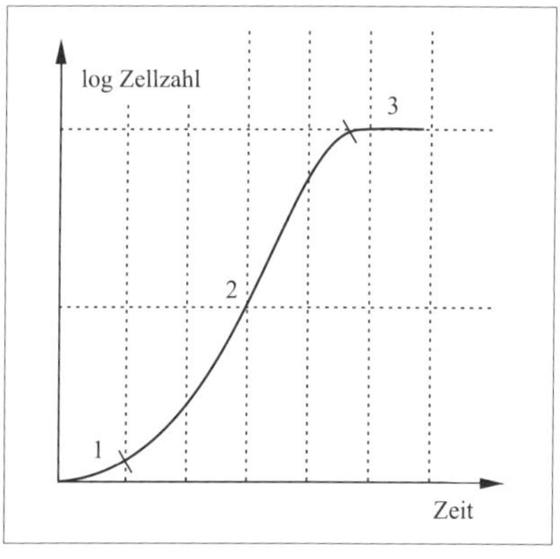

Zellvermehrung in Reinkultur
Nach: Linder Biologie Lehrermaterialien Teil 1, Schroedel Verlag Hannover 1998 (CD-ROM)

Interpretieren Sie den Kurvenverlauf und stellen Sie eine begründete Vermutung über den weiteren Verlauf an! 6

1.5 *Pseudomonas carboxidovarans*, eine Bakterienart, kann ohne Licht in einer Nährlösung assimilieren, die neben anderen anorganischen Stoffen genügend Kohlenstoffmonoxid und Sauerstoff enthält.

Veranschaulichen Sie die Vorgänge dieses Assimilationsprozesses in einem Schema! 6

1.6 Der Gartenschläfer, *Eliomys quercinus*, lebt in Laub- und Nadelwäldern, Gärten und Obstanlagen in fast ganz Europa. In kalten Gebieten hält er Winterschlaf. Bereits im März lassen sich bei steigenden Außentemperaturen physiologische Veränderungen nachweisen. Einige davon sind in der Abbildung dargestellt.

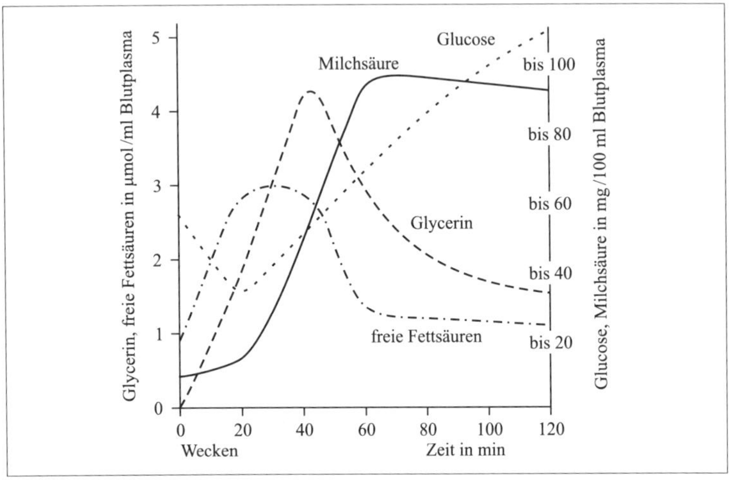

Untersuchungen am Gartenschläfer
Nach: Übungsaufgaben zum Biologieunterricht; Quelle und Meyer, Wiesbaden 1984, S. 67

Interpretieren Sie die grafische Darstellung! 6

1.7 Auch Stoffwechselprozesse wie die Dissimilation unterliegen evolutionären Veränderungen. Begründen Sie diese Aussage! 4

2 An einer einzigen Kartoffelpflanze lassen sich drei verschiedene Formen der Vermehrung praktizieren:

A Die kugeligen grünen Früchte der Kartoffel enthalten Samen, aus denen sich Kartoffelpflanzen ziehen lassen.

B Die sich an den unterirdischen Sprossabschnitten bildenden Knollen sind in der Lage neue Kartoffelpflanzen zu bilden.

C Ein ganz neues Verfahren ist die Produktion neuer Kartoffelpflanzen aus Staubbeuteln, die sich so beschreiben lässt: Mit einer besonderen Züchtungstechnik lassen sich aus Antherenkulturen haploide Kartoffelpflanzen erzeugen. Staubbeutel (Antheren) diploider Pflanzen werden mit unreifen Pollen auf spezielle Nährböden gebracht. Die unreifen Pollenkörner in den Antheren entwickeln sich zu undifferenzierten Zellhaufen und durchbrechen nach etwa sechs Wochen die Wand des Staubbeutels. Ein Teil des Zellhaufens entwickelt sich zu haploiden Pflänzchen. Die sich teilenden Zellen in dem Bildungsgewebe dieser Pflänzchen werden mit Colchizin behandelt und dadurch diploidisiert. In ihren Zellkernen liegen jetzt alle Allele homozygot vor.

Nach: Hafner, L. und P. Hoff: Genetik. Materialien für den Sekundarbereich II, Biologie, Hannover 2004, S. 64

2.1 Vergleichen Sie diese Vermehrungsformen! 3

2.2 Die unter C beschriebene Form der Vermehrung weist eine Besonderheit auf, die für die Züchtung von Bedeutung ist.

Erklären Sie diesen Sachverhalt! 3

Teil B

Die Vogelgrippe wurde erstmals vor 100 Jahren in Italien entdeckt und beschrieben. In Hongkong zeigten 1997 auch Menschen Symptome dieses Krankheitstypus. Es wurden 18 Menschen infiziert, sechs davon starben. In den letzten Jahren wurde die Vogelgrippe erneut in Europa nachgewiesen.

Begründen Sie, dass die Sorge der Experten hinsichtlich des Ausbruchs einer Pandemie gerechtfertigt ist! Formulieren Sie vier Verhaltensregeln für die Bevölkerung in betroffenen Gebieten! Beziehen Sie in Ihre Darstellung geeignete Sachverhalte aus der nachfolgenden Materialsammlung ein! 20

Material 1

Die Influenza (Grippe) wird durch einen RNA-Virus ausgelöst, der im Inneren einen RNA-Protein-Komplex trägt. Dieser Komplex bedingt die Zuordnung zu den Typen A, B oder C. Weltweite Seuchenzüge (Pandemien) wie die „spanische Grippe“ (1918–1922/20 Millionen Tote/Subtyp H1N1), die „asiatische Grippe“ (1957–1958/2 Millionen Tote/Subtyp H2N2) und die „Hongkong-Grippe“ (1968–1970/2 Millionen Tote/Subtyp H3N2) wurden nur durch Typ A ausgelöst.

Material 2

Bau eines Grippevirus:

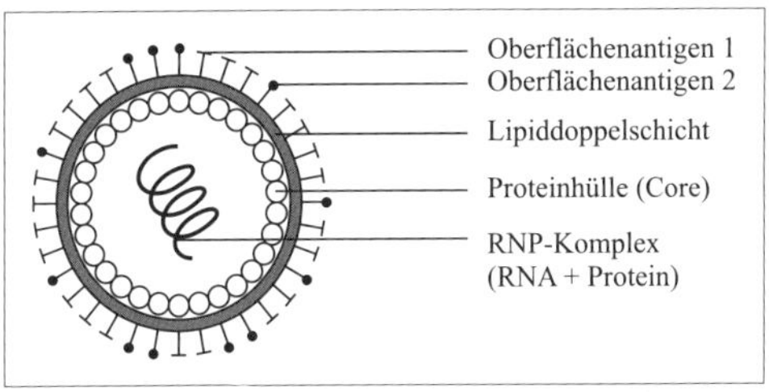

Aus: Lehrerhandbuch für den Sekundarbereich II, Schroedel Schulbuchverlag Hannover 1999, S. 262

Material 3

Die beiden auf der Oberfläche der Virushülle lokalisierten Proteine Hämagglutin (H) und Neuraminidase (N) verändern ständig aber allmählich und geringfügig ihre Struktur (Antigendrift).

Bei einem Virus, der eine Pandemie auslöst, liegen durch tief greifende Strukturveränderungen völlig neue Oberflächenantigene auf der Hülle vor (Antigenshift).

Nach: Kleining, H., P. Sitte: Zellbiologie, Gustav Fischer Verlag Stuttgart, Jena, Lübeck, Ulm 1999, S. 217

Material 4

Der aktive Vogelgrippe-Erreger ist ein Influenza A-Virus vom Subtyp H5N1. In der menschlichen Bevölkerung zirkulieren Influenzaviren vom Typ A, Subtyp H1N1 und H3N2, oder Typ B. Bei Vögeln können alle Subtypen auftreten.

Nach: Kleining, H., P. Sitte: Zellbiologie, Gustav Fischer Verlag Stuttgart, Jena, Lübeck, Ulm 1999, S. 217 f.

Material 5

Retroviren sind infektiöse virale Partikel, deren Genom aus Einzelstrang-RNA besteht. Sie können als ins Genom integrierte Proviren – als endogene Bestandteile eukaryotischer Genome – angesehen werden. Retroviren besitzen für die Integration in das Wirtszellengenom drei Protein codierende Genbereiche, die für die Vermehrung des Virus erforderlich sind. Diese enthalten die Informationen

- für Proteine, die mit der Nukleinsäure des Virus assoziieren und diese verpacken -gag- (für *engl: „group-specific-antigens“*),
- für eine RNA-abhängige DNA-Polymerase, auch reverse Transkriptase genannt -pol- (für *engl: „polymerase“*) und
- für die Hüllproteine -env- (für *engl: „envelope“*), die in der Zellmembran für die äußere Verpackung des Virus sorgen.

Nach: Henning, W.: Genetik, Springer Verlag Berlin, Heidelberg, New York 1998, S. 548 f.

Material 6

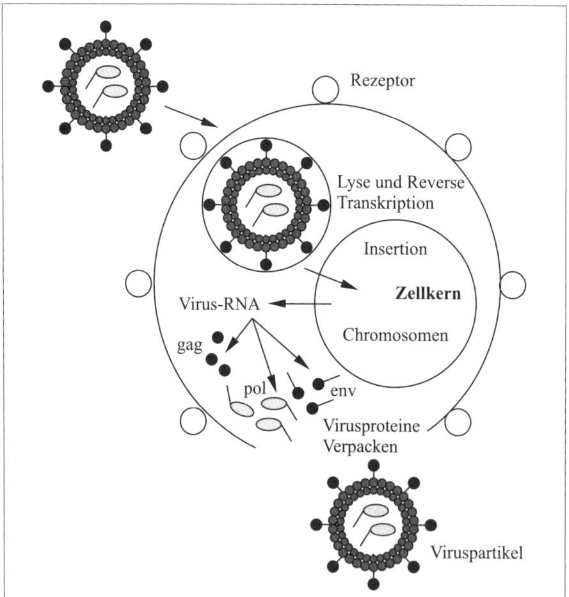

Infektionszyklus eines Retrovirus
Nach: Henning, W.: Genetik, Springer Verlag Berlin, Heidelberg, New York 1998, S. 548 f.

Material 7

Bis zum Jahresende 2005 wies die Influenza in Europa nur eine sehr geringe Aktivität auf. In der 46. Kalenderwoche wurde bisher das einzige Virus in Deutschland isoliert. Die volkswirtschaftlichen Kosten der jährlichen Grippewellen sind beträchtlich. Nach Berechnungen muss man von etwa 2,5 Milliarden Euro pro Jahr ausgehen, die durch direkte und indirekte Kosten verursacht werden.
Die Influenza kommt weltweit vor und ist in allen Altersgruppen von klinischer Bedeutung. Mit dem Auftreten von Influenza ist in der nördlichen Hemisphäre in den Monaten November bis April und auf der südlichen Erdhalbkugel zwischen März bis Oktober zu rechnen. In den Tropen und Subtropen zirkuliert das Influenzavirus hingegen ganzjährig, mit Häufungen in den kühleren Monaten. In den letzten Jahren wurden wiederholt so genannte „out-of-area" Epidemien beobachtet, die wiederholt von Kreuzfahrtschiffen, auf denen Passagiere aus beiden Hemisphären befördert wurden, ausgegangen waren. Ähnliche epidemiologische Szenarien sind z. B. für internationale Kongresse oder Messen vorstellbar.

Aus: http//www.medizin.de/gesundheit/deutsch/2341.htm

Material 8

Vogelgrippe: Vorboten einer Pandemie?
Hinsichtlich Morbidität und Mortalität ist die Grippe (Influenza) eine der wichtigsten Infektionskrankheiten des Menschen. Gerade das pandemische Potenzial der Grippe stellt eine große Bedrohung dar. Nicht zuletzt die bisher für den Mensch noch weitgehend ungefährliche Vogelgrippe belegt die rasche und grenzenlose Verbreitung dieser Infektion. Seit dem Beginn der Vogelgrippe (Erreger: Influenza-Virus-A-H5N1) im Jahr 2003 hat sich der Erreger über die gesamte südostasiatische Region ausgebreitet. Auch in mehreren europäischen Ländern, insbesondere der Türkei, wurde die Vogelgrippe bereits nachgewiesen. Nach wie vor jedoch handelt es sich bei der Vogelgrippe primär um eine Tierseuche. Der WHO wurden bislang weltweit lediglich 146 menschliche Erkrankungen an Vogelgrippe mit 76 Todesfällen (Stand: 07. 01. 2006), überwiegend aus Vietnam und Thailand, gemeldet.

Aus: http//www.medizin.de/gesundheit/deutsch/2341.htm

Lösung

Teil A

1.1 In dieser Aufgabe soll zusammenhängend angegeben werden, weshalb ohne Biomembranen keine Erregbarkeit möglich ist. Die Entstehung und die Veränderung von Membranpotenzialen brauchen dabei nur im Überblick dargestellt werden.

Eine **Biomembran** besteht aus einer Lipiddoppelschicht mit ein- oder aufgelagerten Proteinen, die unterschiedliche Funktionen erfüllen. Membranen grenzen Strukturen von Zellen und ihrer Kompartimente ab. Dabei ermöglichen sie gleichzeitig durch ihre Permeabilität und spezifische Strukturen (z. B. Ionenkanäle und Carrier) den Stoff- und Informationsaustausch. Sie definieren durch ihre Anordnung nicht nur die spezifische Form eines Neurons, sondern auch die intra- und extrazellulären Räume, deren unterschiedliche stoffliche Zusammensetzung die Basis für Erregungsbildung und -weiterleitung bildet. In das Plasmalemma der **Neuronen** eingebettete Natrium- und Kaliumionenkanäle sorgen mit ihrer **selektiven Permeabilität** zwischen dem Zellplasma und dem extraplasmatischen Raum für eine ständige und relativ konstante elektrische Potenzialdifferenz, dem **Ruhepotenzial**. Die Depolarisation der Membran (das **Aktionspotenzial**) erfolgt durch Öffnung der Natriumkanäle auf einen äußeren Reiz oder einer Erregung hin und kann sich entlang eines Axons als Erregung fortpflanzen. Die Wiederherstellung des Ruhepotenzials erfolgt durch spezifische Ionenpumpen. Alle diese Vorgänge sind somit an Biomembranen gebunden, genauso wie die enzymatischen Reaktionen zur Energiebereitstellung (Zellatmung) in den Mitochondrien.

1.2 In dieser Aufgabe sollen systematisch Entwicklungstendenzen dargestellt werden. Vermeiden Sie detaillierte Beschreibungen des Baus, sondern beschränken Sie sich auf die jeweiligen Besonderheiten der einzelnen Entwicklungsstufen.

Nervensysteme bestehen aus **Neuronen**, die in unterschiedlicher Komplexität untereinander verbundenen sind. Dabei erreichen eng vernetzte Nervenknoten eine hohe Verschaltungsdichte, die zu einer höheren Leistungsfähigkeit und Geschwindigkeit neuronaler Prozesse führt. Eine weitere Steigerung erfährt das System, wenn diese Nervenzellknoten in der Nähe der wichtigsten sensorischen Organe, also im Kopfbereich konzentriert sind, sodass durch schnelle Verarbeitung und Reaktion, Assoziation sowie durch mögliche Lernprozesse ein selektiver Vorteil erreicht wird. Der erhöhte Aufwand an neuronalem Material und Energie wird durch die so erreichte relative **Umweltunabhängigkeit** mehr als kompensiert.
Diffuse **netzförmige** Nervensysteme verteilen sich bei der Gruppe der Hohltiere über das gesamte Ektoderm und sorgen für eine hinreichende Kommunikation zwischen den prinzipiell ähnlich strukturierten Gewebeteilen. Als komplexer und leistungsfähiger erweisen sich die **Strickleiternervensysteme** der Gliedertiere. In jedem Segment befinden sich miteinander verknüpfte Nervenknoten, die wiederum mit einem Zerebralknoten verknüpft sind. Dieser steht in enger Verbindung mit den Sinnesorganen im Kopfbereich und stellt die Basis für die weitere Entwicklung zum Zentralnervensystem (Gehirn) dar. Eine bessere Orientierung in der Umwelt und schnellere Reaktion auf Veränderung wird dadurch möglich. Die bei den Wirbeltieren entwickelten **Zentralnervensysteme** weisen die höchste Komplexität und Leistungsfähigkeit auf. Hier gibt es eine hohe Konzentration von Neuronen im Bereich von Gehirn und Rückenmark und die Verbindungen zwischen den Bereichen und mit dem gesamten Körper sind stark ausgeprägt. Die präzisere Steuerung der Muskulatur erhöht die Reaktionsfähigkeit, die Umwelt wird genauer wahrgenommen und Lernvorgänge vergrößern die Aktionsfähigkeit dieser Tiergruppen.

1.3 Die Skizze sollte in einer übersichtlichen Darstellung mit hohem Abstraktionsgrad alle wichtigen Elemente eines Neurons mit vollständiger Beschriftung enthalten. Die Begründung der höheren Effizienz von Wirbeltierneuronen besteht in der Beschreibung des Stoff- und Energieaufwandes im Vergleich zu dessen Leistungsfähigkeit; auch unter Berücksichtigung markloser Zellen von Wirbellosen.

Die höhere Effizienz der Wirbeltierneuronen liegt in der „Isolierung“ der Axone durch die Hüllzellen der Schwann'schen Scheide begründet. Dadurch sind diese nur im Bereich der **Ranvier'schen Schnürringe** depolarisierbar. Die Aktionspotenziale verändern im Inneren des Axons die elektrische Potenzialverteilung und lösen dadurch am nächsten Schnürring ebenfalls ein Aktionspotenzial aus. Von außen erscheint es, als ob die Erregung von Schnürring zu Schnürring springt (**saltatorische Erregungsweiterleitung**). Dabei wird bei geringerem Energieaufwand (weniger Ionenkanäle und Ionenpumpen) eine höhere Geschwindigkeit als bei marklosen Neuriten der wirbellosen Tiere erreicht. Außerdem besitzen Wirbeltierneuronen einen geringeren Durchmesser. Die notwendige Leitungsgeschwindigkeit markloser Axone bei Wirbellosen wird dagegen durch einen vergrößerten Durchmesser erreicht, was einen höheren Materialbedarf bedingt.

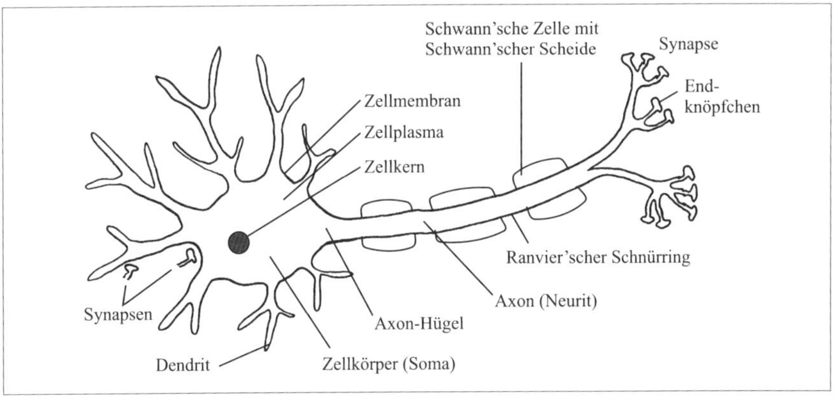

1.4 In dieser Aufgabe sollen die Ursachen für die Veränderungen im Kurvenverlauf untersucht werden. Dabei muss erkannt werden, dass es sich nicht um eine allgemeine Populationsentwicklung, sondern um ein Experiment mit Zellkulturen handelt. Achten Sie bei Ihren Überlegungen besonders auf die im Aufgabentext enthaltenen Angaben zur Nährstoffversorgung.

Im Kurvendiagramm wird die Abhängigkeit der Zellzahl von der Zeit dargestellt. Dabei sind 3 Abschnitte hervorgehoben, die einer typischen **populationsdynamischen Wachstumskurve** zuzuordnen sind. In der **Anlaufphase** (1) beginnt die mitotische Zellteilung, was zunächst Zeit benötigt und bei einer geringen Ausgangspopulation auch nur zu einer geringen Vermehrung der Zellzahl führt. Danach beginnen sich alle Zellen fast gleichzeitig immer wieder zu teilen, sodass hier ein **exponentielles Wachstum** der Zellpopulation erkennbar ist (2). Dieses wird nicht durch die Kapazität des Lebensraumes eingeschränkt, da genügend Nährstoffe zur Verfügung stehen. Das Wachstum geht anschließend in eine **stationäre** (oder logistische) **Phase** (3) über, was bedeutet, dass entweder die Zellteilungen eingestellt werden oder die Zahl der absterbenden Zellen genau so groß ist, wie die der neu gebildeten. Die Ursachen für die Einschränkung des Zellwachstums können unterschiedlich sein. Der zur Verfügung gestellte Raum in den Reaktionsgefäßen wird pro Zelle immer geringer, sodass ihr Stoffwechsel eingeschränkt wird. Außerdem besitzen isolierte Zellen keinerlei Arbeitsteilung zur Ausscheidung, sodass Stoffwechselendprodukte in der Nährlösung angereichert werden und diese vergiften. Es ist deshalb zu vermuten, dass die Anzahl der Zellen nach der Sättigung wieder absinkt, da die mögliche Kapazität des künstlichen Habitats durch Platzmangel und Vergiftung überschritten wird.

1.5 Die Vorgänge der ablaufenden Chemosynthese können sich hier nicht nur in einer reinen Input-Output-Betrachtung erschöpfen, sondern Sie sollten im Schema Zusammenhänge und kurze Erklärungen einarbeiten. Das Wesen der spezifischen Chemosynthese sollte erkennbar sein ohne diese detailliert zu beschreiben.

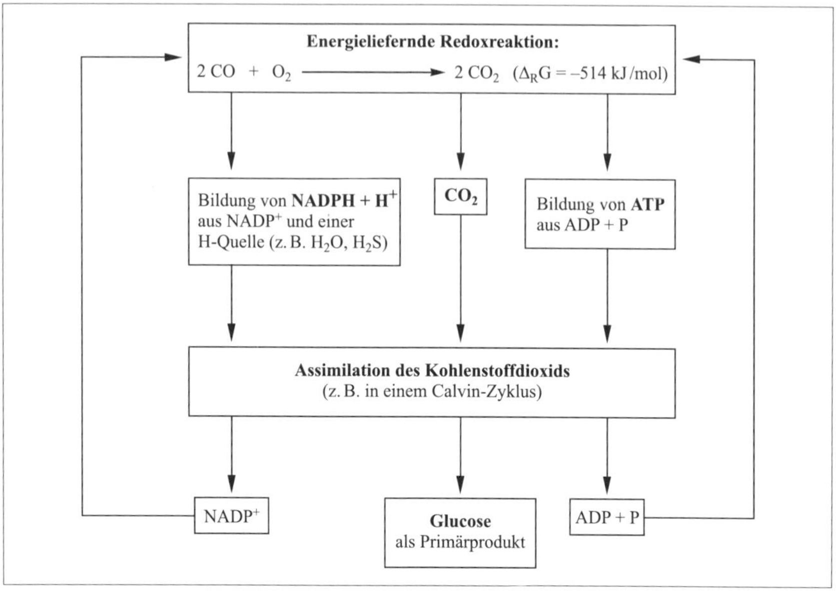

Ablauf der Chemosynthese bei *Pseudomonas carboxidovorans*

Das Wesen dieser Chemosynthese besteht in der energetischen Koppelung zwischen der Redoxreaktion $2\,CO + O_2 \longrightarrow 2\,CO_2$ und der Assimilation des dabei entstehenden Kohlenstoffdioxids im Calvin-Zyklus. Die in der Redoxreaktion freigesetzte Energie wird in ATP gespeichert und zum einen zur Bildung von Glucose benötigt. Zum anderen ist (ATP-)Energie notwendig, um Protonen von der Wasserstoffquelle abzuspalten und auf ein geeignetes Co-Enzym wie $NADP^+$ zu übertragen.

1.6 Da das Diagramm aus mehreren Graphen besteht, muss auch bei der Darstellung der Ursachen und Bedingungen auf die Zusammenhänge zwischen den einzelnen Kurvenverläufen eingegangen werden. Aus diesen Zusammenhängen sind dann die Wechselwirkungen zwischen Energie, Atmung und Blutkreislauf ableitbar.

Das Kurvendiagramm stellt die Veränderung der chemischen Zusammensetzung des Blutplasmas eines Gartenschläfers in den ersten zwei Stunden nach dem Erwachen aus dem **Winterschlaf** dar. Es werden Stoffe betrachtet, die zur **Energiebereitstellung** dienen. Dazu gehören Glucose, Fette und ihre Spaltprodukte sowie Milchsäure als Produkt notwendiger anaerober Dissimilation. In der durch äußere Bedingungen initiierten Weckphase von Winterschläfern müssen verschiedene Stoffwechselvorgänge synchronisiert ablaufen.
Die herabgesetzte Körpertemperatur muss durch die Aktivierung der **Zellatmung** besonders in der Muskulatur wieder erhöht werden. Dazu werden energiereiche Speicherstoffe eingesetzt. **Glykogen** aus der Leber und Muskulatur wird in Glucose umgewandelt, was den Blutzuckerspiegel systematisch erhöht. Dieser Prozess setzt etwas zeitverzögert ein, was das anfängliche Glucoseminimum nach 20 min erklärt. Freie Fettsäuren und Glycerin entstehen beim **Abbau von Depotfetten**. Nach etwa 40 min werden zunehmend die Fettsäuren über die β-Oxidation und Glycerin direkt in den Citronensäurezyklus eingeführt und veratmet. Dabei werden etwa 2/3 der chemischen Energie als Wärme freigesetzt, was die Erwärmung des Körpers bewirkt.

Mit zunehmender Körpertemperatur werden auch weitere Vitalfunktionen aktiviert. Das Herz beginnt seine **Schlagfrequenz** zu erhöhen und damit die Sauerstoff- und Nährstoffversorgung des Körpers zu verbessern. Auch wird die **Atemfrequenz** allmählich verstärkt und so die Zellatmung mit dem notwendigen Sauerstoff versorgt. In der ersten Stunde nach Erwachen gelingt das offensichtlich noch nicht ausreichend, denn die stark steigende Konzentration der Milchsäure weist auf **anaerobe Gärungsprozesse** in dieser Zeit hin, die dann allmählich durch Atmungsvorgänge abgelöst werden (sinkende Milchsäurekonzentration).

1.7 Die Aussage, dass auch Dissimilationsvorgänge eine Evolution erfahren, soll durch entsprechende Fakten, Argumente und Zusammenhänge erklärt werden. Dabei können der Vergleich von Atmung und Gärung und die wahrscheinliche evolutionsbiologische Entwicklung in der Erdurzeit als Anhaltspunkte dienen.

Die **Dissimilation** ist ein Teilbereich des Stoff- und Energiewechsels, bei dem energiereiche organische Stoffe zersetzt werden, um die **notwendige Energie** für die Aufrechterhaltung biologischer Strukturen und aller Lebensprozesse zu gewinnen. Damit gehört die Dissimilation von Beginn an zu den notwendigen Voraussetzungen und Kriterien des Lebens auf der Erde.
Im Verlaufe der Entwicklung änderten sich die Quellen der verarbeiteten Substrate und die Effizienz ihrer Verarbeitung. In der „Ursuppe“ standen nach der Entstehung der ersten Zellen zunächst spontan gebildete **energiereiche Stoffe** zur Verfügung, die von den ersten Urorganismen aufgenommen und anaerob zersetzt wurden, da die Atmosphäre keinen freien Sauerstoff enthielt. Auch die direkte Bildung und Nutzung von energiereichen Phosphaten war zu dieser Zeit theoretisch denkbar.
Da die organischen Stoffe nicht vollständig zu anorganischen Grundverbindungen wie Kohlenstoffdioxid und Wasser umgesetzt werden konnten, da wie gesagt, sowohl Sauerstoff als auch die notwendige Enzymausstattung fehlten, war und ist der Wirkungsgrad der **Gärungen** relativ gering (z. B. nur 2 mol ATP-Einheiten pro mol Glucose). Der Konkurrenzdruck hinsichtlich der verfügbaren organischen Stoffe führte zur **autotrophen Assimilation**, bei der die Organismen die für sie notwendigen organischen Stoffe unter Ausnutzung externer Energiequellen (Licht, exotherme chemische Reaktionen) selbst in ihrem Körper herstellten und entsprechend dissimilieren konnten. Die andere Strategie war die sicher schon immer vorhandene räuberische Aufnahme anderer Zellen, um sich ihrer Inhaltsstoffe durch **Verdauung** zu bemächtigen. Durch Fotosynthese reicherte sich die Erdatmosphäre mit Sauerstoff an, der zunächst nur durch wenige Organismen mit entsprechend veränderter Enzymausstattung genutzt werden konnten. Die neu entwickelten Strukturen ermöglichten die vollständig und energetisch maximale Zerlegung organischer Stoffe zu einfachen anorganischen, wie CO_2, H_2O und anderen. Die durch diese **oxidativen Prozesse** gewonnene Energiemenge ist um ein Vielfaches größer, als die durch Gärung gewonnene (Zellatmung: 36 mol ATP-Einheiten pro mol Glucose), was einen erheblichen Selektionsvorteil darstellen dürfte.
Die Einzeller, die dazu in der Lage waren, wurden nach der Endosymbiontentheorie in die Zellen eukaryotischer Organismen integriert. Heute existieren alle Formen der Dissimilation je nach ökologischer Stellung der Organismen nebeneinander.

2.1 Hier ist die Auswahl der zu vergleichenden Kriterien wichtig, wie z. B. die Anzahl der Chromosomen und die Ausstattung der Nachkommen, besonders wenn Sie den Vergleich als eingebettete Tabelle darstellen möchten.

Durch die beschriebenen **Formen der Vermehrung** sollen bevorzugte Merkmale von Kartoffelsorten entweder neu kombiniert oder erhalten sowie massenhaft vermehrt werden. Im **Verfahren A** wird die **sexuelle Fortpflanzung** praktiziert. Die Samen enthalten Pflanzenembryonen, die aus der Befruchtung entstanden sind. Die Mutterpflanze ist diploid. Durch Meiose entstandene haploide Gameten verschmelzen zu diploiden Zygoten. Die Rekombination der Gene erfolgt während der Meiose und durch zufällige Bestäubungserfolge. Die Tochterpflanzen weisen also ein Maximum an genetischer Variabilität auf.

Das **Verfahren B** ist ein Klonen von Gewebeteilen zur vielfachen Vermehrung von ausgelesenen Sorten durch **asexuelle Fortpflanzung** (vegetative Vermehrung). Dabei bleibt der diploide Chromosomensatz der Mutterpflanze identisch erhalten, da hier keine Rekombination stattfindet und die Variabilität höchstens durch zufällige Mutationen erhöht werden kann.

Das **Verfahren C** stellt im Gegensatz zu den vorangestellten keine natürlich vorkommende Fortpflanzungsform dar. Bei den **Antherenkulturen** werden haploide Gameten-Zellen zunächst geklont und dann durch ein Gift (Colchizin) diploidisiert. *(Colchizin ist ein Spindelgift. Dabei werden bei der Mitose die Ausbildung des Spindelapparates und damit die Aufteilung der Chromosomen auf zwei Tochterzellen verhindert).* Im Ergebnis werden Pflanzen gezüchtet, deren Gene immer homozygot und in einer Kultur identisch sind. Die Auslese kann und muss jetzt zwischen den einzelnen Ansätzen erfolgen, denn bei der Meiose zur Bildung der männlichen Keimzellen erfolgt durch zufällige Verteilung der Chromosomen eine Rekombination mit entsprechender Merkmalsverteilung.

2.2 Diese Aufgabe erfordert eine zusammenhängende Darstellung, in der zunächst die Besonderheit dieser Vermehrungsform (homozygote Individuen) geklärt wird; gehen Sie dann darauf ein, warum diese Besonderheit für die Züchtung vorteilhaft ist.

Die Antherenkultur führt zu Organismen mit **homozygoten Allelen** aller Gene. Die entstehenden Kartoffelklone besitzen einerseits eine natürliche Variabilität, da die Keimzellen während ihrer Meiose rekombiniert werden. Andererseits weisen alle Individuen in allen Genen homozygote Allele auf. Diese Reinerbigkeit hat für die Züchtung verschiedene Vorteile. Die Merkmalsausbildung erfolgt damit einheitlich und vorausschaubar. Auch bei rezessiven Allelen kommt es immer zur Merkmalsausbildung, da keine Heterozygotie existiert. Die sichere Produktion homozygoter Gene ist auch notwendige Voraussetzung für die Erzeugung einheitlicher F_1-Hybrid-Pflanzen, die durch den Heterosiseffekt leistungsfähiger sind.

Teil B

Die Lösung der Aufgabe erfordert eine zusammenhängende und gut gegliederte Darstellung, welche die sachlichen Ursachen für die Befürchtungen vor einer neuen Grippepandemie beinhaltet. Dabei stehen Materialien zur Verfügung, die bei entsprechender Eignung einbezogen werden müssen. Eigene Argumente und Bewertungen sind erwünscht, um die Kausalität zwischen den Eigenschaften der Virenstämme und der Pandemiegefahr zu vertiefen.
Für die Begründung wird folgende Strukturierung des Themas und Lösungsstrategie vorgeschlagen:

- Analyse der Variabilität der Influenzaviren (Antigendrift und Antigenshift) und die Konsequenzen für das Auftreten von Pandemien
- Darstellung der spezifischen Virusvermehrung bei Influenzaviren im Kontext zu deren möglicher Bekämpfung
- Verbreitung und Infektionswege der Virentypen und die Rolle globaler Mobilität
- Rolle der Vogelgrippe im Bezug auf die kurzfristige Entstehung neuer Antigentypen mit den entsprechenden Folgen

Für die Ableitung von Maßnahmen und Verhaltensweisen verwenden Sie die oben ausgeführten Strukturen als Basis. Die geforderten vier Verhaltensregeln müssen entsprechend der Aufgabenstellung nur formuliert aber nicht begründet oder kommentiert werden.

Influenza gehört zu den gefährlichsten Infektionskrankheiten der neueren Geschichte, wie die Zahlen des Materials 1 belegen. Dazu tragen die Wandlungsfähigkeit, der spezifische Infektionszyklus und eine hohe Verbreitungsgeschwindigkeit der Retroviren bei.
Antigene Determinanten (Oberflächenantigene H und N – siehe Material 2) verändern durch **Antigendrift** ständig geringfügig ihre Struktur. Dabei handelt es sich um die Antigen-Proteine Hämagglutinin (H) mit bisher drei und Neuraminidase (N) mit zwei grundlegenden Veränderungen und damit neuen Typen. Die Strukturveränderungen erschweren den Elementen unseres Immunsystems, das Influenza-Virus zu erkennen und zu bekämpfen. Dieser Umstand erschwert auch die Prophylaxe mithilfe von Schutzimpfungen erheblich, weil in jeder Grippe-Saison faktisch ein neuer Impfstoff entwickelt werden muss. Im Material 3 wird deutlich, dass bei einem Virustyp, der weltumspannend Millionen von Menschen infiziert, diese Strukturveränderungen völlig neue Antigene hervorbringen kann (**Antigenshift**). Der Zeitpunkt einer Antigenshift ist weder zeitlich noch in ihrer Form vorhersehbar, so dass kaum medizinische Vorsorge getroffen werden kann. Der Ausgangsort dürften die tropischen und subtropischen Gebiete der Südhalbkugel, besonders Südostasien sein, da dort Grippeviren ständig zirkulieren (Material 7). Impfstoffe können dann nicht rechtzeitig in den benötigten Größenordnungen produziert und verteilt werden, sodass die Infektionsrate dramatisch ansteigt.
Die Erfahrungen zeigen weiterhin, dass durch die Spezifik des Erregers bei Ausbruch der Krankheit nur noch virushemmende Medikamente helfen können, die sogar in den Industriestaaten nur für einen Bruchteil der Bevölkerung bevorratet werden können. Die **Retroviren** integrieren nämlich ihr Genom mithilfe ihrer RNA-abhängigen DNA-Polymerasen in das der Wirtszelle. Wenn ihnen das gelingt, produziert die Wirtszelle alle Strukturelemente der Viren, wie deren RNA und die Hüllproteine. Die fertig produzierten Viren können jetzt die Wirtszelle (meist unter deren Zerstörung) verlassen und weitere Zellen befallen, in denen sich der Zyklus wiederholt (Material 5 und 6). Nur das körpereigene **Immunsystem** kann die Erreger vernichten, was aber durch die verzögerte Reaktion (die antigenen Determinanten sind unbekannt) und die hohe Vermehrungsgeschwindigkeit der Erreger erschwert wird.
Die Verbreitung der Viren ist durch **Tröpfchen- oder Schmierinfektion** oder sogar über kontaminiertes Trinkwasser möglich, sodass innerhalb weniger Tage von einem Infektionsherd ausgehend, tausende Menschen angesteckt werden können. Die in Material 7 beschriebene „out-of-area"-Epidemie lässt erkennen, welche Beschleunigung und Verbreitungsweite eine Pandemie durch den globalen Verkehr haben kann.
Die **Vogelgrippe** (Influenza H5N1) eröffnet weitere Gefahren hinsichtlich der Variabilität durch Antigenshift und der Verbreitungsmöglichkeit aktiver Grippeviren. Wenn in einem Menschen gleichzeitig Human-Influenza-Viren und die der Vogelgrippe aktiv werden, könnten sich bei deren Fortpflanzung in einer Zelle die reverse Transkriptase der humanvirulenten Stämme und die H5-Oberflächenantigene des Vogelgrippevirus (Material 4) zu einem Supervirus des Typs Influenza-H5N2 oder ähnlich vereinigen. Dieser besäße ein völlig neues Antigenmuster, könnte durch Vögel und Menschen verbreitet werden und damit eine kaum zu kontrollierende Grippe-Pandemie hervorrufen. Dass ein Mensch gleichzeitig an Vogel- und Menschengrippe erkrankt und der Kontakt beider Virenformen zu einem neuen Virus führt, sollte aber ein sehr seltenes Ereignis sein. In Südostasien und China aber, wo die ersten Menschen an Vogelgrippe erkrankt und gestorben sind, ist diese Gefahr aufgrund der hohen Bevölkerungsdichte, deren teilweisen engen Kontakt zu Hausgeflügel und prinzipiell immer vorhandener Influenzaviren sehr real. Daraus abgeleitet sollten deshalb u. a. folgende **Verhaltensregeln** in gefährdeten Gebieten beachtet werden:
- Kontakt mit Vögeln vermeiden, gleich ob Hausgeflügel oder Wildvögel, ob lebend oder tot
- Kontakt mit Kot oder Vogelfedern vermeiden
- Verbot oder Vermeidung von Märkten mit Haus- oder Wildvögeln
- Hygiene und Desinfektion im häuslichen Bereich, die über das Übliche hinausgehen
- Bevorratung von virenhemmenden Medikamenten in gefährdeten Ländern

Teil A

BE

1 Kohlenhydrate spielen bei der menschlichen Ernährung eine wichtige Rolle. So nimmt der Konsum von Weizenprodukten wie Brot, Nudeln oder Keksen weltweit zu.

1.1 Erläutern Sie die Notwendigkeit der Bildung von Stärke in Weizenpflanzen! 2

1.2 Beschreiben Sie die Verdauung von Stärke bis in ihre Grundbausteine im menschlichen Verdauungstrakt! Planen Sie die Demonstration der Stärkeverdauung in vitro und führen Sie das entsprechende Experiment bei Zimmertemperatur durch! Fordern Sie Geräte und Chemikalien schriftlich an und erstellen Sie ein entsprechendes Protokoll! 10

1.3 Begründen Sie, dass ein hoher Konsum von Weizenprodukten die Entstehung von Diabetes fördern kann! 3

1.4 In einem Versuch wurde ein Darmstück mit funktionstüchtigen Darmwandzellen mit Glucoselösung gefüllt, an beiden Enden abgebunden und in eine Glucoselösung gleicher Konzentration gehängt. Im ersten Versuchsteil wurde das Darmstück mit Sauerstoff, im zweiten Versuchsteil mit Stickstoff umspült. Nach einer Versuchsdauer von jeweils 100 Minuten wurden im Darm und in der umgebenden Lösung die Glucosekonzentrationen bestimmt. Die Ergebnisse sind in der Abbildung dargestellt.

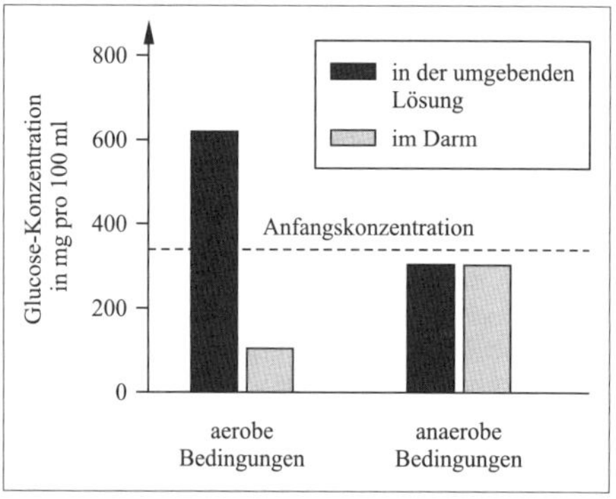

Bestimmung von Glucose-Konzentrationen
Nach: Christian, Andreas et al: Materialien SII Biologie. Stoffwechselphysiologie. Braunschweig 2006, S. 96

Erklären Sie die Versuchsergebnisse! 6

2 Eine Störung des Kohlenhydratstoffwechsels ist die Lactoseintoleranz. Sie ist auf einen Mangel oder das Fehlen von Lactase zurückzuführen.

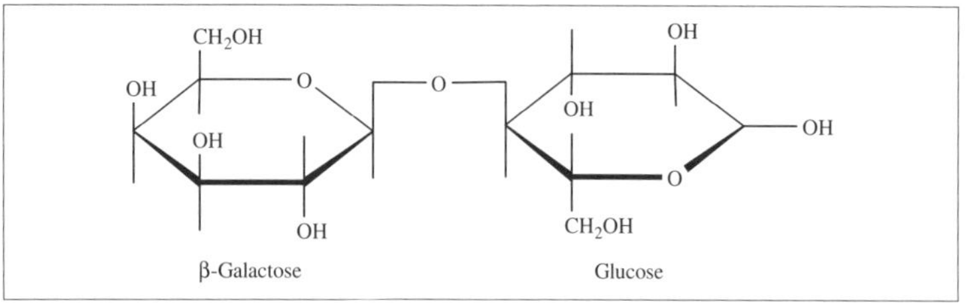

Vereinfachte Strukturformel von Lactose

2.1 Geben Sie den Erbgang an und begründen Sie Ihre Entscheidung! 3

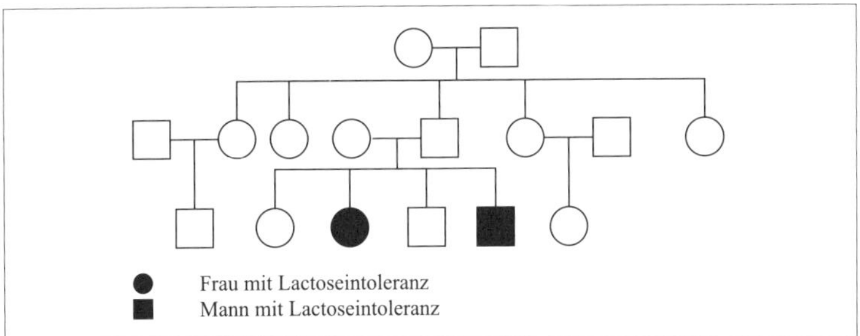

Stammbaum einer Familie mit Lactoseintoleranz

2.2 Um zu überprüfen, ob ein Mensch an einem Lactasemangel leidet, muss er in einem Test 50 g Lactose zu sich nehmen. In der darauf folgenden Zeit wird die Blutglucose-Konzentration gemessen.

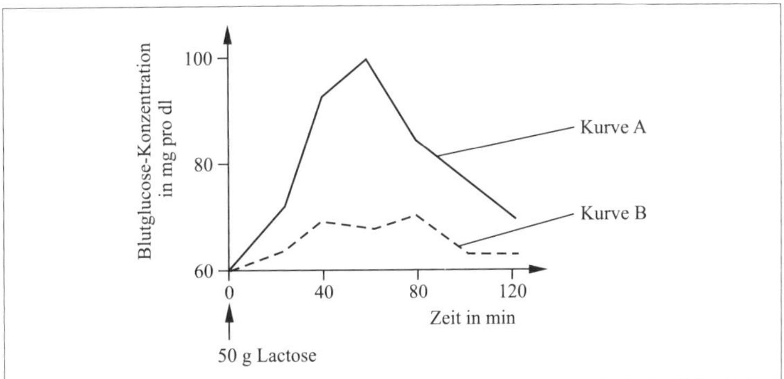

Veränderung der Blutglucose-Konzentration im Lactose-Test bei einer gesunden Person und einer Person mit Lactasemangel
Nach: Christian, Andreas et al: Materialien SII Biologie. Stoffwechselphysiologie. Braunschweig 2006, S. 96

Ordnen Sie den beiden Kurven die entsprechenden Personen zu und begründen Sie Ihre Entscheidung!
Übernehmen Sie die Koordinaten des Diagramms in Ihre Reinschrift und zeichnen Sie den vermutlichen Verlauf der beiden Kurven ein, wenn man beiden Personen jeweils 25 g Glucose und 25 g Galactose verabreicht!
Begründen Sie Ihre Vermutung! 6

3 Eines der Ziele der WHO besteht darin, die Masern bis zum Jahr 2010 auszurotten. Dazu ist eine bevölkerungsweite Impfrate von mehr als 95 % nötig. Es werden zunächst zwei Impfungen empfohlen. In Deutschland erhalten derzeit ca. 90 % der Säuglinge die erste Impfung gegen Masern, die zweite erfolgt leider nur noch bei 50 % der Kinder

Nach: FAZ vom 08. 02. 2006, Nr. 33 /S. N1

3.1 Ordnen Sie die Masernimpfung im Säuglingsalter der aktiven bzw. passiven Immunisierung zu und charakterisieren Sie beide Arten der Immunisierung! 3

3.2 Erstellen Sie ein Antikörper-Zeit-Diagramm (in relativen Einheiten) von der ersten Impfung bis kurz nach der zweiten Impfung und begründen Sie die Maßnahme der Zweitimpfung! 4

3.3 Vom Robert-Koch-Institut wurden allein im Jahr 2006 bis Ende September in Deutschland 2 229 Masernfälle registriert! Äußern Sie eine begründete Vermutung über die Ursache der hohen Erkrankungsrate! 3

Teil B

Am Rande einer Stadt soll eine große Grünfläche ohne Baum- und Strauchbewuchs unter Beachtung ökologischer Aspekte angelegt werden, wobei noch Unklarheit darüber besteht, ob einem Rasen oder einer Wiese der Vorzug zu geben ist.

Beurteilen Sie das Ökosystem Rasen und das Ökosystem Wiese unter ökologischen Gesichtspunkten und leiten Sie daraus Schlussfolgerungen für das Anlegen und die Pflege einer „ökologisch wertvollen Grünfläche“ ab! Beziehen Sie in Ihre Darstellung geeignete Sachverhalte aus der nachfolgenden Materialsammlung ein! 20

Material 1

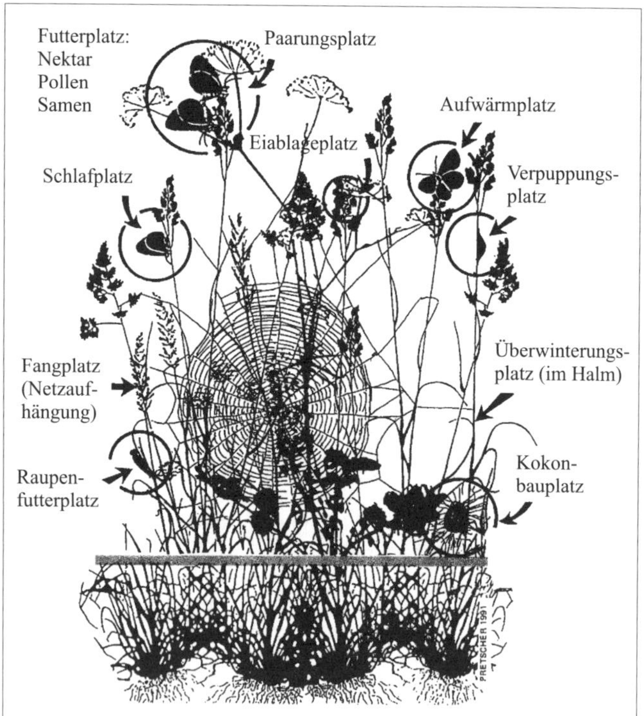

Bindung von Schmetterlingen an den Lebensraum Wiese
Nach: Wolf, Gotthard: Die Blumenwiese als Lebensgemeinschaft, AID e. V. Bonn 1993, S. 43

Material 2

Der durch häufigen Schnitt kurz gehaltene Rasen mit einer immergrünen Vegetationsdecke wird auch als „Scherrasen“ oder „Parkrasen“ bezeichnet, der fast jederzeit begehbar ist und meist einer intensiven Beanspruchung z. B. durch Sport und Spiel standhält. Dabei sind Pflanzen mit vegetativer Ausbreitung durch Ausläufer im Vorteil.

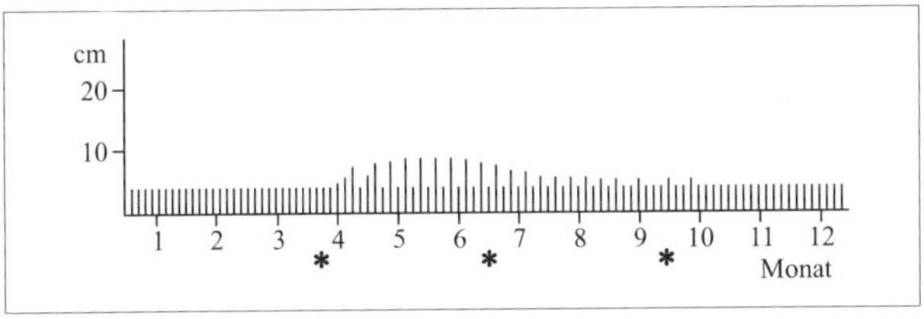

Wechsel zwischen Hoch- und Tiefstand bei Scherrasen mit kurzen Schnitt-intervallen von etwa einer Woche

Wird die Mahd auf ein bis wenige Schnitte im Jahr eingeschränkt, entsteht eine Wiese – auch Blumenwiese genannt – wenn die Mahd nach der Blüte der Wiesenkräuter vorgenommen wird. In den Wiesen haben die meisten Pflanzen zwischen den Schnittintervallen genügend Zeit, ihre volle biologische Entwicklung bis zum Blühen und Fruchten abzuschließen. Dabei treten vergilbte und trockene Pflanzenteile in Erscheinung.

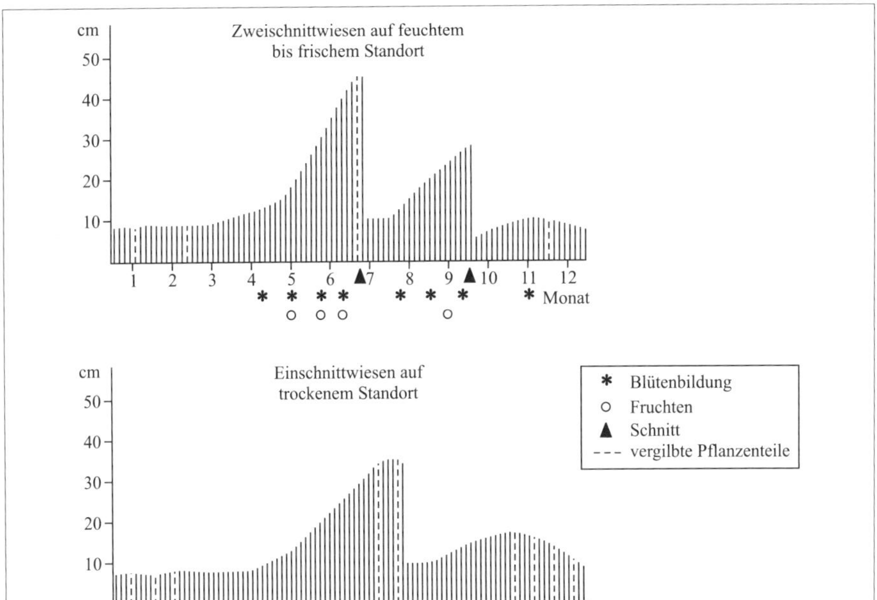

Wechsel zwischen Hoch- und Tiefstand längeren Schnittintervallen

Material 3

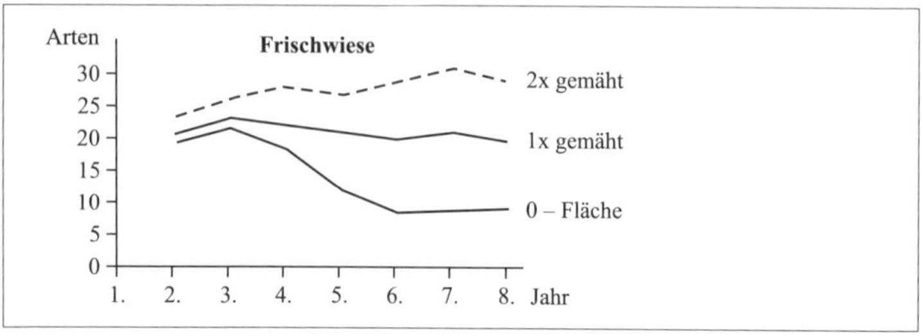

Einfluss unterschiedlicher Schnitthäufigkeit auf die Anzahl der Pflanzenarten;
(0: Fläche = nicht gemähte Wiese)
Nach: Dr. Wolf, G.: Die Blumenwiese als Lebensgemeinschaft, AID e. V. Bonn, 1993, S. 15

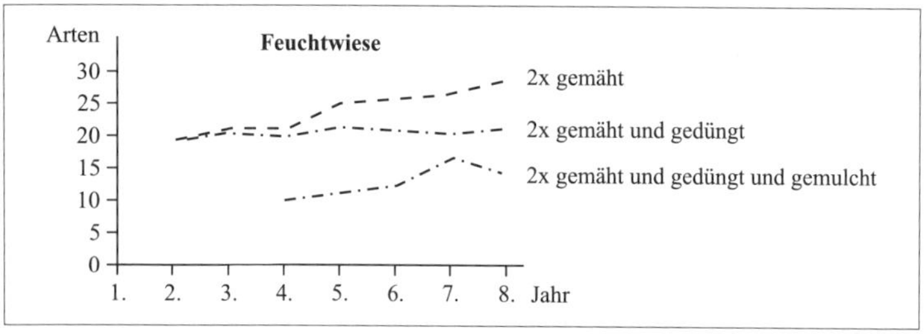

Einfluss der Düngung und des Mulchens (Belassen des Mähgutes auf der Fläche, das dort verrottet) auf die Anzahl der Pflanzenarten
Nach: ebenda S. 15

Material 4

Grünlandtyp	Anzahl der Arten (Hauptvorkommen)
Trocken- und Halbtrockenrasen Feuchtwiesen Borstgrasarten, Zwergstrauchheiden Frischwiesen und -weiden Gebrauchs- und Zierrasen	477 203 208 184 54
Insgesamt (ohne Mehrfachnennung) Grünland	900
Farn- und Blütenpflanzen in der Bundesrepublik Deutschland (Stand 1988)	2 728

Artenbestand des Grünlandes
Nach: ebenda S. 4

Material 5

Die Tiere der Wiese werden durch den Wiesenschnitt beeinflusst. Wegen ihrer Lebensweise und Mobilität sind Säuger, wie z. B. Maus, Maulwurf, Hase oder die Vögel und Reptilien weniger gefährdet als z. B. die Gliederfüßer. Sie sind es auch, die am stärksten von der Struktur der jeweiligen Grünfläche beeinflusst werden. Darüber hinaus ist das Leben im Rasen und in der Wiese eingebunden in die Jahres- und Tagesrhythmik, Bestandsschichtung und -dichte und durch mehr oder weniger vielseitige Wechselbeziehungen der Nahrungsketten miteinander verknüpft.

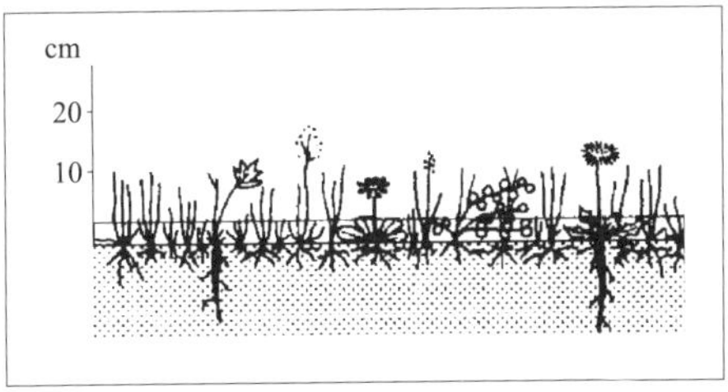

B – Blatt- /Stängelschicht,
z. B. Nacktschnecken

C – Streuschicht
z. B. Wiesenschnaken, Eulenraupen

D – Bodenschicht
z. B. Regenwürmer, Mäuse

Aufbau eines Scherrasens mit häufig vorkommenden Tieren
Nach: ebenda S. 6

In der Wiese sind an der Zersetzung von Pflanzenresten viele verschiedene Tiere, vom Einzeller über Würmer, Schnecken, Tausendfüßler, Milben, Asseln bis hin zu diversen Insekten, beteiligt.

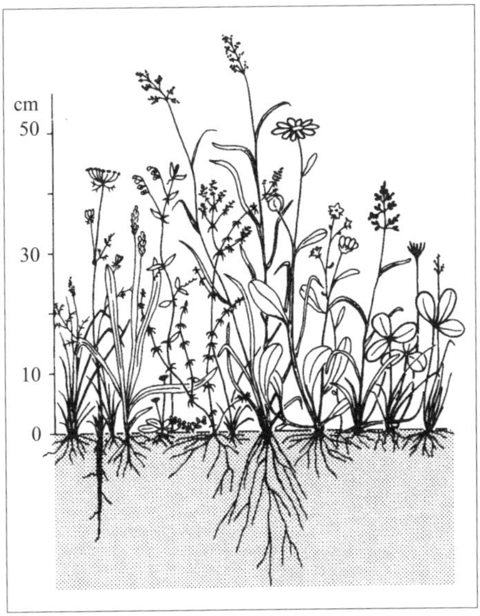

A – Blütenschicht,
z. B. Schmetterlinge, Bienen, Fliegen, Hummeln, Schwebfliegen, Blattwanzen

B – Blatt- /Stängelschicht
z. B. Heuschrecken, Zikaden, netzbauende Spinnen, Schmetterlingsraupen, Blattkäfer, Blattwanzen, Blattläuse

C – Streuschicht
z. B. Laufkäfer, Asseln, Schnecken, Ameisen, Kurzflügler

D – Bodenschicht
z. B. Regenwürmer, Mäuse u. v. a

Aufbau einer Wiese mit häufig vorkommenden Tieren
Nach: ebenda S. 7

Material 6

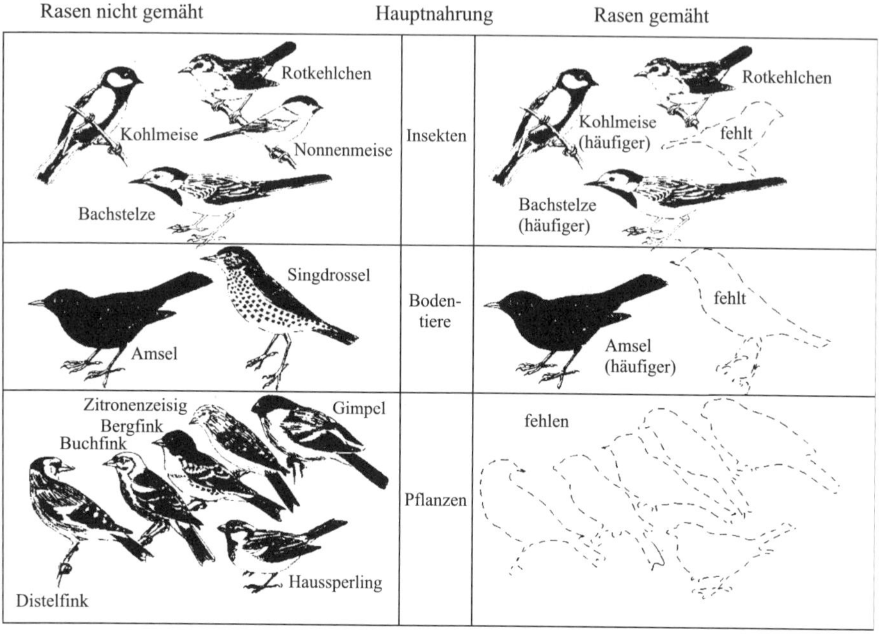

Zusammenhang zwischen Mahd und Vorkommen bestimmter Vogelarten
Nach: ebenda S. 46

Lösung

Teil A

1.1 Die Notwendigkeit der Bildung von Stärke muss logisch und anschaulich dargestellt werden. Denken Sie dabei auch daran, aus welchen Bausteinen Stärke aufgebaut ist und welche Auswirkungen diese auf die Zelle haben könnten.

Stärke ist ein aus dem Monomer **α-Glucose** gebildetes Polysaccharid. Glucose, das Primärprodukt der Fotosynthese, würde in den Chloroplasten unter Lichteinwirkung eine hypertonische Lösung bilden. Das wird verhindert, indem dort osmotisch neutrale **Assimilationsstärke** gebildet wird. Weiterhin ist Stärke einer der wichtigsten **Speicherstoffe** in Samen, Wurzeln und Spross und dient damit der Fortpflanzung, Überwinterung und Sicherung der Grundversorgung der Pflanzen.

1.2 Diese Aufgabe besteht aus drei Teilen:
Im ersten Teil sollte in chronologischer Folge die enzymatische Stärkeverdauung beschrieben werden. Dabei spielen die Orte und Bedingungen der Stärkespaltung eine wichtige Rolle.
Der zweite Teil betrifft die Planung des Experiments. Die Realbedingungen sollten hier möglichst nahe simuliert werden.
Die Planung kann Bestandteil des Protokolls sein, welches zusammen mit dem Experiment den dritten Teil der Aufgabe darstellt.

Die **Stärkeverdauung** beginnt bereits in der Mündhöhle. Das im Mundspeichel enthaltene Enzym **Ptyalin**, eine Amylase, spaltet **α-glykosidische Bindungen** unter Wasseranlagerung. Es gehört damit zu den Hydrolasen. Je nach Verweildauer im Mund und dem pH-Wert der Nahrung entstehen unterschiedlich lange Glucoseketten (Oligosaccharide, Maltose) bis hin zu einzelnen Glucosemolekülen. Das Ptyalin wird im Magen abgebaut und die Stärkeverdauung vorerst unterbrochen. Im Zwölffingerdarm und dann im Dünndarm werden die Stärkebruchstücke weiter verdaut. Dazu wird aus der Bauchspeicheldrüse **Pankreas-Amylase** in den Darm abgegeben. Diese bewirkt die Aufspaltung der verbliebenen glykosidischen Bindungen, sodass jetzt die **Glucose** von speziellen Transportproteinen in der Dünndarmwand resorbiert werden kann.

In dem folgenden Musterprotokoll ist die Planung des Experiments einbezogen. Die Liste der benötigten Geräte und Chemikalien ist dem Aufsicht führenden Fachlehrer vorzulegen und durch diesen abzuzeichnen.

1. Aufgabenstellung:
Planen Sie die Stärkeverdauung in vitro und führen Sie das entsprechende Experiment durch!

2. Planung und theoretische Grundlagen:
In vitro bedeutet außerhalb des Körpers, also im Reagenzglas. Dazu wird eine geeignete Amylase in Form von Pankreasextrakten in Tablettenform (oder notfalls eigener Mundspeichel) benötigt. Aus ästhetischen Gründen wird natürlich die erste Variante bevorzugt. Weiterhin ist es notwendig, den Stärkeabbau selbst nachzuweisen. Mithilfe von Iod-Kaliumiodid-Lösung, welche sich blau-schwarz verfärbt, wird Stärke nachgewiesen. Wird Stärke durch die Amylaselösung vollständig in Glucose aufgespaltet, muss sich die Lösung wieder entfärben, da keine Amylosespiralen mit eingelagerten Iod-Molekülen mehr vorhanden sind.
Weiterhin kann die entstehende Glucose durch Fehlingsche Lösung nachgewiesen werden. Diese Reaktion ist aber nicht unbedingt sicher, da die Endprodukte variieren können.

3. Benötigte Geräte und Chemikalien:
- Reagenzgläser, Reagenzglasständer
- Stärke, Wasser, Amylaselösung oder zermörserte Enzym-Tabletten, Iod-Kaliumiodid-Lösung

(–für eine mögliche Fehling-Probe: Fehling I und II, Schutzbrille, heißes Wasserbad)

4. Durchführung:
Zunächst wird etwas Stärke in Wasser gelöst, soweit dies möglich ist. Dazu werden einige Tropfen Iod-Kaliumiodid-Lösung und danach die Amylaselösung hinzugegeben und die Reaktion abgewartet.

5. Beobachtungen:
Die Zugabe der Iod-Kaliumiodid-Lösung bewirkt – wie erwartet – eine tief blau-schwarze Färbung, welche nach Zugabe der Amylase rasch entfärbt wird.

6. Auswertung:
Die theoretischen Voraussagen wurden durch das Experiment bestätigt. Es ist möglich auch in vitro den Stärkeabbau zu demonstrieren, obwohl die Temperatur mit etwa 23 °C nicht optimal ist. Im Verdauungssystem liegt die „Betriebstemperatur“ der Amylase bei 37 °C. Diese spaltet Stärke an den α-glykosidischen Bindungen.

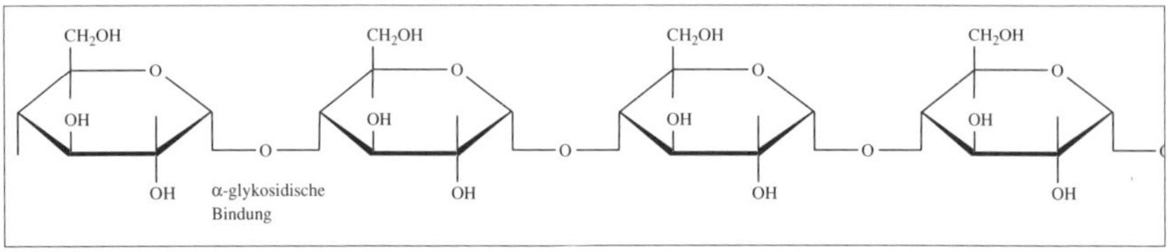

1.3 Diabetesentstehung soll hier mit der übermäßigen Aufnahme von Kohlenhydraten erklärt werden. Dabei reicht der Hinweis auf die Blutzuckerregulation allein nicht aus, sondern es sollte wenigstens ein weiterer Risikofaktor dargestellt werden.

Weizenprodukte enthalten hauptsächlich **Mehl** und dieses besteht zum größten Teil aus **Stärke** (Amylose -und Amylopektinfraktionen). Bei der Verdauung entsteht daraus ausschließlich α-Glucose. Diese wird aktiv in das Blut resorbiert und erhöht dadurch die genau eingestellte **Blutzucker**-Konzentration. Die Regulation erfolgt durch Insulin, welches die Aufnahme der Blutglucose in Muskel- und Leberzellen initiiert. Dieser Transport erfordert Insulinrezeptoren an den Zellmembranen der entsprechenden Zellen. Überschüsse an Glucose werden aus der Glykolyse (Glycerin) und dem Citronensäurezyklus (Acetyl-Coenzym A) abgezweigt und zu **Depotfetten** umgewandelt. Die ständige Überlastung des Blutzuckerregulationssystems und die mit der Fetteinlagerung einhergehende Belastung des Körpers verbunden mit Bewegungsmangel (Übergewicht) sind erhebliche Risiken für die Entstehung von **Diabetes** Typ II. Es gibt dabei einen Mangel an Insulin durch Unterfunktion der Inselzellen der Bauchspeicheldrüse oder/und einen Abbau von Insulinrezeptoren an Glucose aufnehmenden Zellen.

1.4 Für die Beantwortung dieser Frage wird eine zusammenhängende, logische Darstellung erwartet. In dieser ist die Beziehung zwischen aktiven Resorptionsvorgängen und der Sauerstoffversorgung deutlich herauszuarbeiten.

Nachdem Stärke im Darmlumen durch Amylasen in Glucose umgewandelt wurde, muss diese durch die Darmwand und Kapillargefäßwände hindurch in das Blutplasma der Pfortader aufgenommen werden. Diese **Resorption** stellt einen **aktiven Transport** dar, das heißt, sie ist an Carriersysteme gebunden und verbraucht Energie in Form von **ATP**. Dieses wird durch **Zellatmung** in den Mitochondrien der Darmepithelzellen bereitgestellt. Dazu ist eine ausreichende **Sauerstoffversorgung** notwendig, die nur im Versuchsansatz „aerobe Bedingungen“ gegeben ist. Hier wird sichtbar, dass auch an einem isolierten Darmstück die Transportvorgänge gegen den Konzentrationsgradienten der Glucose erfolgreich sind, solange noch genügend lebende Zellen, ausreichend Glucose und Sauerstoff existieren. Stickstoff ist kein Edukt der Zellatmung, sodass unter anaeroben Bedingungen der Glucosetransport eingestellt wird und der isotonische Zustand zwischen Darmlumen und Außenlösung erhalten bleibt.

2.1 Der Erbgang bezieht sich auf die Art der Vererbung (dominant-rezesiv oder intermediär) der Krankheit und auf die Chromosomengruppe, in der sie lokalisiert ist (Gonosomen oder Autosomen). Er soll hier nur genannt und nicht beschrieben werden.
Die Begründung kann nach dem Ausschlussverfahren organisiert werden, muss den Vergleich mehrerer Generationen umfassen und logisch nachvollziehbar sein.

Bei der Vererbung der **Lactoseintoleranz** handelt es sich um einen **autosomal-rezessiven** Erbgang. Lactase ist ein Enzym, dessen Proteinstruktur genetisch determiniert ist. Damit können mutative Abweichungen nach den üblichen Schemata vererbt werden. Da beide Eltern der erkrankten Personen phänotypisch gesund sind, ist ein rezessiver Erbgang wahrscheinlich oder es tritt der unwahrscheinliche Fall einer mehrfachen Neumutation auf. Da Sohn und Tochter phänotypisch gesunder Eltern erkrankt sind, entfällt eine X-chromosomale Vererbung, da sonst der Vater erkrankt sein müsste. Dieser besitzt nur ein X-Chromosom. Da das kranke Mädchen kein Y-Chromosom besitzt, ist auch die Vererbung über dieses Chromosom unmöglich. Es bleibt also eine rezessive Vererbung über eines der Autosomen.

2.2 Die Begründung erfolgt auf der Basis der Wirkung des Enzyms Lactase. Die Strukturformel weist auf die Produkte hin, die im zweiten Teil der Aufgabe die wichtigste Rolle bei der Lösung spielen.

Die **Kurve A** entspricht der Reaktion eines **gesunden** Menschen. Lactase spaltet Lactose in die beiden Monosaccharide α-Glucose und β-Galactose. Die Veränderung der Glucosekonzentration im Blut erklärt sich durch die nach der **Resorption** (Kurve bis zum Maximum) einsetzende **Blutzuckerregulation**. Durch das Hormon Insulin wird die Blutzuckerkonzentration wieder bis auf mindestens 70 mg/l reduziert. Damit ist die resorbierte Menge Glucose gebunden.
Bei der **Kurve B** ist erkennbar, dass viel **weniger Glucose** aufgenommen wird, da die verminderte Wirkung der Lactase weniger Glucose freisetzt. Somit muss auch die Glucosekonzentration kaum reguliert werden.

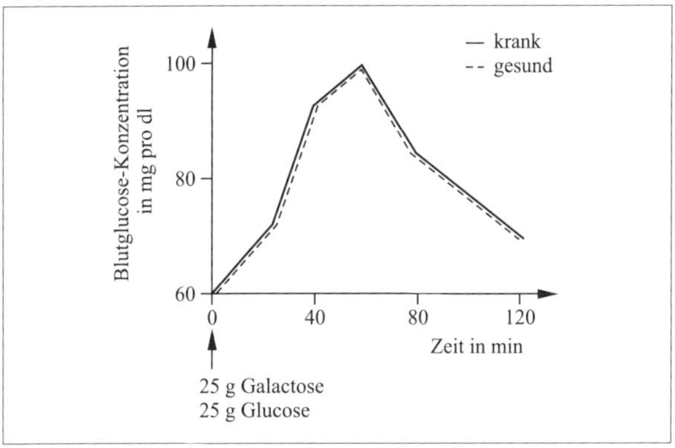

Diagramm nach Aufnahme von Glucose und Galactose

Im Diagramm ist erkennbar, dass der Graph für beide Probanten im Prinzip der der gesunden Person im Lactosetest entspricht. Der Kurvenverlauf ist nur von der resorbierbaren Masse an Glucose abhängig. Diese beträgt etwa der Masse, die bei der vollständigen Lactosespaltung beim gesunden Probanden freigesetzt wird, nämlich ca. 25 g.

3.1 Die Bezeichnung der Masernschutzimpfung kann hier gleich weiter geführt werden mit der Darstellung wesentlicher Merkmale aktiver Immunisierungen. Da die Sekundärreaktion rascher und mit einer höheren Amplitude erfolgt, müssen diese Erscheinungen auch in den zu zeichnenden Diagramm deutlich werden.

Die Masernschutzimpfung ist eine **aktive Immunisierung**.
Dabei werden abgeschwächte Erreger eingeimpft. Die darauf folgende Immunantwort auf die antigenen Determinanten führt zur Ausbildung von spezifischen Antikörpern sowie von T- und B-Gedächtniszellen. Diese Elemente der zellulären und humoralen Immunantwort schützen langfristig und relativ sicher vor einem wirksamen Erreger.
Die **passive Immunisierung** besteht darin, dass die Antikörper für eine kurzfristige und meist nicht dauerhafte Immunisierung durch Fremdorganismen produziert werden. Dazu wird diesen Fremdorganismen meist der Originalerreger injiziert. Die produzierten Antikörper werden mit dem Blutplasma entnommen und zur Immunisierung eingesetzt.

3.2 Antikörper-Zeit-Diagramm

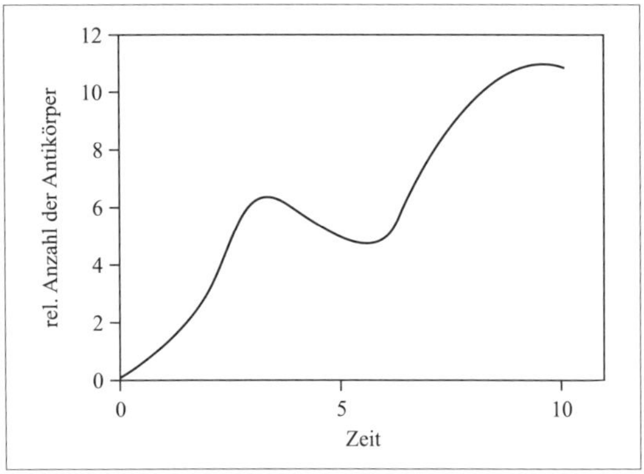

Die erste Impfung mit einem abgetöteten, abgeschwächten Erreger oder dessen antigenen Determinanten erfolgt zum Zeitpunkt 0. Das Immunsystem reagiert in der humoralen Immunantwort mit der Bildung spezifischer Antikörper, um die Antigenstrukturen zu binden. Die Anzahl der Antikörper erreicht ein Maximum und beginnt danach wieder durch Zerfall zu sinken. Nach der zweiten Impfung ab dem Zeitpunkt 5 erfolgt durch die Existenz von B-Gedächtniszellen eine intensivere und schnellere Bildung von Antikörpern, die auch länger in ausreichender Menge erhalten bleiben. Somit ist in verschiedenen Fällen eine Nachimpfung zur sicheren Immunisierung obligatorisch.

3.3 Die Aussagen im Vortext enthalten bereits wesentliche Elemente zur Formulierung einer wissenschaftlich fundierten Aussage (Hypothese). Diese kann mit eigenen Beobachtungen und Fakten ergänzt werden.

Das Auftreten neuer Erkrankungen steht im engen Zusammenhang mit der im Vortext beschriebenen **Impfmüdigkeit**. Diese lässt sich neben der Angst vor Impfrisiken auch paradoxerweise auf das bisherige Fehlen der entsprechenden Krankheiten und auf deren Unterschätzung zurückführen. Reicht die Erstimpfrate von 90 % nach Maßgabe der WHO schon knapp nicht aus, verlieren 50 % der Kinder durch die fehlende Zweitimpfung den Schutz fast völlig. Die Masernviren können sich so in einer wenig durchgeimpften Population wieder verbreiten, was durch eine zunehmende globale Mobilität der Bevölkerung verstärkt wird.

Teil B

Die Lösung des Themas führt zu einer persönlichen und sachlich begründeten Entscheidung für eine der beiden Grünflächen. Da der ökologische Aspekt (z. B. die Artenvielfalt) als Hauptkriterium bereits vorgegeben ist, muss die Entscheidung für die Wiese ausfallen.
Die Beurteilung erfordert somit den durch Fakten und Zusammenhänge gestützten Vergleich zwischen den beiden Grünflächen. Dabei können weitere selbst gewählte Bewertungskriterien einbezogen werden.
Folgende Lösungsstrategie könnte zum Beispiel umgesetzt werden:
- Klärung der Grundbegriffe Rasen, Wiese und ökologisch wertvolle Grünfläche, um eine Basis zur Diskussion zu haben
- Erklären der Auswirkungen des unterschiedlichen Schnitts auf die Struktur der unterschiedlichen Grünflächen und ihrer Biozönosen
- Bewertung aus ökologischen und ästhetischen Gesichtspunkten und begründete Entscheidung zugunsten der Wiese

Die Hinweise zur Anlage und Pflege sind aus den Materialien gut auszuarbeiten. Dabei sollten Sie auch ausführen, dass eine Wiese ein vom Menschen geschaffenes Ökosystem darstellt, welches einer spezifischen und nachhaltigen Pflege bedarf.

Wiesen, Rasen und Weiden sind vom Menschen geschaffene und vor der natürlichen Sukzession bewahrte **Kulturflächen**. Was ökologisch wertvoll ist, liegt also in der Bewertung des Menschen und stellt kein allgemein gültiges Kriterium dar. Wenn es um ästhetische Maßstäbe geht, empfindet ein passionierter Golfspieler durchaus beim Anblick einer Grasfläche etwas anderes als ein Rinderzüchter oder ein Büromensch. Unter dem Aspekt der **Artenvielfalt** auf engstem Raum bewertet, ist natürlich der Wiese den Vorzug zu geben. Es ist hier für den naturentfremdeten Stadtmenschen möglich, die Vielfalt eines realen komplexen Ökosystems zu erkennen und sich dessen zu erfreuen.
Wiesen und Rasen unterscheiden sich in erster Linie durch **Schnitthöhe und Schnittfrequenz**. Rasen wird häufiger geschnitten und dann sehr kurz. Deshalb muss kostenaufwändig gedüngt und bewässert werden, da mit der abtransportierten Biomasse auch entsprechende Massen an Mineralstoffen verschwinden und Wasser durch verstärkte Verdunstung verloren geht. Die Biozönose des Rasens ist dem angepasst. Da ein gesamtes Stockwerk im ökologischen Aufbau fehlt (Blütenschicht) und auch die Stängelschicht regelmäßig verloren geht, können dort sehr viel weniger Pflanzenarten existieren, als in einer Wiese (Material 5). Besonders einjährige Gräser und Pflanzen mit vegetativer Ausläufervermehrung überleben den Rasenschnitt am besten und bieten nur einer eingeschränkten Anzahl an Konsumenten einen geeigneten Lebensraum. Die meisten wirbellosen Tiere (Insekten, Schnecken) benötigen aber den kompletten Aufbau der Stockwerke zur Ernährung und Fortpflanzung. Auch insekten- und samenfressende Konsumenten, wie z. B. viele Singvögel, meiden deshalb Rasenflächen (Material 6). Im Gegensatz dazu bleibt bei einer Wiese die Schichtung und Struktur den dort eingenischten Organismen lange erhalten. Die nicht durch häufigen Schnitt eingeschränkte Konkurrenz unter den Pflanzen der Wiese führt zu einer größeren Vielfalt der Arten, deren Anzahl etwa dreimal so groß ist, wie die im Rasen (Material 4). Eine solche Artenvielzahl ermöglicht komplexere Beziehungen innerhalb eines Ökosystems; das macht eine Wiese im Vergleich zum Rasen ökologisch sehr wertvoll. Es können möglicherweise bedrohte Arten hier einen Unterschlupf finden und die Wiese eine Brückenfunktion in einer ausgeräumten Stadtlandschaft darstellen. Durch Straßen und Bauwerke sind in urbanen Ökosystemen Grünflächen nur noch inselartig verteilt. Die Verbindung untereinander und zum Umland kann somit durch eine neu angelegte Wiese verbessert werden. Auch dadurch wird die Artenvielfalt erhalten oder erhöht.
Wiesen können als anthropogene Ökosysteme nur bestehen, wenn sie zielgerichtet angelegt und ständig gepflegt werden. Bei der Anlage (Aussaat) muss bereits auf ein ausgewogenes Verhältnis unterschiedlicher Artengruppen (Gräser, Stauden, einjährige Pflanzen) geachtet

werden, damit die gewünschte Artenvielfalt möglichst rasch und nicht erst durch langfristige natürliche Entwicklungen realisiert wird. Dazu werden geeignete Saatgutmischungen angeboten. Aus den Materialien zur Pflege von Wiesen geht hervor, dass diese nicht mehr als **zwei Schnitte** im Jahr vertragen (Material 2 und 3), um die Artenvielfalt zu erhalten. Diese sollten erst nach dem Blühen und Fruchten erfolgen, um das Aussamen zu ermöglichen. Die **Schnitthöhe** muss mindestens 10 cm betragen, um den Stockwerksaufbau nicht zu zerstören und den Bodenbewohnern einen angemessenen Rest ihres Refugiums zu erhalten. Eine Düngung ist zu vermeiden, da hiervon nur wenige Arten profitieren und die Artenvielfalt erheblich leiden würde (Material 3).

Zusammenfassend kann gesagt werden, dass eine Wiese im Sinne der Artenvielfalt und Bereicherung eines urbanen Gebietes die bessere Lösung ist. Dabei müssen aber auch die spezifischen Pflegemaßnahmen auf Dauer beachtet und fachkundig ausgeführt werden, denn eine Wiese ist im ursprünglichen Sinne eine spezifische Nutzfläche, die vom Menschen zur extensiven Nutzung angelegt und erhalten wird.

Leistungsfach Biologie (Thüringen): Abiturprüfung 2008
Aufgabe 1: Stoffwechsel, Genetik

Teil A BE

1 Grüne Pflanzen sind in den unterschiedlichsten Lebensräumen Produzenten von Biomasse und an die jeweiligen Standortfaktoren mehr oder weniger gut angepasst.

1.1 Ordnen Sie die folgenden Blattquerschnitte einem Oleander, einer Rotbuche, einer Sumpfdotterblume sowie einer Seerose zu und nennen Sie zu jeder Art den ökologischen Pflanzentyp!
Erläutern Sie an den Blattquerschnitten a und c die Angepasstheit an den jeweiligen Lebensraum! 8

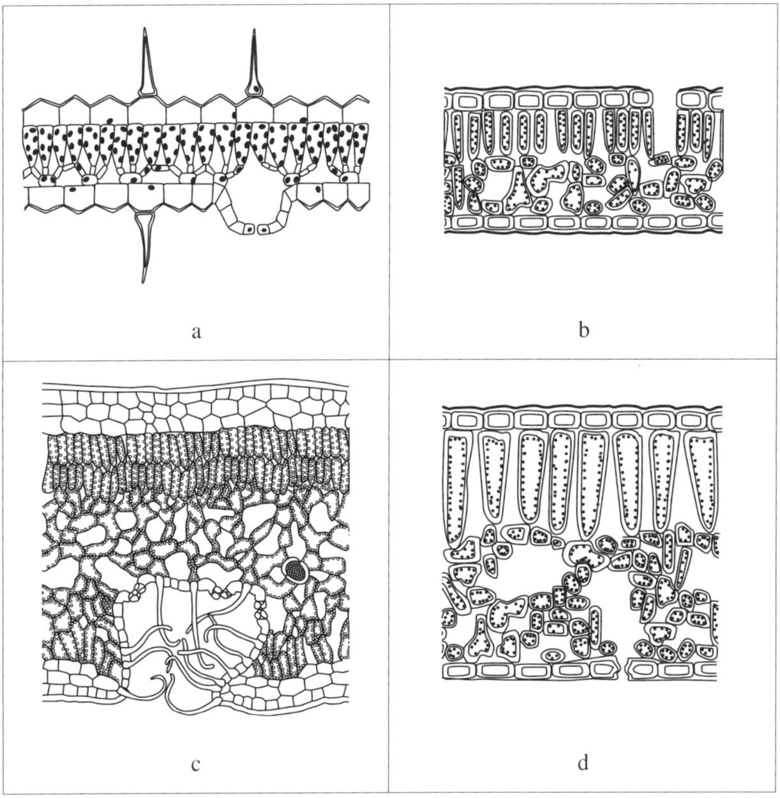

Blattquerschnitte verschiedener ökologischer Pflanzentypen

1.2 An Sommertagen verändert sich die Transpirationsrate bei vielen Pflanzenarten.

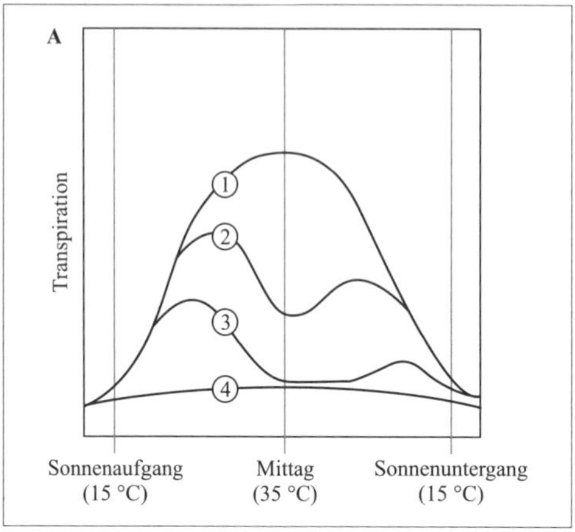

Transpiration verschiedener Pflanzen an unterschiedlichen Standorten im Tagesverlauf.
Nach: Starke, A., Erler, H., Kampf, M.: Biologie heute S II Arbeitsheft. Schroedel Verlag GmbH, Hannover 1998, S. 40

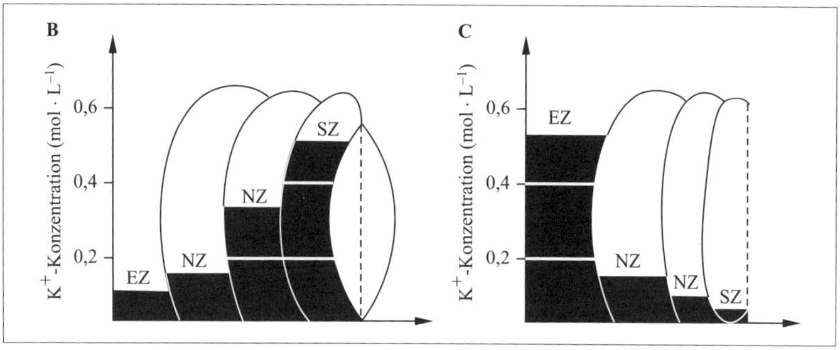

Verteilung der K^+-Ionen in den Epidermiszellen (EZ) sowie Schließzellen (SZ) und ihren Nachbarzellen (NZ) von Spaltöffnungsapparaten in geöffnetem (Abb. B) und geschlossenem Zustand (Abb. C)
Nach: Natura, Stoffwechsel (Lehrerband). Ernst Klett Verlag, Stuttgart 2006, (CD-ROM).

Leiten Sie aus den Kurven 1–4 in Abb. A die jeweiligen Standortbedingungen für die Pflanzen ab!
Erläutern Sie unter Verwendung der Abbildungen B und C den Mechanismus zur Verminderung der Transpirationsrate! 8

1.3 Die Umwandlung von Kohlenstoffdioxid in organisch gebundenen Kohlenstoff erfolgt in den Chloroplasten.
Fertigen Sie eine beschriftete Skizze vom elektronenmikroskopischen Bild eines Chloroplasten an und kennzeichnen Sie den Ort der CO_2-Fixierung!
Erstellen Sie ein Schema über die Vorgänge von der Fixierung eines CO_2-Moleküls bis zur Stärke! 6

1.4 Die von Pflanzen synthetisierte Biomasse wird z. T. durch Konsumenten abgebaut und die Verdauungsprodukte resorbiert. Bei Untersuchungen zur Glucoseresorption wurde mit Fluoracetat gearbeitet. Fluoracetat wird im Zellstoffwechsel zu Fluorcitrat umgebaut. Das in Fluorcitrat enthaltene Fluoratom besitzt eine hohe Affinität zu Fe^{2+}-Ionen, mit denen es sich irreversibel verbindet.

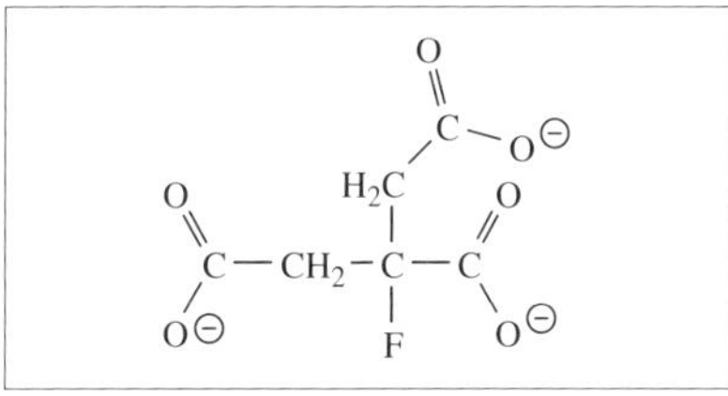

Strukturformel von Fluorcitrat

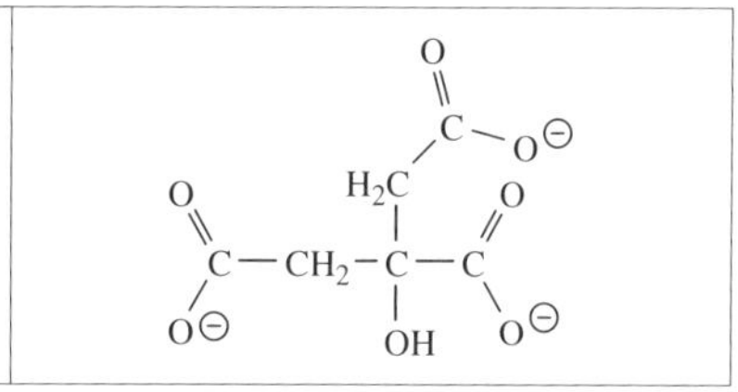

Strukturformel von Citrat

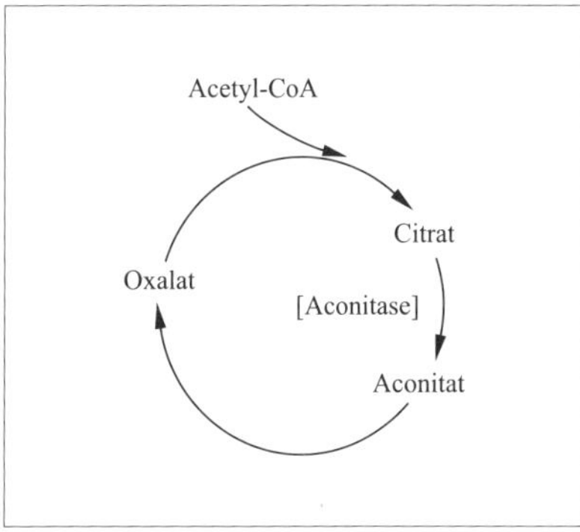

Ausschnitt aus dem Citronensäurecyclus

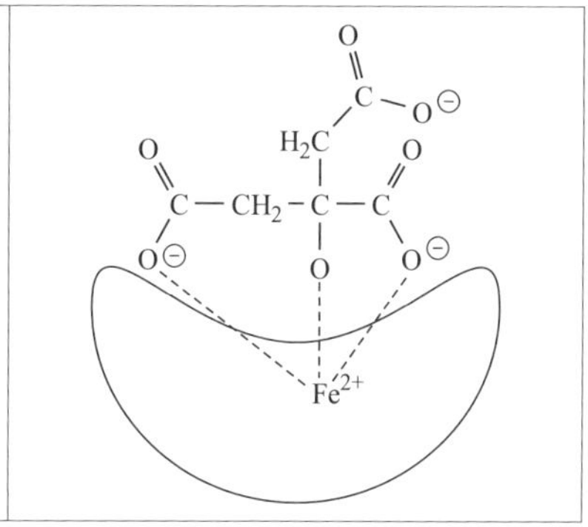

Aconitase-Citrat-Komplex = [Enzym-Substrat-Komplex]

Unterrichts-Materialien für Lehrkräfte, Sek. II Stark Verlag Freising, Teil B 4.15, S. 53.

Formulieren Sie eine begründete Vermutung bezüglich der Wirkung von Fluoracetat auf die Glucoseresorption im Dünndarm von Wirbeltieren! 7

2 Kreuzungsversuche zwischen Pflanzen der Pillen-Brennnessel, *Urtica pilulifera,* von denen eine Form scharfzähnige und die andere Form ganzrandige Blattränder besitzt, erbrachten folgende Ergebnisse:

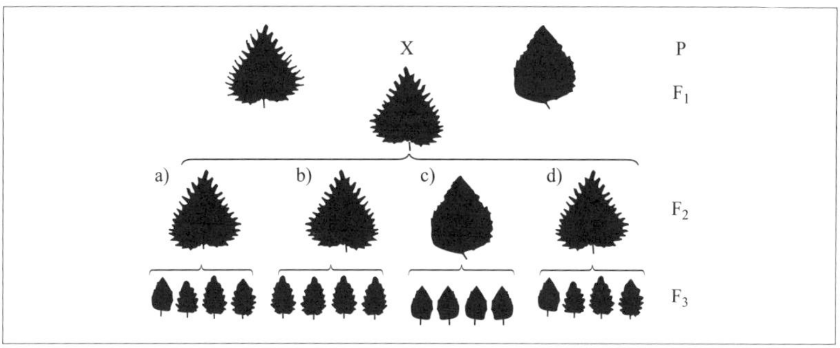

Vererbung der Blattzähnung bei *Urtica pilulifera;* Nach: Strasburger, E. et al: Lehrbuch der Botanik, 32. Auflage. VEB Gustav-Fischer-Verlag, Jena 1983, S. 496.

2.1 Geben Sie die Art des Erbgangs an und begründen Sie Ihre Entscheidung! Bestimmen Sie den jeweiligen Genotyp der Pflanzen der F_2-Generation! 5

2.2 Chlorophyll ist für die Pflanzen lebenswichtig. Es gibt aber auch Pflanzen mit erblich bedingten Chlorophylldefekten.
So ergibt z. B. die Kreuzung einer gelbgrünen Form mit einer grünen Normalform in der F_1-Generation: normal : gelbgrün wie 1 : 1
und nach Selbstbestäubung der gelbgrünen Pflanzen eine Nachkommenschaft von voll entwickelten Pflanzen: normal : gelbgrün wie 1 : 2.

Nach: Ebenda S. 498.

Erklären Sie die Kreuzungsergebnisse! 6

Teil B

Erklären Sie in einem ausführlichen wissenschaftlichen Artikel für eine Fachzeitschrift die biochemischen Grundlagen der Wirkung von Koffein auf den menschlichen Körper! Nutzen Sie dabei auch geeignete Sachverhalte aus den nachfolgenden Materialien! 20

Material 1

„Coffein kommt in der Natur in Kaffeebohnen, Tee- und Mateblättern, Kolanüssen und in Blättern, Samen und Früchten von über 60 Pflanzenarten vor. Im alltäglichen Leben begegnet einem Coffein im Kaffee, Tee, Cola-Getränken Schokolade, Eiscreme und Energydrinks. Coffein ist ein Pflanzen-Alkaloid (Xanthin-Derivat), das diesen als Fraßschutz vor natürlichen Fressfeinden dient.
Coffein entfaltet seine Wirkungen nach Aufnahme in den Körper sehr schnell und erreicht sein Wirkungsmaximum nach ca. 30 min; die Halbwertszeit beträgt 3,5 – 5 Stunden. Die physiologischen Wirkungen des Coffeins sind erhöhte Konzentrations- und Leistungsfähigkeit, psychische Aktivität, Verhaltensaktivität und motorische Aktivität und erniedrigtes Müdigkeitsgefühl und Abgeschlagenheit. Des weiteren beobachtet man eine gesteigerte Herzleistung, eine erhöhte Magensaftsekretion und eine Verminderung des Kopfschmerzes (durch eine Verengung der Blutgefäße im Gehirn). [...] Es kann auch bei Coffein zu Entzugserscheinungen wie Kopfweh, Müdigkeit, Reizbarkeit und Nervosität kommen."

www.studentenlabor.de/bs05/html/koffein_nikotin.html; 08.09.2007.

Material 2

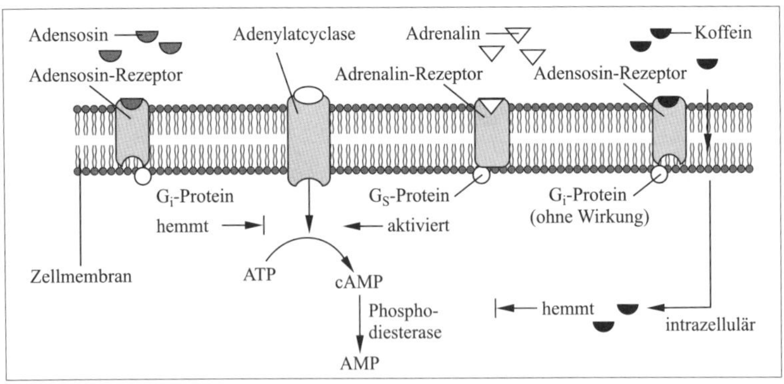

Koffein und das Adenosin-Rezeptor-System

Kull, U., Bayrhuber, H.: Linder Biologie, Schwerpunktmaterialien. Bildungshaus Schulbuchverlage Westermann, Schroedel, Diesterweg, Schöningh, Winklers GmbH. Braunschweig 2006 (CD-ROM).

Material 3

Gewebe	Wirkung von cAMP
Fettgewebe	Anstieg der Fettspaltung
Leber	Anstieg der Glykogenspaltung
Herzmuskelzellen	Anstieg der Pulsfrequenz
Darm	Erhöhung der Flüssigkeitsabgabe
Niere	Erhöhung der Wasserresorption
Muskel	Steigerung der Calciummobilisierung

Material 4

Cyclisches AMP (cAMP) wurde als intracelluläres Signalmolekül in allen pro- und eucaryontischen Zellen nachgewiesen. Um als empfindlicher intracellulärer Mediator zu wirken, muss die intracelluläre cAMP-Konzentration (normalerweise $< 10^{-7}$ M) auf ein extracelluläres Signal hin erniedrigt oder erhöht werden können: nach hormoneller Stimulation kann der cAMP-Spiegel innerhalb von Sekunden erhöht bzw. durch Phosphodiesterase zu 5'-AMP abgebaut werden. Cyclisches-AMP ist ein kurzlebiger second-messenger, dessen Halbwertszeit durch Coffein verlängert wird.

Nach: Alberts, B. et al.: Molekularbiologie der Zelle, 3. Auflage. VCH Verlagsgesellschaft mbH Weinheim, New York, Basel, Cambridge, Tokyo 1995, S. 871.

Material 5

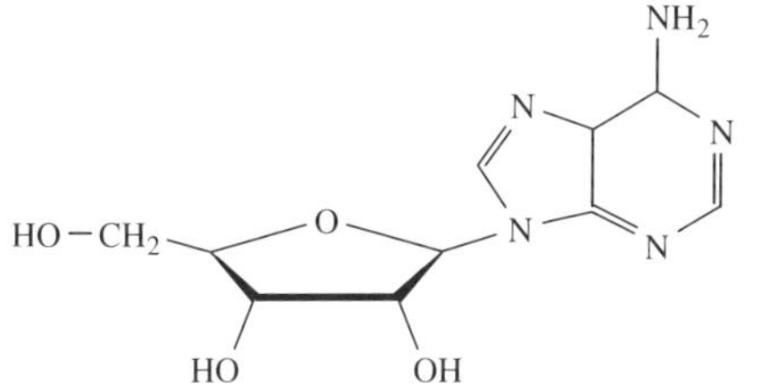

Strukturformel von Adenosin

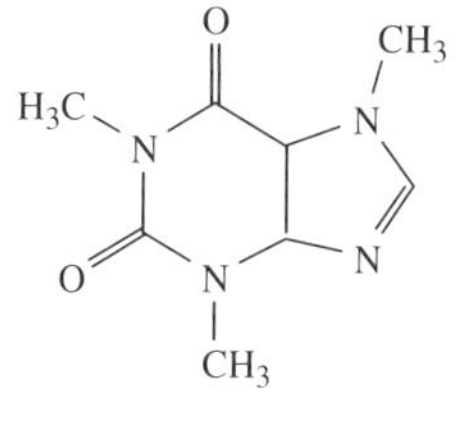

Strukturformel von Koffein

Material 6

Adenylatcyclase ist ein membranständiges Enzym, das aus ATP das cyclische AMP (cAMP) bildet und die cAMP-Konzentration auf bis zu $10^{-4}\,\text{mol} \cdot \text{L}^{-1}$ steigert. Das cAMP zählt zur Kategorie der „second-messenger“ und aktiviert Proteinkinasen. Dadurch werden wiederum Enzymsysteme aktiviert oder Transportsysteme in der Zellmembran (z. B. veränderte Glucose-Permeabilität).

Nach: Vogel, G., Angermann, H.: dtv-Atlas Biologie, Bd. 2, 10. Auflage. Deutscher Taschenbuch Verlag GmbH, München 2002, S. 327.

Lösung

Teil A

1.1 Die zweiteilige Frage verlangt zunächst eine Zuordnung, also das Nennen des richtigen Ökotyps zum Blattquerschnitt. Im zweiten Teil wird eine umfangreichere Ausführung gefordert, bei der anhand spezifischer pflanzenanatomischer Merkmale auf den Charakter des Lebensraums und die Anpassung besonders an den Faktor Wasser geschlossen werden soll.

Zuordnen:
a) Sumpfdotterblume: Hygrophyt
b) Seerose: Hydrophyt
c) Oleander: Xerophyt
d) Rotbuche: Mesophyt

Erläuterung der Angepasstheit:
Die **Sumpfdotterblume** ist an einen Standort mit ständig ausreichender Wasserversorgung und relativ hoher Luftfeuchtigkeit angepasst. Die Transpiration und der Gasaustausch werden durch herausgehobene Spaltöffnungen (Stomata), eine wenig ausgebildete Kutikula, aufgewölbte Epidermiszellen und eine Vergrößerung der Blattoberfläche durch lebende Haare erleichtert. Diese Merkmale sind nur bei Pflanzenarten zu beobachten, in deren Lebensraum reichlich Wasser vorhanden ist. Die geringe Blattdicke und ein schwach ausgeprägtes zweischichtiges Assimilationsgewebe weisen außerdem auf einen schattigen Standort hin.
Der **Oleander** ist eine immergrüne Pflanze mit Anpassungen an einen trockenen, warmen und sonnigen Standort (Hartlaubgewächs). Die Transpiration und der Gasaustausch durch die Spaltöffnungen müssen trotz des Wassermangels und der geringen Luftfeuchtigkeit gewährleistet sein. Aus diesem Grund sind die Spaltöffnungen eingesenkt und tote Haare in den Vertiefungen verhindern eine zu starke Verdunstung durch die Stomata. Die Kutikula ist sehr dick und das Blatt wird durch eine mehrschichtige Epidermis vor der hohen Lichtintensität geschützt. Dass es sich beim Oleander um eine Lichtpflanze handelt, erkennt man darüber hinaus an der großen Blattdicke und dem mehrschichtigen Palisaden- und Schwammgewebe, die gewährleisten, dass bei einer geringen Oberfläche eine optimale Fotosyntheseleistung erreicht werden kann.

1.2 Zunächst sollen aus den charakteristischen Kurvenverläufen der täglichen Transpiration sachgerechte Schlüsse hinsichtlich der Umweltbedingungen gezogen werden. Bei hohen Temperaturen ist die Öffnungsweite der Stomata vorrangig vom Wasserangebot abhängig.

Pflanze 1: Die Höhe der Transpirationsrate hängt direkt mit der Veränderung der Temperatur im Tagesverlauf zusammen. Offenbar müssen von der Pflanze keine Wassersparmaßnahmen ergriffen werden um zu überleben. Das weist auf einen nassen bis sehr feuchten Standort mit uneingeschränkter Wasserversorgung hin.

Pflanze 2: Die Transpiration wird in der Mittagshitze stark eingeschränkt. Die Pflanze wächst an einem mäßig feuchten Standort und schließt die Spaltöffnungen bei sehr hohen Temperaturen um ein Austrocknen zu verhindern.

Pflanze 3: Die Transpiration wird vom späten Vormittag bis zum späten Nachmittag stark eingeschränkt. Das Wasserangebot im Lebensraum dieser Pflanze ist gering.

Pflanze 4: Diese Pflanze wächst in einem extrem trockenen Habitat. Die Transpiration ist ganztägig stark eingeschränkt. Bei dieser Art könnte es sich um eine Vertreterin der

C4-Pflanzen handeln, die auch wenn sie ihre Spaltöffnungen über lange Zeit geschlossen halten müssen, noch effektiv Photosynthese betreiben können.

Im zweiten Teil soll die Funktionsweise der Spaltöffnungen anschaulich dargestellt werden. Die Diagramme zeigen die osmotischen Verhältnisse in Schließzellen und ihrer Umgebung und geben indirekt Hinweise auf die dortigen Zellinnendrücke.

Die Spaltöffnungsweite ist direkt abhängig vom Turgor in den Schließzellen. In der Abbildung B weisen diese die höchste Kaliumionenkonzentration aller Zellen auf. In den umliegenden Epidermiszellen nimmt die K^+-Ionen-Konzentration mit zunehmender Entfernung von den Schließzellen ab, sodass man von einem osmotischen Gradienten sprechen kann. Wird durch die Fotosynthese ausreichend Energie (ATP) bereitgestellt, werden durch aktiven Transport die Kaliumionen aus der Umgebung in die Schließzellen gepumpt. Diese werden dadurch zunehmend hypertonisch und es erfolgt eine osmotische Wasseraufnahme. Dadurch erhöht sich der Turgor, die Schließzellen wölben sich auf und geben die Spaltöffnung frei, sodass sich die pro Zeiteinheit transpirierte Wassermenge (Transpirationsrate) erhöht.
In Abbildung C wird dieser Vorgang umgekehrt. Die Kaliumionen werden in die umgebenden Epidermiszellen gepumpt. Deren hoher osmotischer Wert führt zu einem Wasserverlust in den jetzt hypotonischen Schließzellen. Ihr Turgor sinkt, sie erschlaffen und es kommt zum Verschluss der Spaltöffnungen und damit zur Verringerung der Transpirationsrate.

1.3 Die Skizze erfasst die wesentlichen Bestandteile eines Chloroplasten in stark vereinfachter Darstellung. Die **Matrix** ist als Ort der CO_2-Fixierung zu kennzeichnen.
Im geforderten Schema zum Calvinzyklus muss die Regeneration des CO_2-Akzeptors nicht mit dargestellt werden.

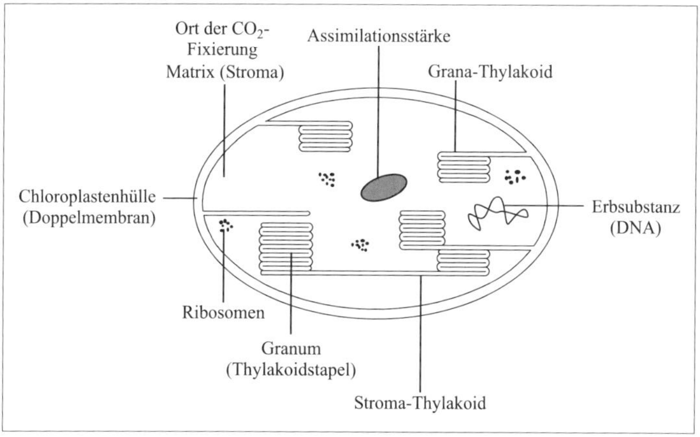

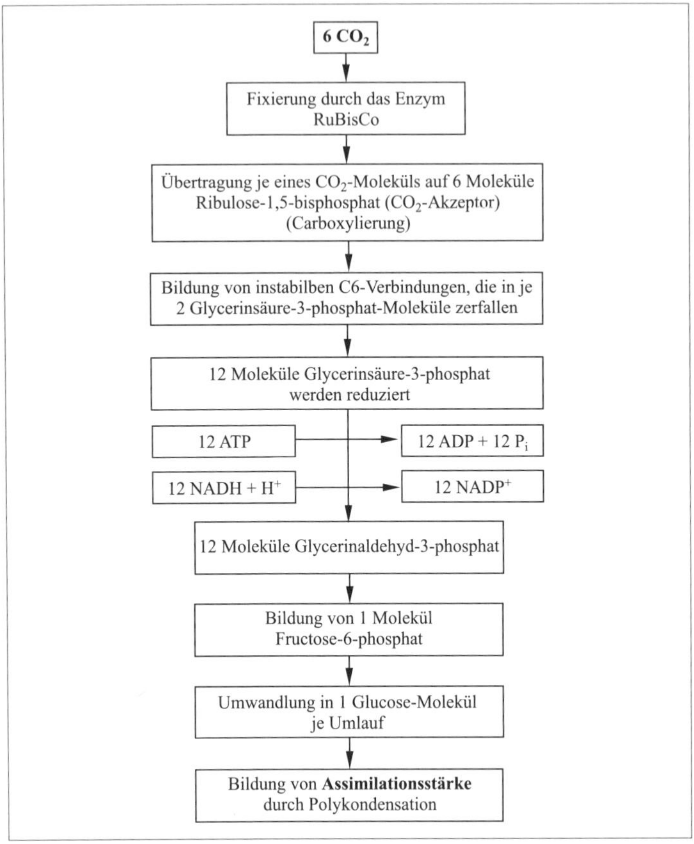

1.4 Die Hypothese muss sich auf die vorgegebenen Materialien stützen. Diese beziehen sich auf den Citronensäurezyklus der Zellatmung, sodass davon ausgegangen werden sollte, dass Fluoracetat einen Einfluss auf die Energiebereitstellung hat.

Die **Glucoseresorption** aus dem Dünndarmlumen in das Blut erfolgt auf der Basis eines aktiven Transports durch Carriersysteme. Diese benötigen ATP als Energiequelle. Jede Störung der ATP-Bereitstellung führt damit zu einer Verminderung der Glucoseaufnahme.
Das im Experiment verwendete Fluorcitrat besitzt eine starke chemische Ähnlichkeit mit Citrat, einem Substrat des **Citronensäurezyklus**. Im normalen Ablauf der Zellatmung wird Citrat durch das Enzym Aconitase in Aconitat umgewandelt. Dieses bildet über verschiedene Zwischenstufen unter Abspaltung enzymgebundenen Wasserstoffs Oxalat, welches durch die Aufnahme von Acetyl-CoA wieder zu Citrat kondensiert.
Dieser normale Ablauf wird durch die Hemmung der Aconitase unterbrochen. Durch die strukturelle Ähnlichkeit kann sich statt Citrat Fluorcitrat an das Enzym anlagern, dessen Fluoratom eine starke Bindungsfähigkeit zu den Eisenionen im aktiven Zentrum des Enzyms aufweist. Dadurch wird die Aconitase und der gesamte Citronensäurezyklus irreversibel blockiert.

Die Folgen davon sind vermutlich die Unterbrechung der gesamten Zellatmung, ein dadurch bedingter Mangel an ATP und daher eine mangelhafte **Glucoseresorption**.

2.1 Der Erbgang kann in diesem Fall aus der Zusammensetzung der uniformen F_1-Generation mithilfe der **mendelschen Regeln** abgeleitet werden.

Der **Erbgang** ist dominant-ressesiv.
Begründung: Die eine Elternpflanze hat ganzrandige Blätter, die andere hat scharfzähnige. In der F_1-Generation treten nur Phänotypen auf, die der scharfzähnigen Elternform entsprechen. Demzufolge ist dieses Merkmal dominant und beide Eltern sind homozygot (homozygot scharfzähnig und homozygot ganzrandig).
Wenn man die heterozygoten Individuen der F_1-Generation untereinander kreuzt, so sind ihre Nachkommen (F_2) phänotypisch ganzrandig oder scharfzähnig im Verhältnis 1 : 3. Die Genotypen der F_2-Generation lassen sich aus den Phänotypen der F_3-Generation ableiten. Entspricht die phänotypische Zusammensetzung der F_3 dem Verhältnis 1 : 3 (ganzrandig : scharfzähnig), so müssen ihre Eltern (F_2) heterozygot sein. Treten in der F_3 ausschließlich scharfzähnige oder ganzrandige Formen auf, so sind ihre Eltern (F_2) homozygote Merkmalsträger.

Kreuzungsschema:
P ZZ × zz
F_1 Zz × Zz
F_2 ZZ, Zz, Zz, zz

Genotypen der F_2	Phänotypen der F_3	Zuordnung
ZZ	alle scharfzähnig	Pflanze b
Zz	3 scharfzähnig : 1 ganzrandig	Pflanzen a und d
zz	alle ganzrandig	Pflanze c

Legende: Z = Allel scharfzähnig
z = Allel ganzrandig

2.2 Die nicht mutierte Normalform ist grün. Der Defekt verringert den Chlorophyllgehalt in der F_2-Generation. Das durch das nicht mutierte Allel gebildete Chlorophyll färbt aber das Blatt noch teilweise grün. Es liegt somit wahrscheinlich ein **intermediärer Erbgang** (in Form einer reduzierten Dominanz) vor. Diese Aussage bestätigt das Zahlenverhältnis der Phänotypen in der F_2-Generation.

Kreuzungsschema:

Generation	Genotypen	Phänotypen
P	CnCn × CnCd	grün × gelbgrün
F_1	CnCn CnCn CnCd CnCd	grün grün gelbgrün gelbgrün

Legende: Cn = Allel für die grüne Normalform
Cd = defektes Allel

Da ein homozygotes Individuum mit einem heterozygoten Individuum mit intermediären Allen gekreuzt wird, ergibt sich das Zahlenverhältnis grün : gelbgrün wie 1 : 1.
Werden die gelbgrünen Individuen untereinander gekreuzt, spalten die Nachkommen wie folgt auf:

Generation	Genotypen	Phänotypen
F_1	CnCd × CnCd	grün × gelbgrün
F_2	CnCn CnCd CnCd CdCd	grün gelbgrün gelbgrün chlorophyllfrei

Pflanzen mit der Allelkombination CdCd keimen zwar noch aus, sterben aber wegen des Chlorophylldefekts nach Verbrauch aller Reservestoffe ab.
Betrachtet man ausschließlich die voll entwickelten Pflanzen bleiben daher nur die grünen und die gelbgrünen Individuen im statistischen Zahlenverhältnis von 1 : 2 übrig.

Teil B

Die biochemischen Wirkungen von Koffein sollen mithilfe der Materialien und der eigenen Vorkenntnisse zusammenhängend (wissenschaftlicher Artikel), nachvollziehbar und verständlich dargestellt werden. Schwerpunkte, Fragestellungen und Gliederungsmöglichkeiten für den geforderten Artikel ergeben sich dabei aus den Materialien, z. B.:
- natürliche Funktion des Koffeins als Pflanzenalkaloid
- cAMP als Second Messenger
- cAMP und Koffein
- Analogien von Koffein und Adrenalin
- Suchtpotenzial

In der Zusammenfassung sollte deutlich werden, dass Koffein die Bildung von cAMP fördert, dessen Abbau hemmt und somit eine dem Stresshormon Adrenalin analoge Wirkung hat.

Koffein, ein natürliches **Alkaloid,** kommt in den verschiedensten Pflanzenarten vor, von denen die Kaffee- und die Teepflanze sowie der Matestrauch und der Kolabaum sicher die bekanntesten sind. Koffein ist ein sekundärer Pflanzenstoff und dient wegen seiner Giftigkeit und seines extrem bitteren Geschmacks zur Abwehr von Fressfeinden. Die Giftwirkung beruht dabei auf der schnellen Aufnahme und Verteilung im Körper des Konsumenten und der daraus resultierende Übersteigerung der im Material (M 1) beschriebenen Wirkungen (z. B. Herzrasen und Nervosität).
Koffein wirkt nicht direkt auf leistungssteigernde Stoffwechselvorgänge, sondern über intrazelluläre Signalmoleküle, sogenannte Second Messenger, wie **cAMP**. Das cyclische AMP (Adenosinmonophosphat) aktiviert in den Zielzellen weitere Enzyme und Transportsysteme, die schließlich die beobachtete Wirkung hervorrufen (M 5 und M 6). cAMP ist ein universeller Botenstoff (M 4) mit leistungssteigernder Wirkung. Es setzt **Reservestoffe** wie Fette und Glykogen frei. Die Herzschlagfrequenz und die **Muskelspannung** wird durch die Freisetzung von Ca^{2+}-Ionen erhöht und die Leistungsfähigkeit von Niere und Verdauungssystem gesteigert.
Seine Funktion kann cAMP nur erfüllen, wenn seine Konzentration auf extrazelluläre Signale hin kurzfristig erhöht werden kann und sein Zerfall nach der erzielten Wirkung wieder relativ rasch erfolgt. Die natürliche Halbwertszeit beträgt dabei 3,5 bis 5 Stunden (M 1). Die Regulation der cAMP-Konzentration erfolgt an den Membranen der jeweiligen Zellen durch zwei Enzyme:
- **Adenylatcyclase**: bildet aus ATP cAMP und erhöht damit dessen Konzentration mit den entsprechenden Konsequenzen für den Organismus (M 2 und M 6)
- **Phosphodiesterase**: baut cAMP zu AMP ab und verringert damit die leistungssteigernde Wirkung (M 2 und M 4)

Normalerweise (ohne Koffein) wird die Adenylatcyclase indirekt durch **Adrenalin** aktiviert, das über ein Rezeptormolekül das Gs-Protein zur Wirkung bringt. Der Antagonist des Adrenalin ist dabei **Adenosin**, welches über einen Rezeptor das Gi-Protein aktiviert, das die Adenylatcyclase hemmt. Adrenalin und Adenosin regulieren also in genau abgestimmter Form wesentliche Teile der Stoffwechselaktivität des Körpers (M 2).
Die Wirkung des Koffein auf die cAMP-Konzentration beruht auf zwei Mechanismen:
- Koffein besitzt eine ähnliche chemische Struktur wie Adenosin (M 5) und kann daher Adenosin-Rezeptoren besetzen, ohne jedoch dabei Gi-Proteine zu aktivieren. Aufgrund dessen wird die Produktion von cAMP ungebremst fortgesetzt.
- In die Zelle diffundiertes Koffein hemmt direkt die Phosphodiesterase, sodass der Zerfall von cAMP verhindert wird (M 2).

Koffein hemmt also direkt den Abbau des Second Messengers cAMP und fördert dessen Aufbau indirekt, sodass die Normalkonzentration von 10^{-7} mol / ℓ permanent überschritten bleibt.
Die mit der hohen Konzentration von cAMP einhergehende Leistungssteigerung führt zu einer Erhöhung der Aktivitäten im physischen und psychischen Bereich. Die bessere Durchblutung und Kontraktionsfähigkeit der Muskulatur, die Bereitstellung von Energiereserven sowie die Sensibilisierung von neuronalen Funktionen erinnert stark an die in **Stresssituationen** von Adrenalin (Stresshormon) vermittelten Reaktionen. Die Wirkung des Hormons wird daher durch Koffein noch unterstützt und bei hohen Dosen kann es zu unangenehmen Erscheinungen wie z. B. Schlafstörungen kommen.
Eine potenzielle **Suchtgefahr** besteht in der Gewöhnung an die leistungssteigernde Wirkung des Koffeins (psychische Abhängigkeit) und weniger in der Störung des natürlichen Adenosinsystems (physische Abhängigkeit).

Leistungsfach Biologie (Thüringen): Abiturprüfung 2008
Aufgabe 2: Zytologie, Stoffwechsel, Genetik

Teil A BE

1 Zellen sind außerordentlich vielgestaltig in ihren Formen und vielfältig in ihren Funktionen.

1.1 In der Abbildung ist eine voll ausgebildete Pflanzenzelle dargestellt. Benennen Sie die Bestandteile 1–9 und deren Funktionen! Fertigen Sie eine Skizze von einer jungen Pflanzenzelle an und erklären Sie die Unterschiede! 6

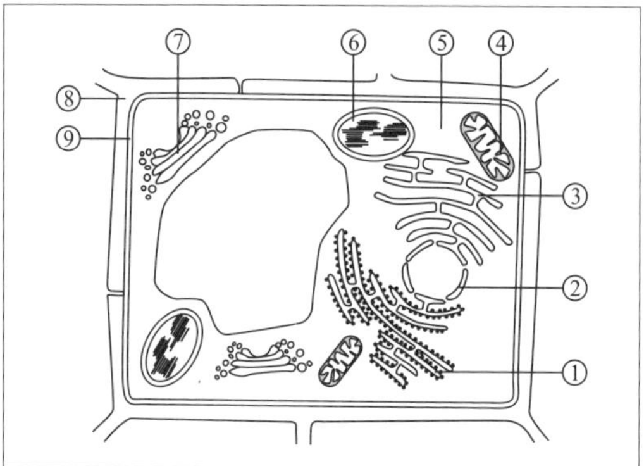

Bestandteile einer ausgewachsenen Pflanzenzelle
Nach: http://www.biokurs.de/skripten/bs11–4.htm

1.2 Erläutern Sie die komplexen Zusammenhänge die sich aus Größe und Funktion der Vakuole für Wachstum, Entwicklung und Anpassungsfähigkeit einer Pflanze ergeben! 4

1.3 Halophyten wie Gemeiner Queller, *Salicornia europaea,* und Salzmelde, *Atriplex portulacoides,* sind in besonderer Weise an ihren Lebensraum angepasst.

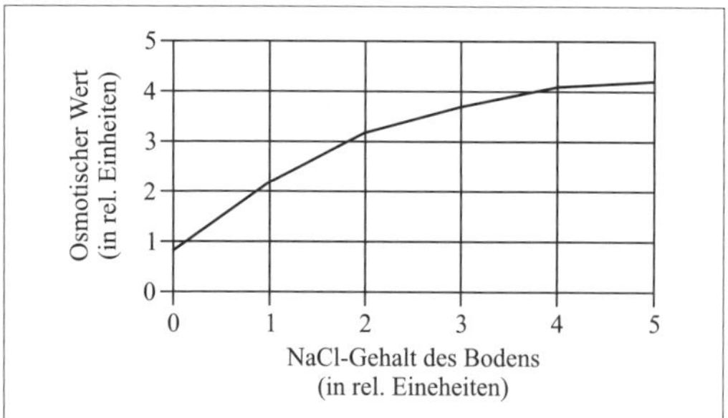

Beziehung zwischen NaCl-Gehalt der Bodenlösung und osmotischem Wert des Zellsaftes bei Halophyten
Nach: Margret und Heinz Peter Siebertz: Salzwiesen des Nordfriesischen Wattenmeeres; www.erft.de/schulen/ggb/salzw/swab13.html, 01. 06. 07.

Erläutern Sie die Angepasstheit und beziehen Sie dabei auch die Grafik ein! Welche Schlussfolgerung ziehen Sie aus der Tatsache, dass sich Halophyten in verschiedenen Pflanzenfamilien finden lassen? 5

2 Kartoffeln, Getreide, Bohnen u. a. gehören in vielen Teilen der Welt zu den Grundnahrungsmitteln.

2.1 Aus einer Vielzahl von Gründen macht sich heute die Lagerung dieser landwirtschaftlichen Produkte in großen Lagerhallen und Speichern erforderlich. Begründen Sie die besondere Bedeutung von Getreide für die Versorgung der Erdbevölkerung und beziehen Sie dabei auch die nachfolgende Tabelle ein! 4

Art	**Eiweiß (g)**	**Fett (g)**	**Kohlenhydrate (g)**	**Ca (mg)**	**Fe (mg)**	**K (mg)**
Mais	9,0	3,8	71,0	15	1,5	330
Reis	7,5	2,2	75,5	23	2,6	150
Weizen	11,5	2,0	70,0	42,7	3,3	502

Art	**Vitamine (mg)**				
	B1	**B2**	**B6**	**E**	**Folsäure**
Mais	0,36	0,20	0,40	2,0	0,026
Reis	0,41	0,09	0,67	0,74	0,016
Weizen	0,48	0,24	0,44	1,35	0,09

Inhaltstoffe verschiedener Getreidearten unmittelbar nach der Ernte (je 100 g)
Nach: www.wikipedia.org/wiki/Getreide, 30. 06. 07.

2.2 Weisen Sie in einer Kartoffel zwei Nährstoffe nach und fertigen Sie ein entsprechendes Protokoll an! Fordern Sie die dazu erforderlichen Geräte und Chemikalien schriftlich an! 6

2.3 Auch bei sorgfältigster Lagerung und ohne die Einwirkung von Vorratsschädlingen kommt es zum Schwund eingelagerter Biomasse. Erklären Sie den Masseverlust! Begründen Sie drei Lagerbedingungen, die zur Verringerung des Masseverlusts beitragen! 5

2.4 Ein weiterer Grund für den Masseverlust sind Vorratsschädlinge verschiedener Art. Gegen solchen Befall werden sowohl chemische als auch biologische Mittel eingesetzt. Erläutern Sie jeweils ein prinzipielles Problem, das beim Einsatz dieser Verfahren auftreten kann! 3

2.5 Der japanische Zoologe Syunro Utida hat sich intensiv mit der Biologie von Vorratsschädlingen befasst. In einer seiner Untersuchungen benutzte er unter Laborbedingungen die Samenkäferarten *Callosobruchus chinensis* und *C. maculatus*. Diese hielt er in Mischkulturen mit und ohne Erzwespen, *Neocatolaccus mamezophagus*, die beide Käferarten unterschiedslos parasitieren. Die Ergebnisse sind in der Abbildung festgehalten.

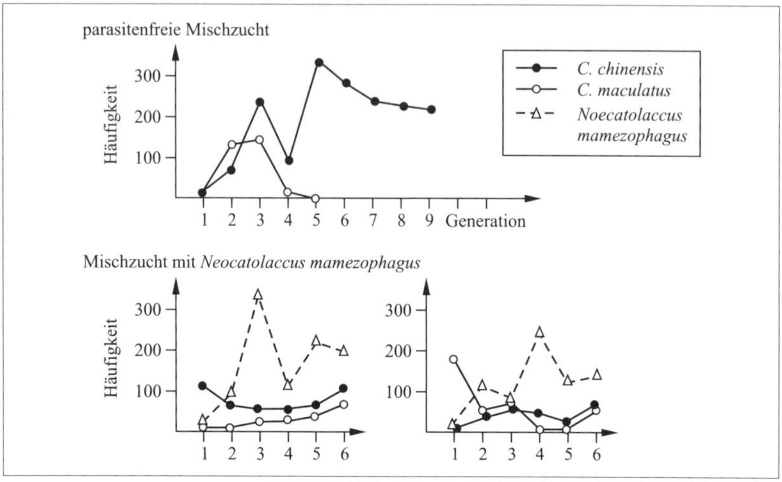

Entwicklung der Individuenzahl der Samenkäferarten *C. chinensis* und *C. maculatus* ohne und mit ihrem gemeinsamen Parasiten; Nach: Bayrhuber, H., Linder, H.: Linder Biologie Arbeitsbuch, Schroedel Schulbuchverlag, Hannover 1998, S. 23

Erklären Sie die Populationsschwankungen der Käfer! Beurteilen Sie die Eignung der Erzwespe für die Bekämpfung der Vorratsschädlinge! 7

Teil B

„Wikipedia ist ein Projekt zum Aufbau einer Enzyklopädie aus freien Inhalten in allen Sprachen der Welt. Jeder kann mit seinem Wissen beitragen. Seit Mai 2001 entstanden so 591 079 Artikel in deutscher Sprache. Gute Autorinnen und Autoren sind stets willkommen."

www.wikipedia.org/wiki/Hauptseite. 28. 05. 07.

Wikipedia ist nicht nur eine bei Schülerinnen und Schülern beliebte und viel genutzte Informationsquelle. Oft sind die entsprechenden Texte aussagekräftig und fachlich korrekt. Doch die unkritische Nutzung kann auch problematisch sein, denn viele Wikipedia-Artikel enthalten falsche Informationen oder es fehlen wesentliche Aussagen. Das gilt besonders für Artikel, die neu ins Netz gestellt werden, so wie in dem im Material angegebenen Text über „Mutation" in der Version vom 6. April 2005. Durch ständiges Überarbeiten werden sie im Lauf der Zeit besser und aussagekräftiger.

Beurteilen Sie die Exaktheit dieses Wikipedia-Artikels aus fachwissenschaftlicher Sicht! Vervollständigen Sie diesen Artikel durch einen Abschnitt, der die Bedeutung von Mutationen für die Evolution beschreibt! 20

Material – Wikipedia-Artikel über Mutationen

„Eine Mutation (lat. *mutare* verändern) ist eine Veränderung im Erbgut eines Organismus durch Veränderung der Abfolge der Nucleotidbausteine. Dadurch wird die in der DNA gespeicherte Information verändert und die Merkmale des Organismus können verändert werden.

Inhaltsverzeichnis

Arten der Mutation

Man unterscheidet drei Typen von Mutationen:

- die Gen- und die Punktmutation, die auf einen Gen-Abschnitt beschränkt bleiben,
- die Chromosomenmutation, bei der herausgebrochene Teile von Chromosomen wieder falsch ins Chromosom eingebaut werden oder ganz verloren gehen und
- die Genommutation, bei der ganze Chromosomen oder gar Chromosomensätze vermehrt werden oder ganze Chromsomen verloren gehen.

[...] Weiter unterscheidet man Mutationen, die an die Nachkommen weitergegebenen werden und Mutationen, die auf den Organismus beschränkt bleiben. Erstere sind wichtig im Rahmen der Evolutionstheorie, letztere in der Medizin (Krebs, Altern).

negative Folgen

Größere Veränderungen im Erbgut führen zu Veränderungen im Stoffwechsel oder auch zu Fehlbildungen und anderen Besonderheiten. Beispiele dafür sind:

- die Sichelzellenanämie, eine Blutkrankheit, bei der sich die äußere Form der roten Blutkörperchen ändert, was u. a. verringerte Sauerstoffaufnahme zur Folge hat,
- die Phenylketonurie, wobei der Abbau der Aminosäure Phenylalanin gestört ist, wodurch Schädigungen des kindlichen Gehirns hervorgerufen werden können,
- der Albinismus und
- die Mukoviszidose oder zystische Fibrose, die häufigste genetisch bedingte Krankheit Nordeuropas. Bei ihr ist das Gen, das die Konsistenz der Drüsensekrete steuert, defekt. Wenn das Sekret zu zäh ist, kann es (je nach Drüse) die Atemwege oder die Ausführungsgänge der Drüsen verstopfen. [...]

stille Mutationen – keine Folgen

Es kommt auch vor, dass eine Veränderung in einem DNA-Abschnitt keine Konsequenzen nach sich zieht, wenn die Stelle, die verändert wurde, nicht für eine genetische Information benutzt wird. Aber auch wenn die veränderte Stelle benutzt wird, kann es sein, dass der Informationsgehalt des Gens sich nicht verändert hat, da eine Reihe von Aminosäuren identisch kodiert sind (siehe: genetischer Code). Diese Mutationen heißen auch stille Mutationen.

Solche Arten von Mutationen führen dazu, dass innerhalb einer Gruppe von Organismen funktional gleiche Gene unterschiedliche genetische „Buchstaben“ innerhalb ihrer Nukleotid-Sequenz besitzen. Diese Unterschiede, die Polymorphismen heißen, lassen sich ausnutzen, um Verwandtschaftsbeziehungen zwischen Individuen abzuleiten, oder auch, um eine durchschnittliche Mutationsrate abzuschätzen.

positive Folgen

Mutationen können auch vorteilhaft sein: Durch Austausch der Basenpaare werden Proteine verändert oder einfach nur anders reguliert, was eine Änderung im Aussehen oder im Verhalten des Organismus bewirken kann, die ihm Vorteile gegenüber seinen Artgenossen bietet. Wenn diese Mutation an die Nachkommen vererbt wird, kann sie sich „durchsetzen".

Deshalb: Mutationen sind ein natürliches Phänomen und ermöglichen erst die Entwicklung der Arten (siehe: Evolutionslehre).

Der Mensch macht sich zudem ionisierende Strahlen zunutze, um Mutationen künstlich auszulösen. Eine Anwendung besteht in der Bestrahlung von Blumen- und Pflanzensamen, um bisher unbekannte Formen zu erzeugen und wirtschaftlich zu nutzen. Das Verfahren hat eine sehr geringe Erfolgsquote.

Der Entwicklungslehre Darwins zufolge ist die Mutation mit für die Artenvielfalt auf der Erde verantwortlich. [...]

Auslöser

Die Auslöser für Mutationen werden Mutagene genannt.

www.wikipedia.org/w/index.php?title=Mutation&diff=5301132&oldid=3675228, 28. 05. 2007.

Lösung

Teil A

1.1 Verschiedene Deutungen der abgebildeten Strukturen sind durchaus möglich.
Die geforderte Skizze einer jungen Pflanzenzelle muss die charakteristischen Unterschiede zu einer differenzierten Zelle deutlich erkennen lassen. In der Erklärung sollen diese Unterschiede nochmals aufgegriffen und deutlich gemacht werden.

Zellbestandteil		**Funktion**
1	raues endoplasmatisches Retikulum (oder Ribosom)	Eiweißsynthese
2	Zellkern (oder Zellkernmembran)	Erbinformation
3	glattes endoplasmatisches Retikulum	Stoffwechsel, Synthesen
4	Mitochondrium	Zellatmung
5	Zytoplasma	Grundsubstanz, Transport
6	Chloroplast	Fotosynthese, Stoffwechsel
7	Golgi-Apparat (Dictyosomen)	Speicherung, Synthesen
8	Zellwand	Abschluss, Schutz, Turgor
9	Plasmalemma (Zellmembran)	Abschluss, Transport

Skizze einer jungen Zelle

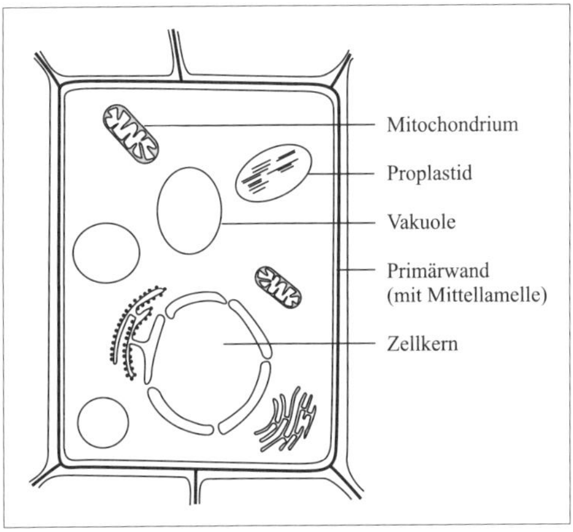

Erklärung:
Eine undifferenzierte, aus dem Bildungsgewebe hervorgegangene junge Pflanzenzelle zeigt einen im Verhältnis größeren **Zellkern**, da die Erbsubstanz vollständig weitergegeben wird. Die **Zellwand** befindet sich noch im Aufbau und besteht aus der Mittellamelle und vielleicht einer sich ausbildenden Primärwand mit charakteristischer Streuungstextur. Auch die **Membranstrukturen** (Endoplasmatisches Retikulum und Golgi-Apparat) sind bisher nur im Ansatz ausgebildet. Statt der in ausdifferenzierten Zellen meist vorhandenen zentralen Vakuole, findet man mehrere kleine **Vakuolen** und einen verhältnismäßig hohen Zytoplasmaanteil. **Chloroplasten** haben sich noch nicht entwickelt. Sie gehen in Abhängigkeit von den jeweiligen Umweltbedingungen aus Proplastiden hervor.

1.2 Bei dieser Aufgabe wird die Gliederung vorgegeben (Wachstum, Entwicklung und Anpassungsfähigkeit), in die die Hauptfunktionen der Vakuole im Kontext zu ihrer Größe einzuordnen sind.

Eine **Bildungsgewebszelle** besitzt nur sehr kleine Vakuolen. In der **Streckungsphase** nimmt sie sehr viel Wasser auf und speichert es vorwiegend in den Vakuolen, die sich dadurch vergrößern. Dadurch kommt es z. B. zur Blattentfaltung im Frühjahr. Gleichzeitig differenziert sich die Zelle und erfüllt zunehmend ihre Funktion im Gewebeverband. Dazu gehören z. B. die Gewährleistung von **Formstabilität** und **Festigkeit** der Pflanzenteile. Auch hier spielt die sich ausdehnende Vakuole eine Rolle. Die in ihr enthaltene hypotonische Lösung sorgt für eine osmotische Wasseraufnahme und Volumenvergrößerung. Der Zellsaft übt damit auf die Zellwand einen gewissen Druck (Turgor) aus. Dieser Zustand bestimmt die Stabilität der Gewebe. Der Turgor besitzt auch noch andere Funktionen. In den Schließzellen von Spaltöffnungen z. B. wirkt er sich direkt auf die **Transpirationsleistung** des Laubblattes und damit auf dessen Anpassung an unterschiedlich feuchte Habitate aus.
Mit steigendem Alter und Differenzierungsgrad der Zelle übernimmt die zusammengewachsene Zentralvakuole zunehmend auch **Speicherfunktion** vorwiegend für giftige Stoffwechselendprodukte. Diese erfüllen Funktionen wie Abschreckung von Fressfeinden (z. B. bittere Alkaloide) oder Farbbildung (z. B. Anthocyane). Als Anpassung an salzige Standorte können Vakuolen Salzionen anreichern, um osmotische **Wasseraufnahme** zu ermöglichen.

1.3 Die Aufgabe verlangt eine anschauliche Darstellung der Anpassungserscheinungen der Halophyten an ihren extremen Standort und einen evolutionsbiologischen Analogieschluss.

Das Hauptproblem der **Halophyten** besteht im **Konzentrationsgradienten** zwischen den hypotonischen Pflanzenzellen und der durch Salzionen stark hypertonischen Bodenlösung. Um trotzdem Wasser aufnehmen zu können, besteht eine Strategie darin, durch **aktiven Transport** Salzionen in den Pflanzenzellen (Vakuolen) anzureichern, um den Gradienten umzukehren. Die überschüssigen Mineralien können über spezielle **Salzdrüsen** oder mit abfallenden **Salzspeichern** (z. B. spezielle Blätter) abgegeben werden. Zusätzlich zeigen Halophyten meist Anpassungserscheinungen, die den **Wasserverlust** einschränken. Sie ähneln daher morphologisch häufig den Xerophyten und Sukkulenten.
Im Diagramm wird die Strategie des aktiven Ionentransports veranschaulicht. Je höher der **Salzgehalt** im Boden, desto höher ist auch der **osmotische Wert** des Zellsaftes in den Vakuolen, d. h. desto stärker sind osmotisch wirksamen Substanzen wie Salze oder Zucker in den Zellen konzentriert. Am Kurvenverlauf wird aber auch deutlich, dass diese Strategie ihre Grenzen hat: Ab einer bestimmten Salzkonzentration im Boden ist keine effektive **Osmoregulation** (abflachen der Kurve) und dadurch auch keine osmotische Wasseraufnahme mehr möglich.
Der Begriff Halophyt bezeichnet keine systematische Einheit, sondern einen **Ökotyp**, der bei den verschiedensten Pflanzenfamilien auftreten kann und eine extreme **Spezialisierung** darstellt. Die Halophyten zeigen aufgrund von ähnlichen Habitatsbedingungen im Verlauf der Evolution entstandene **konvergente** Morphologien und Stoffwechseleigenschaften.

2.1 Die Kausalität zwischen Eigenschaften und Bedeutung von Getreide sollte hier nicht nur mit den Tabellenwerten, sondern auch mit eigenem Fachwissen deutlich gemacht werden.

Die Versorgung der Erdbevölkerung mit Nahrung bringt zwei Problembereiche mit sich. Der erste besteht in der **Quantität** der Lebensmittel, also in der mit der Nahrung aufnehmbaren Energiemenge. Die Getreidearten besitzen mit über 70 % einen hohen Anteil an energiereichen Kohlenhydraten, vor allem Stärke.
Der zweite zu berücksichtigende Bereich ist in der **Qualität** der Nahrung zu sehen. Dabei spielen z. B. der Protein-, Vitamin- und der Mineralstoffanteil eine große Rolle für eine optimale Versorgung. Wie in der Tabelle zu erkennen, sind diese Stoffe bei den aufgeführten Getreidearten vorhanden jedoch in unterschiedlicher Menge. Das bedeutet, dass eine einseitige Ernährung mit nur einer der Getreidearten nachteilige Wirkungen haben wird.
Ein Vorteil von Getreide ist die relativ gute Lagerfähigkeit der Samen, der hohe Ertrag sowie der relativ unproblematische Anbau. Die Vielzahl der Arten mit ihren sehr unterschiedlichen ökologischen Toleranzbereichen macht es möglich, dass in nahezu jeder Klimazone der Erde mindestens eine Getreidesorte angebaut werden kann.

2.2 Grundsätzlich können von Ihnen drei relevante Nährstoffgruppen nachgewiesen werden: Stärke, Glucose und Eiweiße. Da für die Nachweise eine Kartoffel benutzt werden muss, sollten Sie sich auf diejenigen Stoffgruppen konzentrieren die in den Knollen am sichersten nachzuweisen sind, also Stärke und Proteine.

Musterprotokoll

1 Aufgabenstellung:
Weisen Sie in der Kartoffel zwei Nährstoffe nach.

2 Benötigte Geräte und Chemikalien:
Reagenzgläser, Reagenzglasständer, Reagenzglashalter, heißes Wasserbad, Schutzbrille, evtl. Auspresstuch

Für den Stärkenachweis:
Iod-Kaliumiodidlösung

Für den Eiweißnachweis *(nur eine Methode verlangt)*
- über die Xanthoproteinreaktion: konzentrierte Salpetersäure
- über die Biuretreaktion: verdünnte Natriumhydroxidlösung, Kupfer-II-sulfatlösung

Oder:
Für den Glucosenachweis: Fehlingsche Lösungen I und II

3 Durchführung:
Die Nachweisreaktionen fallen deutlicher aus, wenn die Knolle vor Versuchsbeginn gerieben und der Saft mithilfe eines Tuches ausgepresst wird. Der Brei oder Presssaft kann dann für die Nachweise benutzt werden.

Stärkenachweis: Zur Kartoffelmasse werden einige Tropfen Iod-Kaliumiodidlösung gegeben.

Eiweißnachweis *(nur eine Methode verlangt)*:
- Xanthoproteinreaktion: Konzentrierte Salpetersäure wird zur Kartoffel gegeben.
- Biuretreaktion: Zu etwa 1 ml Kartoffel(-Presssaft), werden die gleiche Menge verdünnte Natronlauge und einige Tropfen der Kupfersulfatlösung gegeben. Der Ansatz kann bei Bedarf im Wasserbad erwärmt werden.

Die Biuretreaktion ist aus Gründen des Gesundheitsschutzes zu bevorzugen. Die Entsorgung der schwermetallhaltigen Lösungen muss hier jedoch gesondert erfolgen.

Oder

Glucosenachweis: Je 2 ml Fehlingsche Lösung I und II werden gemischt, sodass die klare und tiefblaue Fehling Reagenz entsteht. Dazu wird etwas Kartoffel(-Presssaft) gegeben und im Wasserbad kräftig erhitzt.

4 Beobachtungen:

Hier werden nur die während des Experiments gemachten Beobachtungen evtl. tabellarisch notiert.

Stärkenachweis: *Ist Stärke vorhanden, entsteht eine intensiv blauschwarze Färbung.*

Eiweißnachweis *(nur eine Methode verlangt):*

- *Xanthoproteinreaktion: Ist Eiweiß vorhanden, wird eine intensive Gelbfärbung sichtbar.*
- *Biuretreaktion: Ist Eiweiß vorhanden, entsteht eine violette Färbung (Farbstoff: Biuret).*

Oder

Glucosenachweis: *Ist Glucose enthalten, kommt es nach einiger Zeit zu der typischen rot-orangen („ziegelroten") Färbung.*

5 Auswertung:

In der Auswertung werden die Beobachtungen mit den in der Durchführung beschriebenen Erwartungen verglichen und festgelegt, welche der Nährstoffe enthalten sind. Bei undeutlichen Ergebnissen sollte eine Fehleranalyse durchgeführt werden. Außerdem kann in der Auswertung auf die Grundlagen der Experimente kurz eingegangen werden (Stärke: Bildung von Iodstärke; Eiweiße: Farbreaktionen mit Aminosäuren; Fehlingsche Probe: Redoxreaktion an freien Aldehydgruppen)

2.3 Bei der Beantwortung ist zu beachten, dass die eingelagerte Biomasse vorwiegend aus lebendem Material besteht, welches von den „Versorgungseinheiten" (Blätter, Wurzeln) getrennt wurde. Aus dieser Tatsache und anhand von Kenntnissen über biochemische Reaktionsbedingungen lassen sich optimale Lagerbedingungen ableiten.

Vom Menschen geerntete Pflanzenteile wie z. B. Kartoffelknollen betreiben zur Erhaltung der Lebensfunktionen ihren Stoffwechsel weiter, wenn auch in reduzierter, Form. Das ist notwendig, da diese Pflanzenteile (Samen, Spross- und Wurzelknollen) häufig Überdauerungsorgane im Fortpflanzungszyklus sind. Assimilationsvorgänge sind durch das Abtrennen von der grünen Pflanze nicht mehr möglich, wenn man von Umbauvorgängen absieht. Es bleiben Dissimilationsvorgänge, die durch **Zellatmung** die zur Erhaltung des Lebens notwendige Energie liefert. Dabei wird Glucose und Sauerstoff verbraucht und Kohlenstoffdioxid in die Umwelt freigesetzt.

Reaktionsgleichung:

$$\mathbf{C_6H_{12}O_6} + 6\,O_2 \longrightarrow \mathbf{6\,CO_2}\uparrow + 6\,H_6O \qquad \Delta_R H^\circ \sim -2\,880\ \text{kJ/mol}$$

Das erklärt, warum Biomasse verloren geht. Ein weiterer Grund wären Verluste durch Wasserabgabe während der Lagerzeit.

Bei der Optimierung der Lagerung kommt es also darauf an, die Zellatmung zu reduzieren, ohne die Pflanzenzellen abzutöten. Dazu gibt es verschiedene Ansätze:

- Verringerung der **Temperatur** (auf etwa 5 bis 10 °C):
  Die Zellatmung besteht aus einer Vielzahl von biochemischen Reaktionen, die durch Enzyme katalysiert werden. Deren Reaktionsgeschwindigkeit ist direkt von der Temperatur abhängig. Es ist also notwendig, durch Kühlung die Zellatmungsaktivität auf ein notwendiges Minimum zu drosseln, ohne dass die lebenden Strukturen Schaden nehmen.
- Verringerung der **Sauerstoffzufuhr**, z. B. durch Lagerung in Kisten oder unter Folien:
  Sauerstoff ist ein wichtiges Edukt der Zellatmung. Wird der Sauerstoffgehalt der Umgebungsluft auf ein notwendiges Minimum reduziert, werden die Atmungsvorgänge eingeschränkt und der Masseverlust durch Atmung in Grenzen gehalten.
- **Erhöhung** des **CO_2-Anteils** der Umgebungsluft durch relativ abgeschlossene Lagerräume oder/und Zusatz von CO_2:
  Kohlenstoffdioxid ist ein Produkt der Zellatmung. Wenn sich das Gas anreichert, werden an der Zellatmung beteiligte Enzyme und damit die gesamte Zellatmung gehemmt. Gleichzeitig sinkt der Sauerstoffanteil in der Umgebungsluft, was den hemmenden Effekt noch verstärkt.

2.4 Bei der Beantwortung soll nur **ein** Problem je Schädlingsbekämpfungsform und das auch nur in seiner grundsätzlichen Form dargestellt werden. Außerdem geht es nur um Vorratsschädlinge, was die Auswahl einschränkt.

Chemische Schädlingsbekämpfung:
Das Hauptproblem bei dieser Form der Schädlingsbekämpfung besteht darin, dass die Pestizide und Fungizide in direkten Kontakt mit dem Lagergut kommen, auf dem die Schädlinge z. B. Insekten, Würmer und Pilze leben. Reste der Chemikalien und deren Abbauprodukte können sich in den Nahrungsketten (z. B. bei der Verwendung als Viehfutter) anreichern und so schädigend auf den Endkonsumenten Mensch wirken.

Biologische Schädlingsbekämpfung:
Diese erweist sich beim Schutz der eingelagerten Lebensmittel als problematisch, da die Vorratsschädlinge wie bereits beschrieben, direkt in Kontakt mit den Lebensmitteln kommen bzw. in ihnen leben. Dorthin müssten auch die natürlichen Feinde gebracht werden. Im alten Ägypten z. B. setzte man Katzen zum Schutz der Getreidespeicher vor Mäusen und Ratten ein. Der Einsatz von natürlichen Feinden in Vorratsräumen ist kompliziert, kostspielig und die Wirksamkeit der Maßnahmen ist relativ unsicher. Außerdem würden auch die Nützlinge die Vorräte z. B. durch Exkremente verändern oder verunreinigen

2.5 In den Kurven-Diagrammen sind Bestandsentwicklungen von sich gegenseitig beeinflussenden Insektenpopulationen dargestellt. Die Gründe für die erkennbaren Effekte sollen ermittelt werden, ohne die Diagramme vollständig zu interpretieren. Das Urteil über die Eignung der Erzwespe für die Bekämpfung der Vorratsschädlinge kann bei logischer Begründung durchaus unterschiedlich ausfallen.
Um nicht immer die vollen Namen der beteiligten Arten ausschreiben zu müssen, empfiehlt sich die Wahl von Kurzbezeichnungen.

Parasitenfreie Mischzucht:
Die beiden Samenkäfer *Callosobruchos chinensis* (Käfer Cc) und *Callosobruchos maculatus* (Käfer Cm) werden im Experiment mit Ausgangspopulationen von wenigen Individuen eingesetzt und erhalten wahrscheinlich Getreide- oder andere Samen als Nahrung. Es ist zu beobachten, dass nach einem anfänglichen Wachstum beider Käferpopulationen ein Maximum auftritt, an das sich ein deutlicher Rückgang der Käferzahl anschließt, der vielleicht durch das natürliche Absterben der ersten Generationen verursacht wird.

Die Käferart Cc erholt sich sehr schnell, während die Käferart Cm in der fünften Generation ausstirbt. Unter den gegebenen Vorraussetzungen erweist sich Käfer Cc als **konkurrenzstärker**.

Mischzucht mit *Neocatolaccus mamezophagus*:
Die Population der Erzwespe *Neocatolaccus mamezophagus* (Parasit N) schwankt stark ohne deutliche Korrelation zur Populationsentwicklung derjenigen Käferpopulation, die anfangs die geringere Individuenzahl aufweist. Im linken Diagramm ist dies Käfer Cm, im rechten Käfer Cc. Diese „Minimum-Populationen" vergrößern sich im Laufe der Zeit leicht.
Anders verhält es sich mit der jeweils stärkeren Ausgangspopulation der anderen Art. Diese wird durch den Einfluss der **Parasiten**, die offensichtlich jeweils die Käferart mit der größeren Individuenzahl als Wirt bevorzugen, dezimiert. Nach sechs Generationen stellt sich ein Gleichgewicht ein, in dem beide Käferarten koexistieren können, wenn auch auf niedrigem Niveau. Die Konkurrenzstärke von Käfer Cc wird durch den Parasiten offensichtlich aufgehoben, sodass keiner der beiden Samenkäfer mehr einen Vorteil in seiner Populationsentwicklung besitzt.

Beurteilung der Eignung als biologischer Schädlingsbekämpfer:
Die Erzwespe reduziert tatsächlich die Populationen der Samenkäfer, aber eben nicht vollständig. Die Summe der verbleibenden Käfer beider Arten erreicht etwa 2/3 des Niveaus der Population von Käfer Cc ohne Parasitenbefall. Außerdem erholen sich die Käferpopulationen nach einem Zusammenbruch des Systems sehr schnell wieder. Das Potenzial der Erzwespe zur Schädlingsbekämpfung ist unter Laborbedingungen zweifelsfrei vorhanden, ihre Effizienz ist aber fraglich.

Teil B

Dieser Teil der Aufgabe enthält zwei sehr unterschiedliche Anforderungen. Im Vortext wird bereits angemerkt, dass das Material (Wikipedia-Artikel) teilweise falsch und unvollständig ist. Über die tatsächliche Exaktheit des vorgegebenen Artikels soll ein selbständiges, fachwissenschaftliches Urteil ausgearbeitet und begründet werden. Dann ist der Artikel um einen (fast) fehlenden Bereich, der die Bedeutung von Mutationen für die Evolution beschreibt, zu ergänzen.
Ein wesentlicher Fehler würde darin bestehen, auch im restlichen Artikel nur fehlende Teile zu ergänzen oder den ganzen Beitrag einfach neu zu schreiben.
Achten Sie auf die Gliederung des Artikels und die Systematik und formulieren Sie Ihre Vorstellung davon, wie ein solcher Text überschaubar und informativ gestaltet werden müsste. Da diese Vorstellungen individuell verschieden sind, ist auch der angebotene Lösungsvorschlag nur eine Variante unter vielen.

Die Einschätzung aus dem Vortext, dass der Artikel teilweise **fehlerhaft und unvollständig** ist kann ausdrücklich bestätigt werden. Es ist erkennbar, dass zu diesem Zeitpunkt, dem Charakter Wikipedias entsprechend, die Darstellung der Mutationen noch nicht völlig ausgereift war.
Es ist richtig, dass zunächst der Begriff „Mutation" definiert und abgegrenzt werden muss. Die **Definition** selbst ist zwar nicht grundsätzlich falsch, aber auch nicht ganz korrekt, weil sie sich nur auf die Nukleotidsequenz bezieht. Damit sind z. B. Genommutationen nicht mit einbezogen. Eine allgemeiner gehaltene Definition unter Einbeziehung der Begriffe Geno- und Phänotyp sowie ein Hinweis auf die mögliche Vererbbarkeit der Veränderungen sollte das korrigieren.

Die neuere Version (Juni 08) hat dies z. T. berücksichtigt:
„Eine Mutation (v. lat. mutatio „Veränderung", „Wechsel") ist eine Veränderung des Erbgutes eines Organismus durch Veränderung der Abfolge der Nukleinbasen oder durch Veränderung der Chromosomenzahl [...]. Durch eine Mutation wird die in der DNA gespeicherte Information verändert und dadurch können einzelne Merkmale (der Phänotyp) verändert werden."

Nach der grundsätzlichen Definition, die bei den meisten Wikipediaartikeln vorangestellt ist, sollte ein **Inhaltsverzeichnis** folgen, das vollständig und logisch strukturiert ist. Beides trifft auf den vorliegenden Artikel nur bedingt zu. Nach der Definition sollte eine Betrachtung der Ursachen erfolgen. Dabei gibt es im Text zwar einen Hinweis auf **Mutagene**, aber nicht auf deren Einteilung und Wirkmechanismen. Spontanmutationen werden gar nicht erwähnt und die induzierten Mutationen nur an einem Beispiel künstlich hervorgerufener Mutationen erklärt.
Unkorrektheiten gibt es auch in der **Klassifikation**. Im Inhaltsverzeichnis wird von „Arten der Mutationen" gesprochen. Im dazu gehörenden Text ist von **Mutationstypen** die Rede, die mit den Soma- und Keimbahnmutationen (diese Fachbegriffe fehlen im Text) vermischt werden. Die Erläuterungen dazu sind oberflächlich und ohne exemplarische Beispiele. Aussagen zur Mutationshäufigkeit und die Beschreibung grundsätzlicher Wirkmechanismen (Deletion, Inversion usw.) fehlen.
Solche Beispiele sind im folgenden Gliederungspunkt, den **Folgen**, angegeben. Dabei werden diese aber nicht einzelnen Mutationstypen zugeordnet. Die Darstellung wirkt dadurch in diesem Abschnitt einerseits unvollständig geht aber andererseits in manchen Bereichen durch ihre Detailtreue über das Thema hinaus. Eine Systematik der beim Menschen auftretenden relevanten Mutationen wäre wünschenswert, zumal die einzelnen Fakten durch die immer präsente Verlinkung jederzeit erweiterbar sind.
Die Darstellung des **degenerierten** genetischen Codes und seiner Bedeutung im Abschnitt stille Mutation ist falsch, da nicht die Aminosäuren identisch codiert sind, sondern mehrere Codons für eine Aminosäure stehen können.
Die Bedeutung der Mutationen für die **Evolution** wird nicht angemessen berücksichtigt und soll im Folgenden ergänzt werden.
Insgesamt ist zu sagen, dass der Artikel den Begriff der Mutation nur oberflächlich und mit unpassend verschobenen Schwerpunkten darstellt. In dieser Form ist er somit kein wirklich informatives und gut strukturiertes Hilfsmittel zur Informationsgewinnung.

Bedeutung von Mutationen für die Evolution:
Mutationen verändern die genetische Information von Individuen einer **Population**. Diese zufällige Veränderung kann über die Keimbahn an die nächste Generation weitervererbt werden und ist dann auch relevant für stammesgeschichtliche Entwicklungen. Mutationen sind damit neben **Rekombinationen** die Ursache der **Variabilität** innerhalb von Populationen. Diese äußert sich in einer Erweiterung der **Varianz** der Merkmale. Während bei der Rekombination nur bereits vorhandenes Erbmaterial des Genpools einer Population neu vermischt wird, stellen Mutationen eine echte „Erweiterung" der Erbinformation dar.
Mit den sich veränderten Genotypen kommt es je nach Verteilung der Allele zu veränderten Phänotypen, deren Eigenschaften die Fitness der jeweiligen Formen in Bezug auf komplexe Umweltbedingungen bestimmen. Wenn sich Umweltbedingungen ändern, gibt es damit eine größere Bandbreite von unterschiedlichen Merkmalen, die in Anpassung an diese Faktoren unterschiedlich selektiert werden. Die Merkmalsverteilung verschiebt sich innerhalb der Population entsprechend des **Selektionsdrucks** oder wird bei gleich bleibenden Bedingungen stabilisiert. Mutationen können dazu beitragen, dass die Breite der Merkmalsverteilung innerhalb einer Population vergrößert und eine somit ihre potenzielle Anpassungsfähigkeit

verbessert wird. Dieses Zusammenspiel von Varianz und **Selektion** in Verbindung mit Isolationsmechanismen (geografische, genetische, fortpflanzungsbiologische Isolation usw.) ermöglicht die Entstehung neuer Arten.
Somit stellen Mutationen eine wesentliche Quelle und einen wichtigen Antrieb für evolutionsbiologische Prozesse dar, indem durch die Veränderung der DNA die kodierten Proteine und damit die Merkmale von Lebewesen veränderlich werden.

Leistungsfach Biologie (Thüringen): Abiturprüfung 2009
Aufgabe 1: Ökologie, Neurobiologie, Genetik, Stoffwechsel

Teil A BE

1 Der Riesen-Bärenklau, *Heracleum mantegazzianum*, eine giftige Pflanze aus der Familie der Doldengewächse, wurde im 19. Jahrhundert als Gartenzierpflanze aus dem Kaukasus stammend in Europa eingeführt. Die Blätter und die bis zu 150-strahligen Blütendolden können sehr groß, der Stängel am Grund bis 10 cm dick und die ganze Pflanze 3–5 m hoch werden.

1.1 Erklären Sie die starke Ausbreitung des Riesenbärenklaus in Mitteleuropa und erläutern Sie Folgen für unsere heimischen Ökosysteme! 4

1.2 Der Riesen-Bärenklau enthält u. a. Furocumarine, welche phototoxische Eigenschaften besitzen. Bei Sonneneinwirkung entsteht aus Furocumarinen eine neue Substanz, aus der sich mit körpereigenem Protein ein vollständiges Antigen entwickelt.
Beschreiben Sie die Vorgänge der humoralen Immunantwort im menschlichen Organismus bis zur Antigen-Antikörper-Reaktion! 4

1.3 Zur selben Pflanzenfamilie wie der Riesen-Bärenklau gehört der gefleckte Schierling, *Conium maculatum*, welcher das Gift Coniin enthält. Bei entsprechender Dosis tritt der Tod durch eine schlaffe Lähmung der Atemmuskulatur ein.
In der nachfolgenden Abbildung sind die Ergebnisse der unabhängigen Messungen der Acetylcholin-Konzentration (ACh-Konzentration), der Konzentration der Spaltprodukte des Acetylcholins an Synapsen sowie des Na^+-Einstroms in die postsynaptische Zelle ohne und mit Zugabe von Coniin sowie eines anderen Toxins dargestellt.

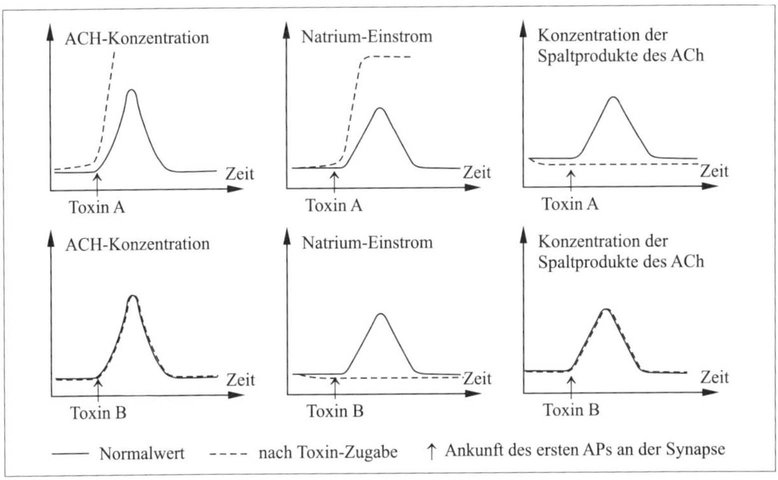

Messergebnisse an Synapsen
Aus: Burghoff, Martin: Bau und Funktion einer Synapse – ein Demonstrationsmodell. In: RAAbits Biologie. Impulse und Materialien für die kreative Unterrichtsgestaltung. Stuttgart: Dr. Josef Raabe Verlags GmbH 1994. 34. Ausgabe, Juli 2003. IV/A, Einzelmaterial 56, S. 13 (obere Zeile) und S. 9 (untere Zeile)

Erklären Sie jeweils den Wirkmechanismus von Toxin A und Toxin B und ziehen Sie daraus Schlussfolgerungen bezüglich der Wirkung auf den menschlichen Organismus! Welches der beiden Toxine stellt Coniin dar? 8

2 Der Sturm „Kyrill" im Jahr 2007 und eine Borkenkäferkalamität im Jahr 2008 verursachten in Thüringen immense Waldschäden. Imago und Larve des Borkenkäfers fressen unter der Borke von Fichten Gänge in deren wasserführende Rinde.

2.1 Erläutern Sie mögliche Gründe für die Massenvermehrung der Borkenkäfer! 4

2.2 Eine Möglichkeit der Eindämmung der Borkenkäferplage besteht im Einsatz von Diflubenzuron, welches die Chitin-Synthetase beeinflusst, die bei der Entwicklung der Insekten eine große Rolle spielt.

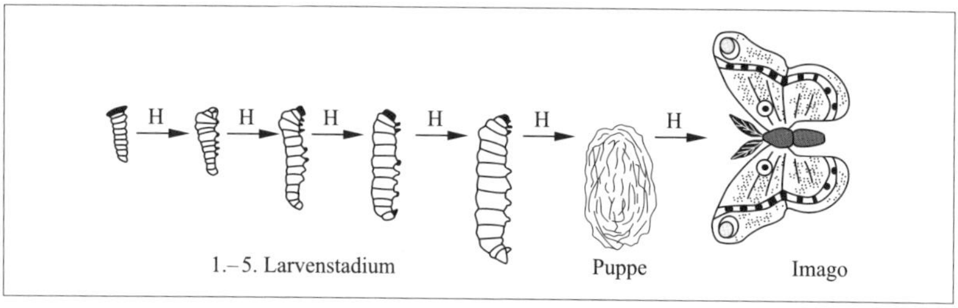

Stark vereinfachtes Schema der Insektenentwicklung, H = Häutung
Unterrichts-Materialien für Lehrkräfte, Sek. II, Stark Verlag Freising, Teil H 2.8, S. 33

Erklären Sie die insektizide Wirkung von Diflubenzuron! 4

2.3 Begründen Sie zwei mögliche ökologische Maßnahmen, um auf lange Sicht Schädigungen des Waldes durch Sturm und Schädlinge zu verringern! 4

3 In violetten Blüten der Levkoje, *Matthiola incana*, wird aus Phenylalanin in mehreren Schritten der Farbstoff Anthocyan gebildet.

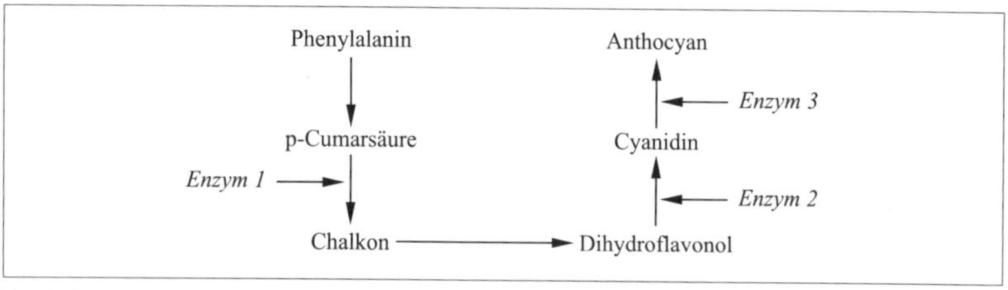

Vereinfachte schematische Darstellung des Anthocyan-Biosyntheseweges

Einige Mutanten dieser Art besitzen weiße statt violette Blüten.
In einem Versuch werden abgeschnittene weiße Blüten dreier unterschiedlicher Mutanten A, B und C, die jeweils nur eine einzige Genmutation aufweisen und bei denen kein Anthocyan gebildet werden kann, in eine verdünnte Dihydroflavonol-Lösung gestellt. Nach einer gewissen Beobachtungszeit veränderte Mutante B ihre Blütenfarbe, während die anderen beiden weiß blieben.
In einem zweiten Versuch wurden alle drei Mutanten in eine verdünnte Cyanidin-Lösung gestellt, wobei sich nach entsprechender Beobachtungszeit Mutante B und C verfärbten, Mutante A aber weiß blieb.

3.1 Erklären Sie beide Versuchsergebnisse! 8

3.2 Bei Kreuzungsexperimenten einer reinerbig violetten Levkoje mit jeweils einer der drei Mutanten bildeten alle Nachkommen violette Blüten aus.
Ziehen Sie Schlussfolgerungen bezüglich der Art des Erbgangs und erstellen Sie ein Kreuzungsschema für Mutante A! 4

Teil B

Die Gicht ist eine Störung des Purinstoffwechsels, bei der es infolge hoher Harnsäurekonzentrationen im Blut zu Ablagerungen von Harnsäurekristallen in Gelenken und Geweben kommt. Die Krankheit ist einerseits genetisch bedingt, wird aber auch durch andere Faktoren begünstigt.
Erklären Sie das gehäufte Auftreten der Gicht in Deutschland in der heutigen Zeit und erläutern Sie Möglichkeiten der Prophylaxe!
Formulieren Sie eine begründete Vermutung über den Wirkmechanismus des Medikaments Allopurinol!
Beziehen Sie in Ihre Darstellung geeignete Sachverhalte aus den nachfolgenden Materialien ein! 20

Material 1

Steigt die Harnsäurekonzentration im Blut über 6,5 bis 7 mg pro 100 ccm Blut, spricht man von Hyperurikämie (vermehrte Harnsäurekonzentration im Blut). Bei einer derart hohen Harnsäurekonzentration fallen Harnsäurekristalle aus und lagern sich insbesondere in den Gelenken ab.
Diese Ablagerung führt dort zu einer Entzündung, der Gicht. Die Anlage für diese Stoffwechselerkrankung ist erblich. Gicht tritt oft nach Ernährungsfehlern in Erscheinung.
Die Hyperurikämie verläuft meist lange Zeit völlig symptomfrei, bis überraschend ein Gichtanfall auftritt. Anfangs ist nur ein Gelenk (häufig das Großzehengrundgelenk) betroffen. Das Gelenk ist stark geschwollen, gerötet und schmerzt extrem stark. Allgemeine Entzündungszeichen wie Fieber treten auch auf. Bei über lange Zeit unbehandelter Gicht werden die Kristalle der Harnsäure in anderen Organen, meist der Niere, abgelagert und führen dort zu Folgeschäden, der chronischen Gicht. Es können sich auch Gichtknötchen bilden. Das sind Harnsäureablagerungen in Geweben außerhalb der Gelenke (besonders in den Nieren). Auch Nierensteine können sich entwickeln.

Nach: http://www.novafeel.de/krankheit/gicht.htm

Material 2

Der Mensch kann im Gegensatz zu den meisten Tieren und Pflanzen Vitamin C nicht selbst bilden. Vitamin C ist aber sehr wichtig für die Immunabwehr, denn es ist ein so genanntes Antioxidanz – wie auch die Harnsäure. Unter bestimmten Umständen kann sie Vitamin C ersetzen. Harnsäure wird aber zum Problem, wenn sie nicht ausreichend ausgeschieden werden kann. Gichtpatienten müssen deshalb ihre Ernährung auf die Krankheit einstellen.

Nach: www.br-online.de/bayern2/iq-wissenschaft-und-forschung/gicht-fructose-fruchtzucker-ID1211551131226.xml

Material 3

Heute weisen 5 % aller Männer erhöhte Harnsäurewerte auf. Frauen sind weitaus weniger betroffen. Nach dem ersten Gichtanfall bekommen über 90 % aller Patienten einen weiteren Anfall.

Dauer zwischen erstem und zweitem Gichtanfall	**Anteil der Patienten**
1 Jahr	61 %
1 – 2 Jahre	15 %
2 – 5 Jahre	11 %
5 – 10 Jahre	6 %
kein zweiter Anfall in 10 Jahren	7 %

Nach: Univ. Doz. Dr. med. Wolfgang Hübl; http/www.med4you.at/laborbefunde/lbef_harnsaeure.htm 01.08.2008

Material 4

Puringehalt einiger Lebensmittel: (Werte gerundet)

Lebensmittel	**mg Purin pro 100 g bzw. ml Rohgewicht**
Schweinefleisch (Schnitzel)	63
Rindfleisch (Filet)	58
Leber (Schwein)	125
Niere (Schwein)	139
Wiener Würstchen	46
Schinken	84
Erbsen	70
Linsen	84
Heringe	79
Makrele (geräuchert)	76
Kartoffeln	7
Spinat	21
Rosenkohl	25
Champignons	25

Lebensmittel	**mg Purin pro 100 g bzw. ml Rohgewicht**
Weißbrot	6
Vollkornbrot	19
Schnittkäse (45 %) je nach Sorte	4 bis 7
Nudeln (gekocht)	22
Eier	4
Butter	0
Apfel (frisch)	5
Orangensaft	5
Wein (trocken)	0
Kaffee	0
Tee	0
Milch	0
Sonnenblumenkerne	65
Hefe	754

Alkoholgenuss begünstigt die Bildung von Milchsäure, die das Blut übersäuert. Dadurch wird die Harnsäure weniger löslich und kann Kristalle bilden. Alkohol hemmt die Harnsäureausscheidung über die Niere und stimuliert in der Leber die körpereigene Harnsäuresynthese.

Material 5

Zellen enthalten viele Stoffe, die chemisch betrachtet Purinverbindungen sind. Eine Purinverbindung besteht aus zwei stickstoffhaltigen Ringen. Derartige Verbindungen findet man z. B. in der DNA und RNA sowie in den Energieträgern ATP und GTP.
Der größere Anteil der Harnsäure des Blutes entsteht durch den Abbau körpereigener Purinverbindungen. Der kleinere Anteil der Harnsäure entsteht aus den mit der Nahrung zugeführten Purinkörpern.

Nach: Univ. Doz. Dr. med. Wolfgang Hübl; http/www.med4you.at/laborbefunde/lbef_harnsaeure.htm 01.08.2008

Material 6

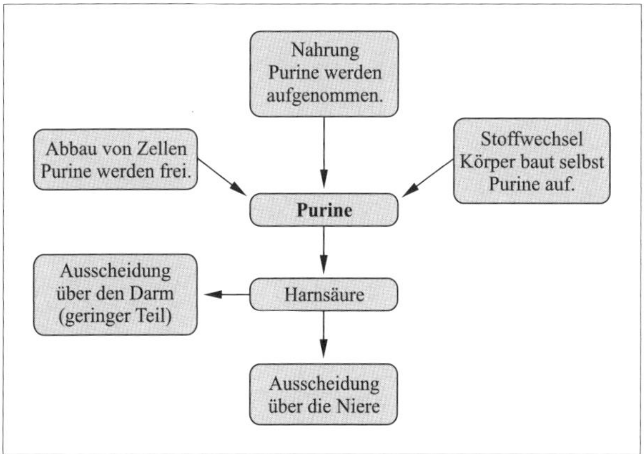

Nach: Univ. Doz. Dr. med. Wolfgang Hübl; http/www.med4you.at/laborbefunde/lbef_harnsaeure.htm 01.08.2008

Material 7

Im Purin-Stoffwechsel entsteht aus der gut in Wasser löslichen Verbindung Xanthin die Harnsäure. Diese ist eine sehr schlecht lösliche Verbindung, deren Konzentration im Blutplasma und in den Geweben nur knapp unter der Löslichkeitsgrenze liegt. Bei den meisten Säugern katalysiert das Enzym Uricase die Umwandlung von Harnsäure in das weitaus besser lösliche Allantoin. Dem Menschen und einigen weiteren Primaten fehlt dieses Enzym.

Material 8

Harnsäureerhöhungen im Blut (Hyperurikämien) entstehen unter anderem durch:

- Zu geringe Ausscheidung: Dazu gehören die meisten und die klassischen Fälle der Gichterkrankung. Man weiß, dass diese Form familiär gehäuft vorkommt.
- Zu hohe Produktion: Nur in etwa 1 % der Fälle ist eine zu hohe Harnsäureproduktion die Ursache der Hyperurikämie.
- Hormondrüsenüberfunktionen

Nach: Univ. Doz. Dr. med. Wolfgang Hübl; http/www.med4you.at/laborbefunde/lbef_harnsaeure.htm 01.08.2008

Material 9

Die Purin-Basen Adenosin (A) und Guanosin (G) sind Bausteine der Erbsubstanz, die wir mit pflanzlicher oder tierischer Nahrung aufnehmen. Bei Gesunden werden die Purine zu Harnsäure umgewandelt und mit dem Urin ausgeschieden. Dabei laufen folgende Stoffwechselwege ab:

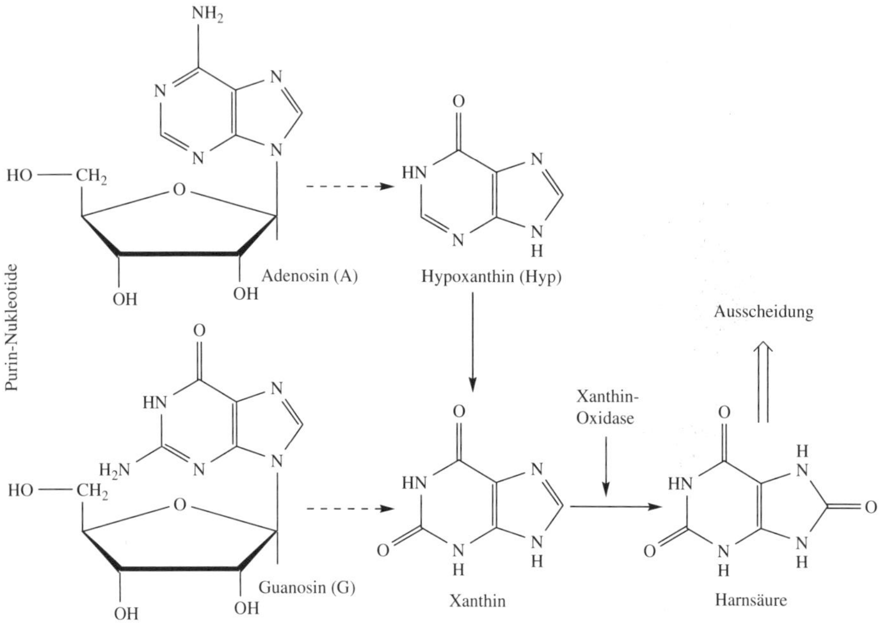

Ein bekannter Arzneistoff zur Gichtbehandlung ist Allopurinol:

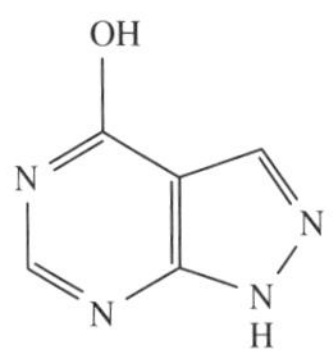

Allopurinol

Nach: Rund um … Biologie heute entdecken, Schroedel Verlag, Braunschweig, 2006

Lösung

Teil A

1.1 *Die Aufgabe verlangt eine geordnete, begründende Darstellung mit Bezügen zu Gesetzmäßigkeiten der Populationsentwicklung. Einige wichtige Informationen können Sie dem Vortext entnehmen.*

Der Riesenbärenklau zählt zu den Neophyten, da er nach 1492 in Mitteleuropa eingeführt wurde. Dass er sich unabhängig vom Menschen stark etabliert hat, weist auf seine Konkurrenzstärke hin. Diese liegt wahrscheinlich in seinem schnellen Wachstum, seiner Größe und seiner hohen Samenproduktion begründet, die ihm die Fähigkeit verleiht, sich erfolgreicher zu reproduzieren als direkte Konkurrenten. Das enthaltene Gift schützt die Pflanze vor Fraßschäden einheimischer Herbivoren, sodass die natürliche Begrenzung des Populationswachstums fehlt. Die Folgen der Massenvermehrung von Neophyten sind immer relativ ähnlich: Einheimische Pflanzenarten mit gleicher Einnischung werden zurückgedrängt und damit die Zusammensetzung der Pflanzengesellschaften der betroffenen Biotope nachhaltig verändert. Mit der Flora verarmt wahrscheinlich auch die Fauna, die ja auf einem spezifischen Bestand von Pflanzenarten basiert. Nach einer Destabilisierungsphase wird sich ein neues, aber stark verändertes ökologisches Gleichgewicht einstellen.

1.2 *Die Beantwortung erfordert eine zusammenhängende Reproduktion der logischen Abläufe der humoralen Immunantwort. Ein Bezug zum Beispiel ist erforderlich.*

Antigene besitzen spezifische Oberflächenstrukturen und Ladungsmuster, die sich von den tolerierten MHC-Strukturen unterscheiden. An diese antigenen Determinanten, im Beispiel die durch Furocumarine veränderten körpereigenen Proteine, binden B-Lymphozyten mit kompatiblen B-Zell-Rezeptoren (membrangebundene Antikörper). Die B-Lymphozyten werden dadurch aktiviert. Makrophagen phagozytieren außerdem die Antigenträger, zerlegen sie durch Lysozyme und präsentieren dann die antigenen Determinanten auf ihrer Oberfläche. Diese Antigenpräsentation regt T-Lymphocyten zur Teilung und zur Differenzierung an und die sich dabei entwickelnden T-Helferzellen stimulieren ihrerseits die bereits aktivierten B-Lymphocyten zur massenhaften Teilung. Die B-Lymphozyten wandeln sich in Plasmazellen um, die mit der Produktion von Antikörpern beginnen. Diese Antikörper sind im Bereich ihrer Antigenbindungsstellen kompatibel zu den antigenen Proteinen, die sich in den Körperflüssigkeiten frei bewegen. Die Antikörper können daher an die Antigene binden und die giftigen Proteine miteinander zu Immunkomplexen verklumpen und sie somit unschädlich machen.

1.3 *In der Lösung wird eine begründende, zusammenhängende Erklärung der Wirkung von zwei unterschiedlichen Toxinen auf die Erregungsübertragung zur Muskulatur verlangt. Die Wirkung auf den Organismus soll in diesem Zusammenhang logisch abgeleitet werden.*

Toxin A: Nach Zugabe des Giftes erhöht sich bei Eintreffen des ersten Aktionspotenzials in der Präsynapse die Konzentration des Neurotransmitters Acetylcholin im synaptischen Spalt sehr rasch und fällt nicht, wie im Normalfall, wieder durch die Wirkung der Acetylcholinesterase (transmitterspaltendes Enzym) ab. Der Natriumeinstrom in die Postsynapse erhöht sich infolgedessen viel stärker als normal und bleibt auf hohem Niveau konstant. Erklärbar ist das durch die ACh-Rezeptoren, die, da sie ständig besetzt sind, die Na^+-Ionenkanäle dauerhaft offen halten. ACh-Spaltprodukte werden überhaupt nicht gebildet. Diese Erscheinungen lassen den Schluss zu, dass das Gift A die ACh-Esterase ir-

reversibel oder kompetitiv hemmt, also im Bereich des aktiven Zentrums die Aufspaltung des Transmitters verhindert.
Die Folge ist die permanente Anhebung des postsynaptischen Membranpotenzials durch ständig einfließende Natriumionen. Für die muskuläre Steuerung bedeutet das eine starre Lähmung (Muskelkrampf) eventuell mit Todesfolge, wenn die Lähmung z. B. die Atemmuskulatur erfasst.

Toxin B: Dieses Gift wirkt sich nur hemmend auf die Natriumionenkanäle aus. Der Na^+-Ioneneinstrom wird offensichtlich vollständig verhindert. Auf den ACh-Zyklus dagegen hat es keinerlei Einfluss, da sich die Graphen der entsprechenden Diagramme mit dem Normalzustand decken. Die Hemmung der Ionenkanäle kann durch giftbedingte strukturelle Veränderungen der Proteine des Ionenkanals erfolgt sein. Der fehlende Na^+-Ioneneinstrom führt zu einer fehlenden Anhebung des postsynaptischen Potenzials nach Eintreffen eines Aktionspotenzials.
Die Folgen für den Organismus bestehen in der fehlenden Steuerung der Muskulatur und damit in einer schlaffen Lähmung mit Todesfolge, wenn diese, wie im Aufgabentext beschrieben, die Atemmuskulatur betrifft.

Da **Coniin** ebenfalls eine schlaffe Lähmung hervorruft, ist es das **Toxin B**.

2.1 *Die Erläuterung sollte anschaulich und verständlich den wahrscheinlichen Zusammenhang der relevanten Wirkungsfaktoren in einer Monokultur darstellen.*

Fichten sind, da sie relativ schnellwüchsig sind, im Thüringer Wald als Monokulturen häufig auch in für diese Baumart weniger gut geeigneten Lagen angepflanzt worden. Sie bilden schon allein durch ihre Populationsdichte ideale Bedingungen für die rasche Entwicklung von Borkenkäferpopulationen. Die Lebensweise der Käfer im Inneren der Pflanzen zwischen Borke und Rinde und das Fehlen natürlicher Feinde bieten zusätzlich gute Voraussetzungen für schnelles Populations-Wachstum. Beschädigte, abgestorbene und durch Befall bereits geschwächte Fichten sind ideale Brutstätten für Borkenkäfer. So ist auch die Kalamität im Jahr 2008 zu erklären. Durch Kyrill wurden große Fichtenbestände geschädigt, da die Bäume als Flachwurzler in reinen Beständen gegen Sturm anfällig sind. Die Widerstandsfähigkeit der Bäume war stark reduziert und es gab Massen an Totholz. Weiterhin ist denkbar, dass für den Käfer günstige und für Fichten ungünstige Witterungsbedingungen (z. B. Trockenperioden, kurzer warmer Winter) die Massenvermehrung zusätzlich begünstigt haben könnten.

2.2 *Hier soll zusammenhängend und logisch dargestellt werden, warum Diflubenzuron Insektenpopulationen vernichten kann.*

Diflubenzuron hemmt offensichtlich das Enzym Chitin-Synthetase, welches für die Bildung von Chitin notwendig ist. Diese Hemmung kann z. B. durch strukturelle Ähnlichkeit des Diflubenzuron mit einem Ausgangssubstrat erfolgen (kompetitive Hemmung). Möglicherweise zerstört die Chemikalie auch aktiv die Enzymzentren. Insekten benötigen aber Chitin, wie in der Abbildung sichtbar, um das während einer Häutung abgestreifte Exoskelett wieder aufzubauen. Ohne die Bildung dieser Schutzhülle sterben die Larven ab. Damit ist Diflubenzuron als Insektizid geeignet, wenn es sich auch auf alle Insekten („Schädlinge“ und „Nützlinge“) gleichermaßen auswirken dürfte.

2.3 *Die geforderten Maßnahmen sollten hier zunächst genannt und dann logisch begründet werden. Dabei ist es sinnvoll, mit den Maßnahmen sowohl die Sturmresistenz als auch die Resistenz gegen typische Schädlinge zu berücksichtigen.*

Maßnahme 1 – Umformung der Waldstruktur: Die konkreten klimatischen Bedingungen (Höhenlage, Niederschlagsmenge usw.) erfordern die Umgestaltung des Waldes zu einer Form mit unterschiedlichen Altersstufen. Diese bildet durch ihren stufenförmigen Aufbau besseren Schutz vor Sturm und der daraus entstehenden Schwächungen der Baumpopulationen. Außerdem bietet strukturierter Wald mit Stufenaufbau einer größeren Anzahl von Tieren Lebensraum als gleichaltrige Monokulturen, sodass ein überschießendes Populationswachstum einzelner Arten möglicherweise verhindert werden kann.

Maßnahme 2 – Mischwaldstrukturen schaffen: Mischwälder sind, wenn sie den abiotischen Umständen des Standorts entsprechen, die naturnahesten Waldformen. Hier entwickeln sich stabilere Nahrungsnetze als in Fichtenmonokulturen, die ein populationsdynamisches Ausbrechen weniger Arten verhindern. Die große Artendiversität fängt auch schnell wechselnde Wetterbedingungen besser auf, sodass Strukturen sich zwar ohne Zutun des Menschen verändern, aber nicht zusammenbrechen. Durch die Formenvielfalt in den einzelnen Waldetagen ist ein naturnaher Wald besonders windresistent, da Hochwald z. B. durch einen Waldrandgürtel aus Sträuchern und widerstandsfähigen niedrigen Bäumen geschützt ist.

3.1 *Die Aufgabe erfordert die schlüssige Ableitung von Phänomenen aus experimentellen Untersuchungen von Enzymketten. Dabei muss geklärt werden, welches Enzym an welcher Stelle der Anthocyansynthese durch Genmutationen ausfällt. Fertigen Sie sich dazu unter Einbeziehung des Stoffwechselweges zunächst Übersichtsschemata an, aus denen Sie die entsprechenden Schlussfolgerungen ableiten können.*

Aus dem dargestellten Biosyntheseweg des Anthocyans geht hervor, dass vom Phenylalanin ausgehend drei Enzyme und insgesamt vier Zwischenverbindungen erforderlich sind, um erfolgreich das Endprodukt zu synthetisieren. Durch Genmutationen und die daraus folgenden veränderten Aminosäuresequenzen können die Enzyme gestört werden, sodass die Wirkkette unterbrochen wird und die Blüten mangels Anthocyan weiß bleiben. Durch die Experimente kann der Ort der Unterbrechung des Syntheseweges und damit das mutierte Enzym festgestellt werden. Dabei ist die Tatsache wichtig, dass die Mutanten nur eine einzige Genmutation aufweisen. Nach Zugabe von Dihydroflavonol kommt es nur zur Umfärbung der Mutante B, was bedeutet, dass bei dieser Mutante das Enzym 1 ausgefallen sein muss, das bei nicht mutierten Pflanzen die Reaktion von Chalkon zu Dihydroflavonol ermöglicht. Weiter bedeutet dieser Befund, dass die beiden anderen Mutanten mutierte Gene für eines der beiden anderen Enzyme besitzen müssen. Nach Zugabe von Cyanidin färben sich die Mutanten B und C violett. Da B bereits ein mutiertes Gen für Enzym 1 besitzt und, laut Aufgabenstellung, kein weiteres Gen mutiert sein kann, bleibt für Mutante C nur eine Mutation des Gens für Enzym 2, das die Bildung von Cyanidin katalysieren sollte. Dazu ist es durch die Mutation aber nicht fähig. Die Verabreichung von Cyanidin gleicht den Mangel aus. Bei Mutante A hilft aber auch die Zugabe von Cyanidin nichts, da es diesen Stoff durch ein fehlerhaftes Enzym 3 nicht in Anthocyan umwandeln kann.

Zusammenfassung:
Mutante A: Genmutation im Bereich des Enzyms Nr. 3
Mutante B: Genmutation im Bereich des Enzyms Nr. 1
Mutante C: Genmutation im Bereich des Enzyms Nr. 2

3.2 *Aus dem Vortext lässt sich leicht der Erbgang ableiten. Das Kreuzungsschema sollte übersichtlich, eindeutig und mit einer schlüssigen Legende versehen sein.*

Die violette Levkoje ist homozygot, d. h. beide Allele für die Farbe stimmen überein und es gibt keine Mutationen. Bei der mutierten Pflanze müssen beide Allele betroffen sein, da die F_1-Nachkommen phänotypisch alle violett sind und damit das nicht mutierte Gen offensichtlich über das mutierte dominiert. Wäre nur ein Allel mutiert, wären die betroffenen Pflanzen violett und nicht weiß. Damit steht ein dominant-rezessiver Erbgang fest. Über die Zuordnung zu Autosomen oder Gonosomen kann keine Aussage getroffen werden.

Kreuzungsschema:

Legende: Allel Blütenfarbe violett: F
Allel Blütenfarbe weiß (mutiertes Allel): f

P FF × ff

Keimzellen F F f f

F_1

	F	F
f	Ff	Ff
f	Ff	Ff

Alle Nachkommen der F_1-Generation sind uniform heterozygot und phänotypisch violett.

Teil B

Die Lösung des B-Teils kann des relativ offenen Charakters wegen unterschiedlich ausfallen, weshalb die hier angebotene nur eine von mehreren möglichen Varianten darstellt. Die Gesamtlösung umfasst drei Abschnitte, die in Ihrer Arbeit auch deutlich zu trennen sind.

1 Erklären: Zunahme von Gichterkrankungen in Deutschland heute
Dabei geht es um die logische Ableitung von Ursachen dieser Erscheinung als Ergebnis veränderter Lebensumstände der Menschen in der heutigen Zeit.

2 Erläutern: Maßnahmen zur Prophylaxe
Das erfordert eine zusammenhängende und übersichtliche Darstellung, die aus dem Material aber gut ableitbar ist.

3 Formulieren: Hypothese zur Wirkung von Allopurinol
Über die Medikamentenwirkung kann nur spekuliert werden. Die Vermutungen sollten aber wissenschaftlich gut begründet werden.

Heute weisen 5 % aller Männer erhöhte Harnsäurewerte auf (M 3). Diese Hyperurikämie ist der Hauptauslöser für die Gicht (M 1). Das Problem besteht vor allem dann, wenn eine genetische Disposition zur verringerten Harnsäureausscheidung besteht (M 8). Harnsäure entsteht im Stoffwechsel beim Abbau von Purinen (M 6). Purine kommen in allen Zellen in Erbmaterial wie DNA, RNA und in Energieträgern wie ATP und GTP vor und werden mit den genannten Stoffen über die Nahrung aufgenommen, selbst aufgebaut oder beim Abbau von Zellen freigesetzt (M 5). Geht man davon aus, dass sich in Deutschland die genetische Disposition für Hyperurikämie und körpereigene Auf- und Abbauprozesse in den letzten Jahren kaum verändert haben, kommen als Ursache für die Zunahme von Gichterkrankungen nur Veränderungen in der Ernährung in Frage. Dabei ist sowohl die Quantität als auch die Qualität der Nahrungsmittel zu beachten. Es stehen heute mehr und billigere Nahrungsmittel zur Verfügung als in früherer Zeit, sodass allein durch die größere Masse an aufgenommener Nahrung auch mehr Purin aufgenommen wird. Dazu kommt, dass tierische Nahrungsmittel in größeren Mengen als früher konsumiert werden. Dazu gehören Fleisch und Innereien, die teilweise extreme Purinmengen (z. B. Leber mit 125 mg/100g) aufweisen (M4). Alkoholgenuss, durch den die Gicht auslösende Kristallbildung von Harnsäure begünstigt wird, verstärkt diese Tendenz weiter. Es sind also die veränderten Ernährungsgewohnheiten mit einer größeren Menge an purinhaltigen Nahrungsmitteln, die zu dieser Tendenz geführt haben.

Aus dieser Tatsache lassen sich auch prinzipielle Prophylaxemaßnahmen ableiten. Die Gesamtmenge an aufgenommener Nahrung muss auf das notwendige Maß reduziert werden. Dabei ist auf das richtige Verhältnis der Makronährstoffe zu achten. Eiweiße sind meist nur in Verbindung mit Purinen zu bekommen, da Eiweiße besonders in tierischen Zellen oder in Hülsenfrüchten (Linsen, Erbsen) vorkommen. Die Versorgung mit Eiweißen könnte vorwiegend durch Milch und Milchprodukte erfolgen, da diese kaum Purine enthalten (M4). Durch Alkohol übersäuertes Blut ist eine wichtige Ursache für das schmerzhafte Auskristallisieren von Harnsäure in den Gelenken. Alkohol stimuliert auch die Synthese von Harnsäure und ist somit bei Hyperurikämie strikt zu vermeiden. Auch auf die Zusammensetzung der Nahrungsmittel sollte genau geachtet werden. Innereien sind z. B. häufig auch in Wurst enthalten. Aber auch Hefekuchen und Bier weisen, aufgrund der darin enthaltenen Hefe, einen hohen Gehalt an Purinen auf und sind somit maßvoll zu verspeisen. Da die Harnsäure erst ab einer bestimmten Konzentration Gicht bildend ausfällt, ist es darüber hinaus notwendig, genügend zu trinken, um ausreichend Wasser im Blut zu haben und die Ausscheidung durch die Niere zu beschleunigen.

Die medikamentöse Behandlung der Gicht erfolgt durch Arzneien, die Allopurinol enthalten. Dieser Stoff weist große strukturelle Ähnlichkeit mit Xanthin auf, welches im Stoffwechsel in der Synthesekette direkt vor der Harnsäure steht (M9). Es ist zu vermuten, dass es zu einer kompetitiven Hemmung der Xanthin-Oxidase kommt, die Xanthin in Harnsäure umwandelt. Die Synthese bleibt somit bei einer größeren Menge Xanthin stecken. Der leicht in Wasser lösliche Stoff (M7) kann sich offenbar gefahrloser im Blut anreichern und leichter über die Nieren ausgeschieden werden, wobei zu Letzterem in den Materialien keine Angaben zu finden sind.

Leistungsfach Biologie (Thüringen): Abiturprüfung 2009
Aufgabe 2: Stoffwechsel, Immunbiologie, Neurobiologie, Evolution

Teil A BE

1 Alle Organismen sind im physiologischen Sinn offene Systeme.

1.1 Beschreiben Sie strukturelle Eigenschaften der Biomembran, die die selektive Permeabilität ermöglichen! 3

1.2 Bei der Stoffaufnahme sind häufig Konzentrationsunterschiede bedeutsam. Die Nährsalzversorgung der Kulturpflanzen auf intensiv genutzten landwirtschaftlichen Flächen ist nur durch Düngung möglich. Bei Überdüngung ist das Pflanzenwachstum jedoch eingeschränkt.
Planen Sie ein Experiment, mit dem Sie die ursächlichen Vorgänge für das eingeschränkte Wachstum am Beispiel einer Zwiebelepidermiszelle mikroskopisch sichtbar machen können! Fordern Sie die notwendigen Geräte und Chemikalien an und führen Sie das Experiment durch! Fertigen Sie dazu mikroskopische Zeichnungen an und erklären Sie Ihre Beobachtungen! 8

1.3 Auf- und Abbauprozesse werden in lebenden Systemen durch Enzyme katalysiert. Erklären Sie die Abhängigkeit enzymatischer Reaktionen von den Faktoren Temperatur und Substratkonzentration! 4

1.4 Bereits vor über 100 Jahren schrieb der Physiologe Johannes Müller: „Solange ein Organismus lebt, befindet er sich in ständiger Zersetzung, und die aufgezehrte Materie wird immer wieder durch neue ersetzt.“
Beurteilen Sie diese Aussage! 4

2 Infektionen werden durch Mikroorganismen, wie z. B. Bakterien, verursacht. Eine Infektion muss jedoch nicht zwingend zu einer Erkrankung führen.

2.1 In der Abbildung ist die Entwicklung einer Erregerpopulation im Verlauf einer Infektionskrankheit dargestellt.

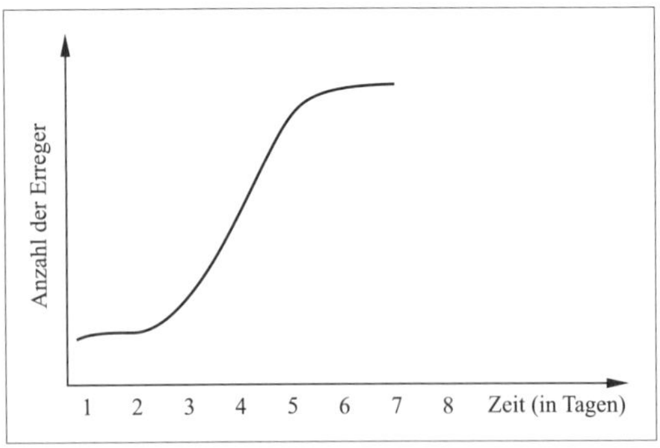

Interpretieren Sie die Grafik! Formulieren Sie eine begründete Vermutung über den weiteren Kurvenverlauf! 5

2.2 Ein Patient, der auffallend häufig unter Infektionskrankheiten leidet, wurde in einem Test mehrmals mit Antigenen desselben Typs infiziert und seine Antikörperkonzentration im Blut über eine gewisse Zeitdauer gemessen. Die Ergebnisse sind in der folgenden Abbildung dargestellt:

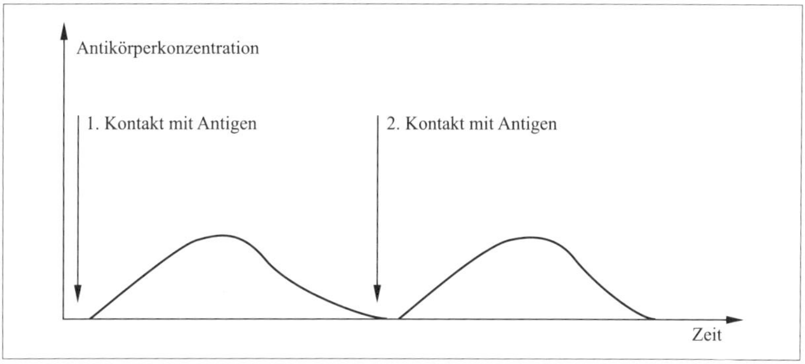

Formulieren Sie eine begründete Vermutung über das gehäufte Auftreten von Infektionskrankheiten bei diesem Patienten! 3

2.3 Als der englische Arzt Edward Jenner (1749–1823) die ersten Impfungen gegen Pocken durchführte, waren weder die Ursachen für übertragbare Infektionskrankheiten bekannt, noch hatte man Vorstellungen vom Immunsystem. Heute können viele Menschen durch Impfungen wirksam gegen Infektionskrankheiten geschützt werden.
Beschreiben Sie das Verfahren der aktiven Immunisierung!
Erläutern Sie dessen Vor- und Nachteile! 3

2.4 Tetanus, auch Wundstarrkrampf genannt, ist eine häufig tödlich verlaufende Infektionskrankheit. Es kommt bei Infizierten zu irreversiblen Kontraktionen der Muskulatur. Das Tetanustoxin wird von dem anaeroben Bodenbakterium *Clostridium tetani* produziert. Wenn Sporen oder Bakterien in eine Wunde gelangen, können sie sich im Gewebe festsetzen und vermehren. Innerhalb kurzer Zeit werden Toxine frei, die an den präsynaptischen inhibitorischen Nervenendigungen andocken und Transportprozesse beeinflussen.
Erklären Sie die Veränderungen des postsynaptischen Membranpotenzials durch das Tetanustoxin! 6

2.5 Zur Behandlung einer mit *Clostridium tetani* infizierten Person werden folgende Varianten vorgeschlagen:
A Gabe von Acetylcholin
B Entfernung des infizierten Gewebes und Gabe von Antibiotika
C Behandlung mit Antikörpern gegen Tetanustoxin
D Behandlung mit Tetanustoxin, das durch Erhitzen seine Toxizität verloren hat.
Beurteilen Sie die Effizienz der einzelnen Behandlungsvarianten! 4

Teil B

„In der Natur hat nur die Veränderung Bestand.“
Beurteilen Sie diese Aussage aus biologischer Sicht!
Beziehen Sie in Ihre Darstellung geeignete Sachverhalte aus den nachfolgenden Materialien ein! 20

Material 1

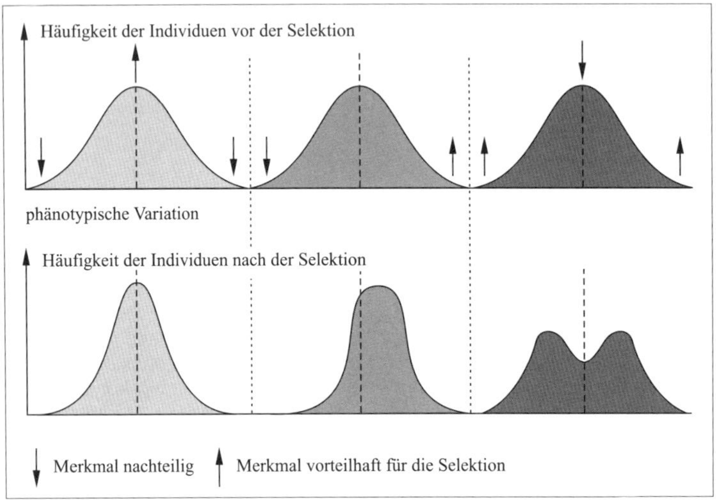

Individuenhäufigkeit vor und nach der Selektion
Nach: Bayrhuber, H., Lindner, H., Kull, U. (Hrsg.): Biologie, Lehrbuch für die Oberstufe, Lindner, Gesamtband; Schroedel Verlag

Material 2

Proplastiden als Vorstufen aller Plastidentypen befinden sich vorwiegend in Zellen des Bildungsgewebes (Meristemzellen). Sie unterscheiden sich von den Plastidentypen vor allem durch ihre geringe Größe und die wenig differenzierte innere Membran. Sie zeichnen sich durch charakteristische Einschlüsse (Lipidtröpfchen, Stärke) aus. Aus ihnen gehen alle Plastidentypen hervor.

Nach: Bilsing, A, Probst, W.: Biologie-Abitur, PAETEC, Berlin 2004

Material 3

Taubenrassen
Nach: Scharf, K.-H., Miram, W.:Linder: Biologie, Lehrbuch für die Oberstufe, Lindner, Gesamtband; Schroedel Verlag, 1998, S. 385

Material 4

In den in der Landwirtschaft üblichen Monokulturen steigt die Populationsdichte von Schädlingen, z. B. Raupen oder Blattläusen, stark an. Vernichtet man durch den Einsatz von Giften die Schädlinge, so trifft man zeitverzögert auch ihre „nützlichen" Fressfeinde, wie etwa Florfliegen oder Marienkäfer. Nach der Verminderung beider Arten erholen sich die Pflanzenschädlinge schneller, sodass eine erneute Massenvermehrung auftritt.

Nach: Bilsing, A, Probst, W.: Biologie-Abitur, PAETEC, Berlin 2004

Material 5

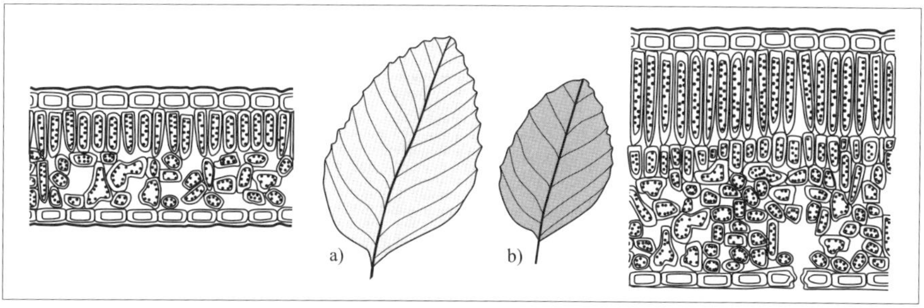

Laubblattformen einer Buche
Nach: Bayrhuber, H., Lindner, H., Kull, U. (Hrsg.): Biologie, Lehrbuch für die Oberstufe, Lindner, Gesamtband; Schroedel Verlag, 2000

Material 6

Bakterien waren vermutlich die ersten Lebensformen, die sich vor mehr als vier Milliarden Jahren auf dem Planeten Erde entwickelten. So wurden bei Erdölbohrungen in Virginia Bakterien in 2,5 km Tiefe entdeckt und das Archaebakterium *Pyrolobus fumarii* lebt an bis zu 113 °C heißen Black Smokern in 3 650 m Meerestiefe nahe der Azoren. Das Vorkommen in zum Teil extremen Lebensräumen wird durch die unterschiedlichsten Organisationsstufen des Einzellers möglich. Bakterien besitzen zahlreiche Möglichkeiten der Energiegewinnung und sind mit spezifischen Enzymsystemen ausgestattet.

Material 7

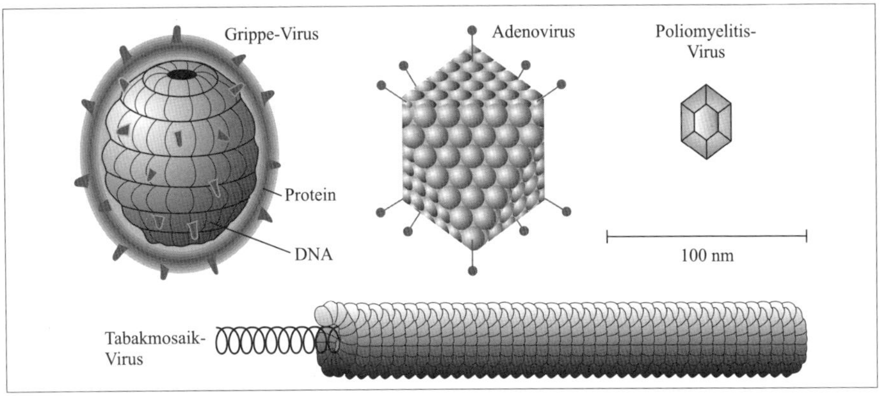

Formenvielfalt von Viren
Nach: Bayrhuber, H., Lindner, H., Kull, U. (Hrsg.): Biologie, Lehrbuch für die Oberstufe, Lindner, Gesamtband; Schroedel Verlag, 2000

Material 8

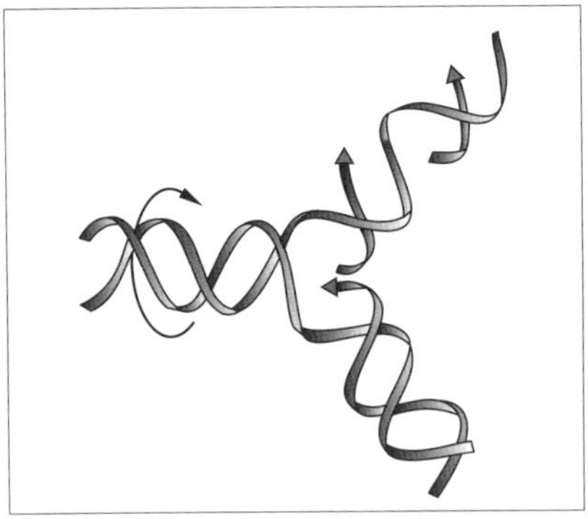

Nach: Bayrhuber, H., Lindner, H., Kull, U. (Hrsg.): Biologie, Lehrbuch für die Oberstufe, Lindner, Gesamtband; Schroedel Verlag, 2000

Lösung

Teil A

1.1 *Die Aufgabe erfordert eine Struktur-Funktionsbetrachtung von Transportvorgängen im Bereich von Biomembranen.*

Biomembranen bestehen in ihrer Grundstruktur aus einer Lipiddoppelschicht mit hydrophilem Anteil (Propantriolseite) außen und hydrophobem Anteil (Fettsäuremoleküle) innen. Diese Doppelmembran allein bildet bereits eine Diffusionsbarriere für hydratisierte Ionen und die meisten organischen Stoffe. Lipophile Stoffe (z. B. Ethanol), verschiedene Gase und Wasser können mehr oder weniger gut passieren. In die Membran eingebettet, existieren unterschiedliche Transportproteine, die substratspezifisch die nicht frei diffundierenden Moleküle und Ionen aktiv oder passiv durch diese hindurch transportieren. Charakteristisch für diese selektiven Transporte ist z. B. der Na^+-Transport durch spezielle Ionenkanäle neuronaler Membranen.

1.2 *Nach der Aufgabenstellung muss das Experiment am Beispiel der Zwiebelepidermis geplant werden. Ein Protokoll ist nicht zwingend erforderlich. Im Ergebnis sollten zwei Zeichnungen (im unbeeinflussten Zustand und nach Einwirkung einer Salzlösung) angefertigt werden. Die Darstellung der Deplasmolyse wäre hier überflüssig, da die Aufgabe das nicht erfordert. Die Gestaltung der Zeichnungen muss den an der Schule üblichen Standards entsprechen. Die Beobachtungen sind zunächst zu fixieren oder aus den Zeichnungen zu transformieren und dann mit plasmolytischen Vorgängen zu begründen.*

Planung des Experiments: Anstelle der hypertonischen Düngerlösung wird modellhaft z. B. eine 10–20 %ige Natriumchloridlösung verwendet. Außerdem werden angefordert:
- Mikroskop
- Objektträger und Deckgläschen
- Skalpell, Lanzettnadeln und Pinzetten
- Filterpapier
- Wasser, evtl. Färbematerialien (Eosin, Methylenblau usw.)

Durchführung: Die Zwiebelepidermis wird von einer Schuppe vorsichtig abgezogen, mit Wasser auf den Objektträger platziert und abgedeckt. Von einer oder wenigen Zellen wird eine beschriftete Zeichnung angefertigt. Die Beschriftung umfasst die lichtmikroskopisch erkennbaren Teile (Zellwand, Zellkern, Plasmalemma, evtl. Vakuole). Jetzt wird mithilfe des Filterpapiers die Salzlösung unter das Deckgläschen gezogen und somit das Wasser ersetzt. Nach einer kurzen Wartezeit, bei der das Präparat stets auf Veränderungen überprüft wird, kann die zweite Zeichnung angefertigt werden.

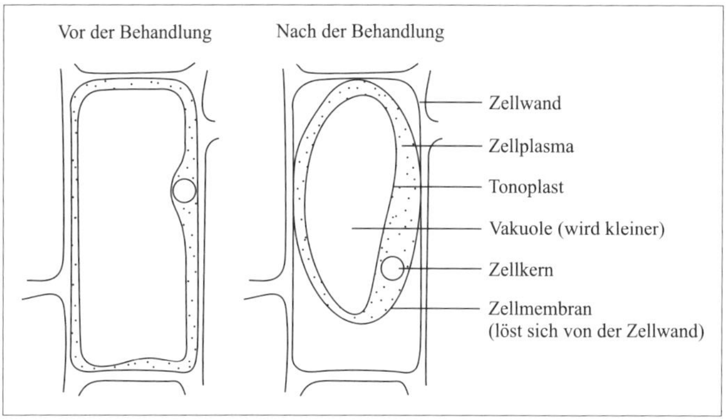

Zwiebelepidermiszellen vor und nach der Behandlung mit Natriumchloridlösung

Erklärung: Wie im Verlaufe des Experiments erkennbar wurde, zieht sich das Zellplasma von der Zellwand zurück und in einen großen Teil der Zelle dringt die Salzlösung ein. Es fanden osmotisch bedingte Plasmolysevorgänge statt. Mit der Salzlösung wurde eine hypertonische Außenlösung hinzugefügt, die die Zellwand durchdringen kann. Die relativ großen und elektrisch geladenen Natrium- und Chloridionen sind aber nicht in der Lage, Biomembranen wie Plasmalemma oder Tonoplast zu durchdringen. Durch diese Membranen entsteht somit ein Konzentrationsgradient des Wassers, welches durch die Membranen in Richtung hypertonische Lösung diffundiert. Das führt dazu, dass die Volumina von Vakuolen und Zellplasma verringert werden und die Salzlösung den Zwischenraum zwischen Zellwand und Plasmalemma ausfüllt. Es findet eine osmotisch bedingte Plasmolyse statt.

1.3 *Die Erklärung kann sehr allgemein gehalten werden und bezieht sich auf entsprechende thermodynamische und enzymkinetische Gesetzmäßigkeiten.*

Temperatur: Die Wirkung der Temperatur wird durch die RGT-Regel beschrieben, nach der sich bei einer Temperaturerhöhung um 10 °C die Reaktionsgeschwindigkeit biochemischer Reaktionen verdoppelt bis verdreifacht. Dabei gilt zu berücksichtigen, dass bei sehr geringen Temperaturen das wichtigste Lösungsmittel biochemischer Reaktionen, Wasser, im festen Zustand vorliegt und somit überhaupt keine Reaktion erfolgreich ablaufen kann. Die RGT-Regel gilt bei höheren Temperaturen nur bis zur Denaturierungstemperatur der Enzymeiweiße, die je nach Enzym und Spezies unterschiedlich sein kann, meist jedoch bei über 50 °C dazu führt, dass die Reaktionsgeschwindigkeit rasch nachlässt und schließlich keine Reaktion mehr abläuft. Die Denaturierung resultiert aus der Hydrolyse von Peptidbindungen bei höheren Temperaturen und der sinnlosen Neuverknüpfungen der Aminosäuren zu funktionslosen Polypeptidklumpen.

Substratkonzentration: Mit zunehmender Substratkonzentration wird zunächst bei einer definierten Menge an Enzymmolekülen die Reaktionsgeschwindigkeit größer, so lange noch nicht alle Enzyme an Reaktionen beteiligt sind. Steigt die Substratkonzentration weiter, so entscheidet die spezifische Geschwindigkeitskonstante des Enzyms über die Gesamtgeschwindigkeit. Das bedeutet, dass zu diesem Zeitpunkt durch eine weitere Substratzugabe diese nicht mehr steigerbar ist und alle Enzyme sozusagen „gerade beschäftigt" sind. Die Reaktionsgeschwindigkeit hat dann eine Substratsättigung erreicht, die enzymspezifisch ist.

1.4 *Die Aufgabe erfordert die persönliche Stellungnahme zur Relevanz der getroffenen Aussage auch aus historischer Sicht. In Anbetracht der geringeren Wertigkeit der Aufgabe braucht hier sicher nur auf ein Gebiet exemplarisch eingegangen werden.*

Diese historische Aussage spiegelt die Sichtweise seiner Zeit zutreffend wider. Transformiert man die entsprechende Begriffe in die heutige Zeit, so können sie den Stoff- und Energiewechsel als wichtiges Merkmal des Lebens beschreiben. Zersetzungsprozesse entsprechen der Dissimilation (Atmung, Gärung) und den Abbauprozessen zur Bildung von Sekundärprodukten und deren Ausscheidung. Der Ersatz von aufgebrauchten Stoffen erfolgt durch Assimilation. Dabei unterscheidet man autotrophe und heterotrophe Assimilation nach dem Ursprung und dem Energiegehalt der assimilierten Stoffe. Ohne ständigen Austausch von Stoffen und Energie ist somit kein Leben denkbar. Der Zerfall und die gesetzmäßige Zunahme von Entropie erfordern dies zwingend, sodass die Aussage von Müller durchaus seine Berechtigung hat.

2.1 *Diese Aufgabe ist zweiteilig. Im ersten Teil ist die Populationsentwicklung von Krankheitserregern allgemein in Abhängigkeit von den Umweltbedingungen zu verdeutlichen. Die zu entwickelnde Hypothese zum weiteren Kurvenverlauf erfordert die Anwendung von Kenntnissen zur Immunantwort.*

In dem Diagramm wird die Entwicklung einer Erregerpopulation in Abhängigkeit von der Zeit in Form eines Kurvendiagramms dargestellt. Nach einer Anlaufphase von drei Tagen, in der die Population wenig wächst (diese Phase könnte mit der Inkubationszeit gleichgesetzt werden) erfolgt ein zweitägiges exponentielles Wachstum. Das ist typisch für Populationen, die die Kapazitätsgrenze ihres Systems noch nicht ausgeschöpft haben. Raum und Nahrung stehen noch unbegrenzt zur Verfügung und in diesem Fall setzt das Immunsystem der Ausbreitung noch keinen nennenswerten Widerstand entgegen. Das geschieht offenbar ab dem sechsten Tag. Hier stagniert die Erregerzahl und es entsteht insgesamt eine logistische Wachstumskurve mit Sättigung.
Für die weitere Entwicklung kann angenommen werden, dass die Kurve wieder stark abfällt, da besonders die humorale Immunantwort die im Blut nachweisbaren Erreger massiv dezimiert. Die Kurve geht dann gegen Null, beziehungsweise verbleibt bei chronischen Erkrankungen auf einem niedrigen Niveau.

2.2 *Die Entwicklung einer Hypothese erfordert die Verknüpfung von relevanten Fakten aus dem Vortext mit dem Verlauf der Graphen im Diagramm.*

Der Infektion mit antigenen Determinanten folgt immer eine Immunantwort, bei der spezifische Antikörper an die Antigenträger andocken und sie bewegungsunfähig machen. Der Bildung von Antikörpern geht aber die Aktivierung von antigenspezifischen B-Lymphozyten voraus. Diese Aktivierung erfolgt durch T-Helferzellen, die aus der Aktivierung von ruhenden T-Lymphozyten durch die gleichen Antigene hervorgegangen sind. Die T-Helferzellen initiieren auch die Bildung von T-Gedächtniszellen, die die Antigenstruktur konservieren und bei einer zweiten Infektion mit dem gleichen Erreger zu einer schnelleren Immunantwort verhelfen. Im Normalfall müsste also nach dem zweiten Kontakt die Anzahl der Antikörper viel schneller und auch stärker ansteigen. Im Diagramm sind aber die Reaktion bei der ersten und bei der zweiten Infektion nahezu identisch. Das legt den Schluss nahe, dass bei diesem Patienten ein Immundefekt vorliegt, der sich in der mangelnden Bildung von Gedächtniszellen manifestiert.

2.3 *Stellen sie den logischen Ablauf der aktiven Immunisierung Schritt für Schritt dar. Die anschließende Erläuterung kann auf einer allgemeinen Ebene der Abwägung von Vorteil und Nachteil bleiben.*

Aktive Immunisierung bedeutet, dass das Immunsystem des eigenen Körpers in Auseinandersetzung mit antigenen Determinanten die spezifischen Antikörper und Gedächtniszellen bildet, die bei einer erneuten Infektion mit dem gleichen Erreger den Ausbruch einer Krankheit verhindern. Dazu injiziert man bei der Impfung dem Patienten abgeschwächte oder abgetötete Erreger oder synthetisch produzierte Antigene. Es erfolgt eine Immunreaktion auf den entsprechenden Erreger wie bei einer „echten" Infektion, mit dem Unterschied, dass der geimpfte Mensch meist nur unwesentlich gesundheitlich beeinträchtigt wird.
Ein Vorteil dieser Impfung liegt in der Nachhaltigkeit der Immunisierung gegen einen spezifischen Erreger, da das körpereigene Immunsystem aktiv wird und die entsprechenden Abwehrmittel selbst aufbaut. Nachteilig erweist sich das Verfahren z. B., wenn die entsprechende Krankheit bereits ausgebrochen ist, da eine zusätzliche Gabe von Antigenen jetzt keinen Sinn mehr macht. Außerdem kann bei empfindlichen Personen die Immunreaktion heftiger ausfallen, sodass es zu Beeinträchtigungen und Impfschäden kommen kann.

2.4 *Beachten Sie bei der Beantwortung, dass es sich um inhibitorische Synapsen handelt und Tetanus eine starre Lähmung (Verkrampfung) der Muskulatur ist.*

Bei inhibitorischen Systemen werden in der Verrechnung der postsynaptische Potenziale normalerweise die Membranpotenziale herabgesetzt, sodass die folgenden Reaktionen in ihrer Intensität verringert werden. Das erfolgt durch die Öffnung von spannungsgesteuerten Chloridionen- oder Kaliumionenkanälen. Im Beispiel der Muskulatur wird durch inhibitorische Nerven das motorische Endplattenpotenzial herabgesetzt, was den Spannungszustand der angesteuerten Muskulatur verringert und die Feinmotorik besser ansteuerbar macht. Das Tetanustoxin greift massiv in dieses inhibitorische System ein. Es hemmt wahrscheinlich die Übertragung des Transmitters in den inhibitorischen Synapsen. Das hat zur Folge, dass das postsynaptische Potenzial in der Summe stark angehoben wird und die Muskulatur verkrampft.

2.5 *Die vier vorgeschlagenen Varianten zur Tetanusbehandlung sind unterschiedlich effektiv. Das soll logisch abgeleitet werden.*

A: Die Zugabe von Acetylcholin würde die Symptome nur noch verstärken, da ACh der Transmitter motorischer Synapsen ist und damit indirekt für die Muskelanspannung sorgt.

B: Die rechtzeitige Entfernung des infizierten Gewebes macht Sinn, da mit dem Gewebe auch die Toxin bildenden Erreger verschwinden. Die gleichzeitige Gabe von Antibiotika richtet sich gegen freie *Clostridium*-Bakterien und schränkt deren Vitalität ein.

C: Antikörpergabe stellt eine passive Immunisierung dar, die gegen das Toxin wirksam sein kann. Dieses besitzt offenbar antigene Determinanten, die den Antikörpern die Möglichkeit zur Bindung bietet. Damit würden die Toxine durch Einbindung in Immunkomplexe unschädlich gemacht.

D: Eine Behandlung nach dieser Methode erscheint nicht Erfolg versprechend. Die Erhitzung würde die antigenen Determinanten des Toxins wahrscheinlich zerstören, sodass keine sinnvolle zielgerichtete Immunreaktion möglich wäre, die außerdem in diesem Zustand der Infektion ohnehin zu spät einsetzen würde.

Teil B

Die Lösung besteht in der Einschätzung des Wahrheitsgehaltes der Aussage, dass in der Natur nur die Veränderung Bestand hat. Dabei gilt die Einschränkung, dass diese Einschätzung von biologischen Fakten ausgehen muss. Ihnen ist es überlassen, geeignete Sachverhalte zur Beantwortung auszuwählen. Damit wird es möglich, zur besseren Argumentation, eigene Erweiterungen, Beispiele und Sachverhalte in die Lösung einzuarbeiten. Der folgende Lösungsvorschlag stellt somit, wie in offenen Aufgaben üblich, nur eine Möglichkeit von vielen dar und orientiert sich an den gegebenen Materialien.

Die Aussage ist prinzipiell richtig und umfasst mehrere Ebenen der biologischen Existenz. Einschränkend muss aber festgestellt werden, dass jede Veränderung zu ihrer Manifestation auch einen Anteil an Stabilität benötigt. Im Zusammenspiel von Veränderung und relativer Konstanz vollziehen sich Entwicklungsvorgänge in biologischen Systemen. Das Zitat Platons: „Alles fließt und nichts bleibt; es gibt nur ein ewiges Werden und Wandeln" widerspiegelt auf philosophischer Ebene dieses elementare Grundprinzip der Natur.
In der Evolution der Organismen vollzieht sich die Veränderung auf biologischer Basis am deutlichsten. Schon die Vergrößerung der Variabilität innerhalb des Genpools einer Population stellt eine Veränderung dar. Durch Mutationen und Rekombinationen entsteht die phänotypische Variationsbreite, an der die Selektion ansetzen kann. Der Selektionsdruck der Umwelt

verschiebt die Merkmalsverteilung in Richtung der größeren Fitness, sodass es zu einer Veränderung der Merkmale innerhalb der Populationen und zu Artneubildungen kommen kann (M 1). Der Mechanismus dieser Selektion und ihre Geschwindigkeit sind erkennbar, wenn der Mensch selbst als Selektionsfaktor auftritt. Die Haustaubenrassen (M 3) sind durch künstliche Selektion innerhalb relativ kurzer Zeit entstanden und zeigen auch das Potenzial dieser Entwicklungen. Die Evolution führt aber auch unter natürlichen Bedingungen zu einer gewaltigen Formen- und Artenvielfalt, wie an den unterschiedlichen Virenformen erkennbar ist (M 7). Allein durch Anpassung an die unterschiedlichen Wirtszellen variieren die Proteinhüllen dieser doch eher einfachen Parasiten enorm. Bakterien haben sich erst durch Veränderungen ihrer Gestalt und ihres Stoffwechsels an extreme Lebensräume, wie z. B. heiße Quellen, anpassen können. Das Beispiel zeigt aber auch, dass die stabilisierenden Elemente sehr stark sein können, denn Bakterien existieren in ihren bewährten Grundformen bereits seit mehr als vier Milliarden Jahren (M 6).
Eine weitere biologische Ebene, die die These vom Bestand der Veränderung stützt, ist die der Individualentwicklung. Wachstums- und Reifevorgänge sind ohne Stoff- und Energiewechsel, den wohl sichtbarsten Formen von Veränderung, nicht denkbar. Modifikationen, wie Licht- und Schattenblätter (M 5) oder die lichtabhängige Entwicklung von Proplastiden zu Chloroplasten (M 2), zeigen, dass die Existenz von Organismen von Veränderungen geradezu abhängig ist. Aber auch hier muss einschränkend gesagt werden, dass die Variabilitätsbreite durch genetische Determination eingeschränkt und damit stabilisiert wird. Diese genetisch bedingte Einschränkung beliebiger Variabilität wird auch durch die relative Stabilität der Erbsubstanz realisiert. Die Doppelhelix der DNA (M 8) wird bei jeder mitotischen Zellteilung repliziert, also originalgetreu verdoppelt. Die Tochterzellen erhalten somit einen identischen Satz an genetischem Material. Eventuell auftretende Replikationsfehler werden durch Reparaturenzyme korrigiert.
Zusammenfassend kann der These grundsätzlich zugestimmt werden, da Veränderungen sowohl in der Evolution als auch in der Ontogenese die Existenz lebender Strukturen von Anfang an prägen. Veränderungen auf allen Ebenen dienen hauptsächlich der Anpassung an sich veränderte Lebensbedingungen, sind aber immer auch an stabilisierende Elemente gebunden.

Leistungskurs Biologie (Thüringen): Abiturprüfung 2010
Aufgabe 1: Stoffwechsel, Genetik, Immunbiologie, Evolution

Teil A BE

Lactose (Milchzucker) kommt im Gegensatz zu anderen Zuckerarten nur in der Milch von Säugetieren vor. Die Darmzellen des Menschen sowie aller Säugetiere sind nicht in der Lage, Lactose aus der Nahrung aufzunehmen. Sie muss daher mithilfe der Lactase verdaut werden, um die entsprechenden Spaltprodukte resorbieren zu können.

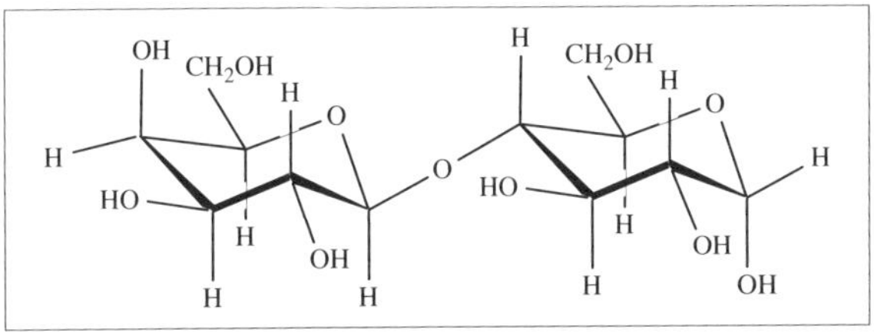

Strukturformel von Lactose, gebildet aus Galactose und Glucose

1 Lactase ist in der gefalteten Membran der Dünndarmzellen lokalisiert.

1.1 Stellen Sie am Beispiel der Lactasewirkung den Ablauf dieser Enzymreaktion dar und beschreiben Sie Aufbau und Wirkungsweise von Enzymen! 4

1.2 Schlussfolgern Sie aus den dargestellten Versuchsergebnissen auf den Transportmechanismus bei der Resorption!
Charakterisieren Sie diesen Transport! 4

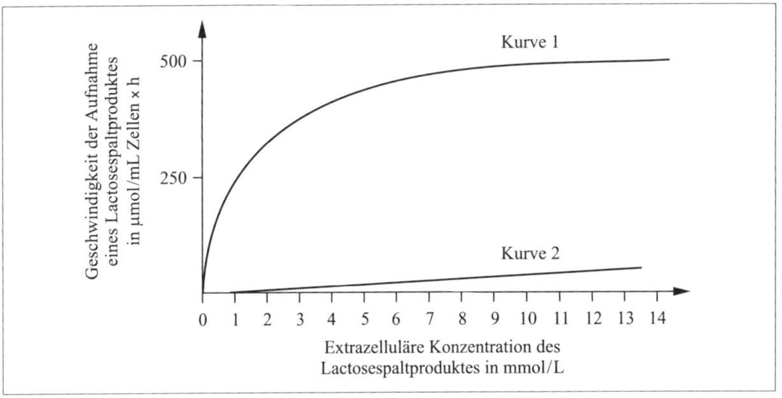

Versuchsergebnisse des Transportes eines Lactosespaltproduktes durch eine Biomembran (Kurve 1) und durch eine künstliche Lipiddoppelschicht (Kurve 2)
Nach: Weis, M.: Unterrichts-Materialien für Lehrkräfte, Sek. II; Stark Verlag Freising, Teil A 23, S. 75

2 Bei der Lactoseintoleranz (Milchzuckerunverträglichkeit) wird die mit der Nahrung aufgenommene Lactose als Folge fehlender oder verminderter Produktion des Verdauungsenzyms Lactase nicht bzw. unvollständig verdaut. Gelangt die osmotisch wirksame Lactose in den Dickdarm, wird sie von Darmbakterien zu osmotisch wirksamer Milchsäure, zu Essigsäure, zu Methan (CH_4) und Kohlenstoffdioxid vergoren.

2.1 Erstellen Sie die Summengleichung für die aerobe Dissimilation und die Milchsäuregärung!
Vergleichen Sie die Prozesse in Bezug auf den Energiegewinn! 3

2.2 Die Lactoseintoleranz äußert sich unter anderem in Form von Durchfällen, Blähungen und Bauchschmerzen.
Erklären Sie diese Symptome! 3

2.3 Eine Möglichkeit der Diagnose von Lactoseintoleranz ist der Blutzuckertest. Dabei nimmt der Patient auf nüchternen Magen eine definierte Menge an Lactose zu sich. Vor der Einnahme sowie zwei Stunden lang alle 30 min nach der Einnahme wird der Blutzuckergehalt gemessen.
Begründen Sie, warum bei Patienten mit unerkannter Diabetes und verminderter Lactaseproduktion falsche Schlüsse aus den Ergebnissen des Blutzuckertests bezüglich der Lactoseintoleranz gezogen werden können! 7

2.4 Überprüfen Sie, ob handelsübliche Kuhmilch auch Glucose enthält! Fordern Sie die benötigten Geräte und Chemikalien schriftlich an! Fertigen Sie ein Protokoll an! 5

2.5 Das Bakterium *Escherichia coli* ist in der Lage, Lactose zu verwerten. Die Bildung der Lactase erfolgt entsprechend der nachfolgenden stark vereinfachten schematischen Abbildung.
Erläutern Sie anhand der nachfolgenden Schemadarstellung zwei mögliche genetische Ursachen für die Blockierung der Lactasebildung! 4

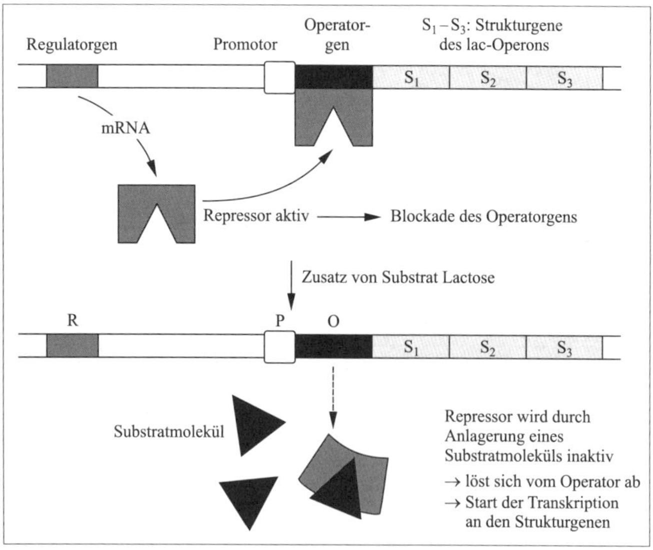

Schematische Darstellung der Regulation der Biosynthese von Lactase bei *Escherichia coli*-Bakterien
Nach: PdN-Biologie, S 4/58, Jg. 2009; Aulis Verlag, S. 30

2.6 Lactase wird von allen Säugetieren während der Stillzeit gebildet. Danach wird die Lactaseproduktion reduziert.
Erbgutanalysen von europäischen Skeletten aus der Jung- und Mittelsteinzeit (7 800–7 200 Jahre alt) zeigen, dass keiner dieser erwachsenen Menschen in der Lage war, Milch zu verdauen. Dagegen konnte an einem 1 500 Jahre alten Skelett nachgewiesen werden, dass diese Menschen auch im Erwachsenenalter zur Lactoseverdauung fähig waren.
Die Einführung der Tierzucht erfolgte in Europa vor etwa 8 000 Jahren.

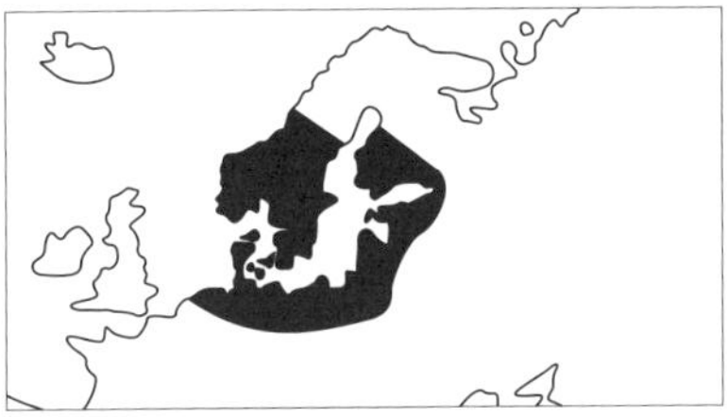

Abb. A: Heutige Verteilung der Lactosetoleranz (dunkle Fläche) in Nordeuropa

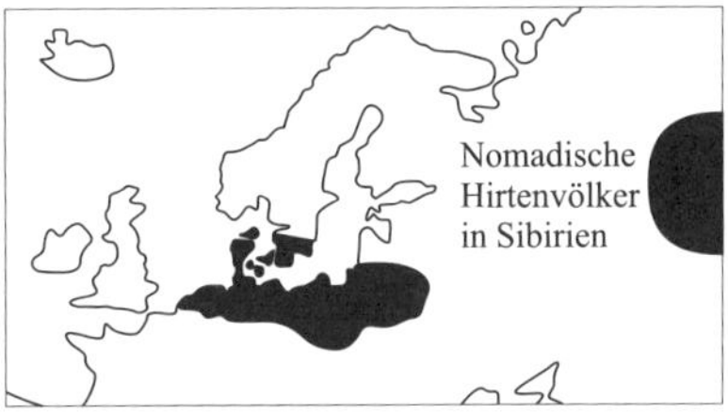

Abb. B: Region der Milchviehwirtschaft (dunkle Fläche) in der Jungsteinzeit in Nordeuropa sowie deren Ursprung in Sibirien

Nach: Lingg, W.: Unterrichts-Materialien für Lehrkräfte, Sek. II; Stark Verlag Freising, Teil U 1.20, S. 172

In Afrika, wo der Milchkonsum erst seit der Kolonialisierung verbreitet ist, liegt der Anteil der Lactoseintoleranz bei 98 %, in Westeuropa, Australien und Nordamerika bei hellhäutigen Menschen bei 5–15 % und in Deutschland bei ca. 15–25 %. Den meisten Bewohnern des nahen Ostens sowie sibirisch/mongolischen Menschen bereitet die Milchzuckeraufnahme häufig bis ins hohe Alter keine Probleme.

Nach: www.libase.de/lexikon.html?show=54&mode=STD&firstletter-=&sid=85sq5eic25ft5sa686gtlihn10, 08. 08. 09

Erklären Sie die unterschiedliche Verbreitung der Lactosetoleranz in den genannten menschlichen Populationen aus evolutionsbiologischer Sicht. 5

2.7 „Die Milchzuckerunverträglichkeit darf nicht mit der Milchallergie verwechselt werden!"

Nach: Classen, M.; www.klinikum-bremen-ldw.de/lactose.htm, 28. 07. 09

Beurteilen Sie die Richtigkeit dieser Aussage! Beschreiben Sie die Vorgänge, die zu einer Allergie gegen Kuhmilcheiweiß führen! 5

Teil B

„Mutationen sind ein Grundphänomen lebender Systeme. Auf der Ebene des Einzelindividuums haben sie oft negative Folgen. Für die Evolution von Organismen sind sie unentbehrlich.“

Nach: W. Hennig: Genetik; Springer Verlag Berlin Heidelberg New York 1995, S. 458

Stellen Sie Ihre Kenntnisse über Mutationen dar und beurteilen Sie dabei auch die Aussagen des Zitats! Beziehen Sie in Ihre Darstellung geeignete Sachverhalte aus der nachfolgenden Materialsammlung ein! 20

Material 1

Die anomalen Sichelzellhämoglobine S, C, D und E (HbSS, HbSC, HbSD, HbSE) sind bei einigen Völkern Afrikas und Asiens häufig, die anderen Varianten werden weltweit nur sporadisch angetroffen. In Europa sind anomale Hämoglobine bei den Mittelmeervölkern am zahlreichsten; ihre Häufigkeit nimmt nach Norden hin ab.
HbSS hat die größte Verbreitung in Äquatorialafrika. 25–40 % der dort eingeborenen Bevölkerung sind heterozygote Anomalieträger. Gelegentlich kommt HbSS in Sizilien, Süditalien, Griechenland, der Türkei sowie im Nahen Osten und in Indien vor. Bei der schwarzen Bevölkerung Amerikas liegt die Häufigkeit zwischen 5 und 10 %, […].
In Deutschland waren 1998 etwa 350 Kinder und Erwachsene von der Sichelzellerkrankung betroffen, wobei es sich meistens um Einwanderer aus Endemiegebieten handelt.

Nach: Clemens, M. R., Mahlberg, R.; www.onkodin.de/zms/content/e8/e21122/e21170/e21175/index_ger.html, 8.9.09

Material 2

Die Replikation von DNA erfolgt mit hohen Fehlerraten der DNA-Polymerase und den Einbau falscher Nukleotide. Die meisten dieser Fehler werden jedoch durch einen polymeraseeigenen Reparaturmechanismus korrigiert.

Nach: W. Hennig: Genetik; Springer Verlang Berlin Heidelberg New York 1995, S. 458

Material 3

Industriemelanismus
Quelle: http://commons.wikimedia.org/wiki/File:Biston.betularia.f.carbonaria.7209.jpg und http://commons.wikimedia.org/wiki/File:Biston.betularia.7200.jpg; Fotos: Olaf Leillinger; lizenziert unter der Creative Commons Attribution ShareAlike 2.5-Lizenz

Material 4

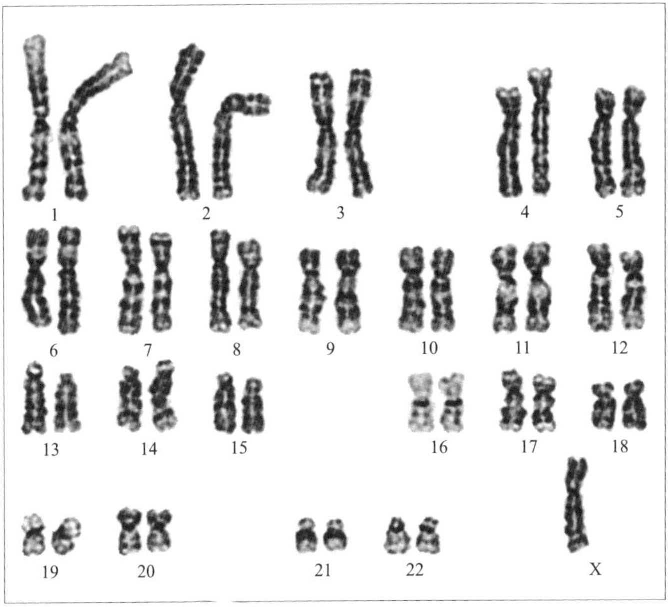

Karyogramm

Material 5

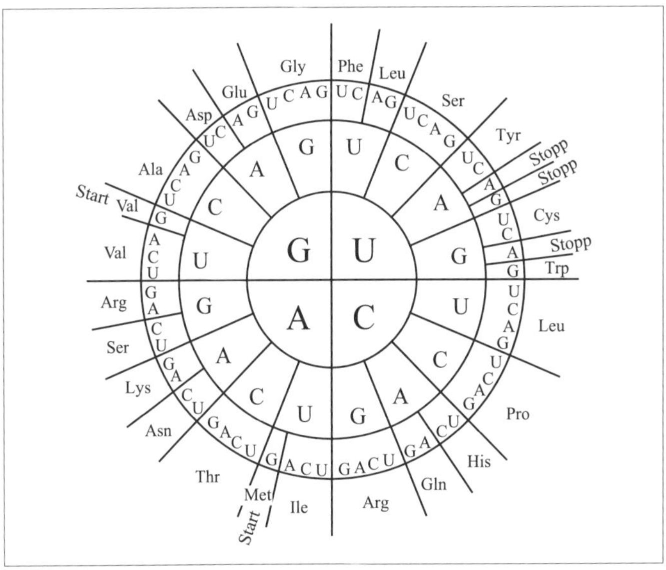

Code Sonne
(Die Codons sind von innen nach außen zu lesen.)

Material 6

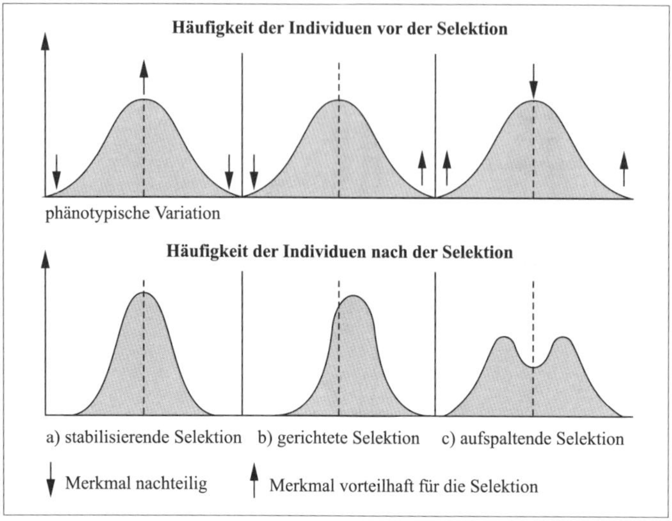

Selektionsarten
Nach: Nach: Kull, U., Linder, H., Bayrhuber, H.: Biologie, Lehrmaterialien, CD; Schroedel Verlag GmbH

Material 7

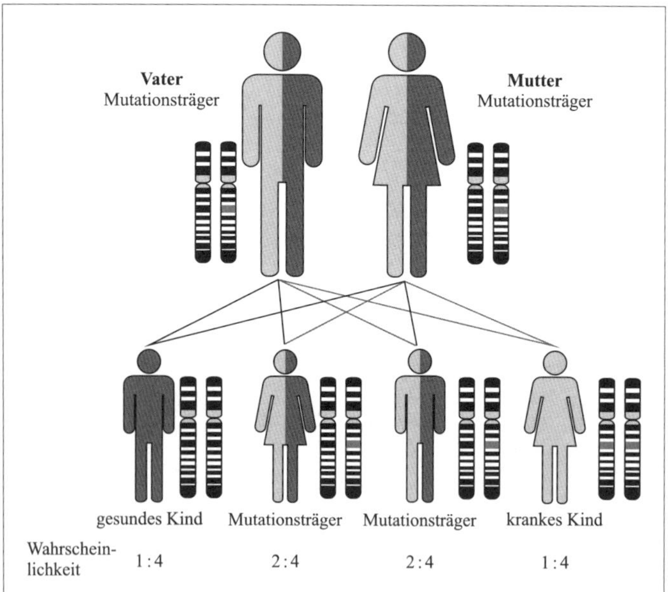

Erbgang
Nach: www.paukr.de/kurse/biologie-gk-bayern-gymnasium/erbkrankheiten-aufgrund-von-genmutationen, 28. 07. 09.

Lösung

Teil A

1.1 *Bei dieser Aufgabe sollte besser mit dem zweiten Teil (Aufbau und Wirkungsweise von Enzymen) begonnen werden, um die Informationen dann auf das spezifische Beispiel anwenden zu können.*

Ein **Enzym** besteht aus einem Proteingrundkörper, in dessen Struktur ein aktives Zentrum eingebettet ist. Dieses wird durch spezifische Oberflächenstrukturen und Ladungsmuster in die Lage versetzt, ein bestimmtes **Substrat** zu binden (Schlüssel-Schloss-Prinzip). Besteht ein Enzym darüber hinaus auch aus Nichtprotein-Komponenten, so wird es als **Holoenzym** bezeichnet. Der Eiweißgrundkörper wird **Apoenzym** und die Nichteiweiß-Komponente **Koenzym** (notwendig zur Funktionsfähigkeit) bzw. **Kosubstrat** (erforderlicher äquivalenter Reaktionspartner) genannt.
Enzyme sind Biokatalysatoren, die die Reaktionsgeschwindigkeit einer spezifischen biochemischen Reaktion durch die Bindung des Substrats an das aktive Zentrum erhöhen. Das geschieht durch eine Verringerung der Aktivierungsenergie. Enzyme sind substrat- und reaktionsspezifisch und gehen unverändert aus der Reaktion hervor.
Das Enzym **Lactase** bindet den Milchzucker (Lactose) im aktiven Zentrum. Der entstandene Enzym-Substrat-Komplex wird biochemisch umgesetzt. Dabei entstehen die Produkte Galactose und Glucose. Der Enzym-Produkt-Komplex ist wegen der Inkompatibilität mit dem aktiven Zentrum instabil und die beiden Produkte werden abgespalten. Das Enzym kann nun weiteres Substrat binden und umsetzen.

1.2 *Die Ermittlung des Transportmechanismus erfordert den Vergleich einer natürlichen mit der künstlichen Doppellipidschicht. Dabei ist davon auszugehen, dass die künstliche Schicht keinerlei Proteinbestandteile aufweist.*

Im Diagramm wird die Abhängigkeit der Aufnahmegeschwindigkeit eines Lactosespaltproduktes (Glucose oder Galactose) in eine Zelle von der extrazellulären Konzentration des Spaltproduktes dargestellt. Kurve 1 ist eine typische Sättigungskurve. Anfangs steigt die Aufnahme stark an und geht dann in die Sättigung über. Kurve 2 zeigt mit zunehmender Konzentration einen gleichmäßigen, geringen Anstieg der transportierten Menge an Lactosespaltprodukten.
Aus den Kurvenverläufen kann man schlussfolgern, dass die natürliche Resorption ein proteingebundener Vorgang ist. Die in der Biomembran vorhandenen **Carriersysteme** ermöglichen die **erleichterte Diffusion** eines meist spezifischen Substrats. Der Verlauf der Kurve 1 zeigt, dass die Transportkapazität dieser Systeme von der extrazellulären Substratkonzentration abhängt. Die Sättigung ist mit der begrenzten Anzahl verfügbarer Transportsysteme und vielleicht auch mit der zunehmenden intrazellulären Konzentration der Spaltprodukte zu erklären. Die Kurve 2 zeigt den Verlauf ohne Carrier. Die künstliche Lipiddoppelschicht ist nicht vollständig undurchlässig für Glucose oder Galactose. Der mit zunehmender Konzentration verstärkte Diffusionsdruck führt zu einer langsam anwachsenden Diffusionsgeschwindigkeit. Da diese gleichmäßig ansteigt, spielt die intrazelluläre Konzentration der Spaltprodukte offensichtlich keine Rolle.
Carriersysteme sind charakteristische Transportsysteme in Biomembranen. Sie besitzen ähnlich wie Enzyme typische Bindungszentren. Dort docken die zu transportierenden Substrate an und verändern dadurch die Konformation des Proteins. Diese strukturelle Veränderung bewirkt den Transport des Substrates auf die andere Membranseite. Erfolgt dieser Vorgang in Richtung des Konzentrationsgefälles des Substrates und ohne Energieverbrauch, liegt ein passiver Transport (erleichterte Diffusion) vor. Beim Transport gegen das chemische Konzentrationsgefälle wird dagegen Energie (meist ATP) benötigt (aktiver Transport).

2.1 *Bei der Summengleichung sollte von Glucose ausgegangen werden. Der Vergleich erfordert auch die Betrachtung der Gemeinsamkeiten.*

Summengleichung der **aeroben Dissimilation** (Zellatmung):

$$C_6H_{12}O_6 + 6\,O_2 \longrightarrow 6\,CO_2 + 6\,H_2O$$

Summengleichung der **Milchsäuregärung:**

$$C_6H_{12}O_6 \longrightarrow 2\,C_3H_6O_3$$

Beide Prozesse sind Dissimilationsformen. Sie dienen der Bereitstellung von verwertbarer Energie in Form von **ATP**.
Die aerobe Dissimilation erbringt einen sehr hohen Energiegewinn, da die Produkte (CO_2 und H_2O) sehr energiearm sind. Zur pro mol Glucose gewonnen ATP-Stoffmenge gibt es unterschiedliche Angaben. Meist geht man von 30 bis 34 mol ATP aus, was einer verwertbaren Energiemenge von mindestens 972 kJ/mol Glucose entspricht.
Bei der Milchsäuregärung werden pro mol Glucose nur 2 ATP-Einheiten gewonnen, was der wesentlich geringeren Energiemenge von rund 65 kJ/mol entspricht. Diese Energie stammt ausschließlich aus der Glykolyse.

2.2 *Die Informationen zur Lösung der Aufgabe sind im Vortext enthalten.*

Durchfälle werden durch Störungen bei der Wasserrückresorption im Dickdarm verursacht, durch die der Stuhl zu viel Wasser enthält. Wie ausgeführt, wird Lactose im Darm von an Lactoseintoleranz leidenden Menschen nicht enzymatisch gespalten, da es ihnen an Lactase mangelt. **Darmbakterien** im Dickdarm können sie aber u. a. zu Milchsäure und Essigsäure verarbeiten. Diese Stoffe und die nicht umgesetzte Lactose bilden, da sie nicht resorbierbar sind, im Darmlumen eine **hypertonische Lösung**. Das führt zu einem osmotischen Wasserentzug aus den Darmzellen und/oder zu einer Einschränkung des Wassertransports aus dem Darm in das Blut. Dadurch entsteht der Durchfall.
Die durch Gärungsvorgänge gebildeten Gase (Kohlenstoffdioxid und Methan) sammeln sich im Darm und führen zu Blähungen und durch den ausgeübten Druck auch zu Schmerzen. Diese werden noch durch die Säuren verstärkt, da sie den normalerweise im leicht basischen Bereich liegenden pH-Wert im Darm senken und ihn dadurch reizen.

2.3 *Die Aufgabe kann gelöst werden, indem Sie die möglichen Veränderungen des Blutzuckerspiegels bei Gesunden, bei Lactoseintoleranten und bei Diabetikern miteinander vergleichen.*

Lactose wird durch das Verdauungsenzym Lactase in Glucose und Galactose gespalten. Beide Monosaccharide können dann in das Blut resorbiert werden und die Glucose bewirkt eine rasche Erhöhung des **Blutzuckerspiegels**. Bei gesunden Menschen ist diese Erhöhung nur von kurzer Dauer, da sofort Regulationsmechanismen wirken, die den Blutzuckerspiegel wieder senken. Neben einem natürlichen und von der körperlichen Aktivität abhängigen Verbrauch an Glucose wirkt das bei Glucoseüberschuss freigesetzte Hormon Insulin Blutzuckerspiegel senkend. Im Test sollte sich bei gesunden Menschen die Glucosekonzentration im Blut zunächst stark erhöhen und dann relativ rasch wieder auf den Normalwert verringern.
Liegt eine Lactoseintoleranz vor, so wird wegen des fehlenden Enzyms der Blutzuckerspiegel nach Einnahme von Lactose nur sehr wenig ansteigen. Dieser fehlende Anstieg ist die Basis für die Diagnose der Lactoseintoleranz.
Bei **Diabetes** liegen eine mangelnde Insulinfreisetzung und/oder fehlende bzw. fehlerhafte Insulinrezeptoren vor. Die Konzentration von Glucose im Blut liegt deshalb ständig über der eines Gesunden (vor allem wenn der Diabetes nicht erkannt wurde) und eine

weitere Erhöhung wird nur mangelhaft kompensiert. Im Test ist bei einem Diabetiker ohne Lactoseintoleranz von einem hohen Blutzucker-Ausgangswert auszugehen, der nach der Lactose-Gabe sehr stark ansteigt und nur langsam wieder absinkt, wahrscheinlich ohne den Normalwert eines Gesunden zu erreichen.
Bei einem Patienten mit unerkannter **Diabetes und Lactoseintoleranz** ergibt sich im Test eine Veränderung des Blutzuckerspiegels, die der eines Gesunden ähnlich sein könnte. Durch den Mangel an Lactase wird ein Großteil der Lactose nicht in Glucose und Galactose gespalten. Die geringe Menge an gebildeter und resorbierter Glucose reicht aber bei einem Diabetiker für eine Erhöhung des Blutzuckerspiegels aus, der in seiner Dimension dem regulierten Wert eines gesunden Menschen ähnlich sein kann.

Da aber auch der Ausgangswert des Blutzuckerspiegels vor Einnahme der Lactose gemessen wurde, sollte sich ein Verdacht auf das Vorhandensein von Diabetes ergeben.

2.4 *Im folgenden Musterprotokoll wird nur ein Lösungsvorschlag dargestellt. Die konkreten Anforderungen können schulspezifisch abweichen.*

Musterprotokoll

1) **Aufgabenstellung:**
Überprüfen Sie, ob handelsübliche Kuhmilch auch Glucose enthält.

2) **Benötigte Geräte und Chemikalien:**
Reagenzgläser, Reagenzglasständer, Reagenzglashalter, heißes Wasserbad, Schutzbrille, Fehlingsche Lösungen I und II

3) **Durchführung:**
Je 2 mℓ Fehlingsche Lösung I und II werden gemischt, sodass die klare und tiefblaue Fehlingsche Lösung entsteht. Dazu wird etwas Kuhmilch gegeben und der Ansatz im Wasserbad kräftig erhitzt. Ist Glucose enthalten, kommt es nach einiger Zeit zu der typischen rotorangen („ziegelroten“) Färbung.

4) **Beobachtungen:**
Die Färbung geht von violett über schmutzig grün ins Rotorange über.

5) **Auswertung:**
In der Auswertung werden die Beobachtungen mit den in der Durchführung beschriebenen Erwartungen verglichen und festgelegt, ob Glucose enthalten ist.

Der nach dem Erhitzen verbleibende rote Niederschlag ist ein relativ sicherer Nachweis von Glucose. Die violette Färbung nach der Zugabe von Fehlingscher Lösung entspricht der Biuretreaktion (einem Proteinnachweis).

Außerdem kann in der Auswertung kurz auf die Grundlagen des Experiments eingegangen werden (Fehlingsche Probe: Redoxreaktion an freien Aldehydgruppen).
Bei undeutlichen Ergebnissen sollte eine Fehleranalyse durchgeführt werden.

2.5 *Die Aufgabe verlangt, dass die Blockade der Lactasebildung und nicht die Genregulation (Lactoseinduktion) dargestellt wird.*

Lactase besteht wie alle Enzyme aus einem Proteingrundkörper mit aktivem Zentrum. Zu ihrer Herstellung erfolgt vor der Genexpression die „Freischaltung“ der entsprechenden Gene durch Substratinduktion. Dazu verbindet sich die Lactose als Substrat mit dem aktiven Repressor und deaktiviert ihn.

Mögliche Ursachen für ein Ausbleiben der Lactaseproduktion:

- **Mutation im Bereich des Regulatorgens:**
  Die Struktur des Repressors muss so verändert sein, dass er zwar noch am Operatorgen anhaften, aber keine Lactose mehr binden kann. Dadurch bleibt der Repressor stets aktiv und verhindert die Transkription der Strukturgene. Die Biosynthese der Lactase bleibt aus.

- **Mutation im Bereich des Operatorgens:**
  Dieses müsste strukturell so verändert werden, dass die RNA-Polymerase auch dann nicht mehr wirksam werden kann, wenn der Repressor deaktiviert ist. Ist die RNA-Polymerase blockiert, findet keine Transkription der Strukturgene mehr statt. Die Lactasebildung ist unterbrochen.

2.6 *Die geordnete Darstellung der Ursachen für die Verbreitung der Lactosetoleranz muss das Zusammenwirken der einzelnen Evolutionsfaktoren berücksichtigen und logisch abgeleitet sein.*

Es gibt einen offensichtlichen Zusammenhang zwischen Lebensweise (Sesshaftigkeit) und **Lactosetoleranz** im Zeitraum von vor 7 200 bis 1 500 Jahren in Europa, der in Afrika nicht ausgeprägt war.
Man kann davon ausgehen, dass ursprünglich alle Menschen nach der Stillzeit eine Lactoseintoleranz aufwiesen. Dies war von evolutionsbiologischem Vorteil, da eine Verlängerung der Stillzeit z. B. die Ressourcen der Mutter schwächt und die unfruchtbare Phase verlängert. Das Gen für die Lactase wurde mit zunehmender körperlicher Entwicklung der Kinder abgeschaltet und die unangenehmen Begleitumstände einer Lactoseintoleranz „erleichterten" die Entwöhnung von der Muttermilch. Man kann aber auch davon ausgehen, dass durch Mutationen und Rekombinationen Abweichungen von dieser genetischen Disposition auftraten. Die Variabilität bestand im Wesentlichen aus dem Nichtwirksamwerden der abschaltenden Faktoren. Die Bildung von Lactase im Erwachsenenalter brachte aber in einer Gesellschaft von Jägern und Sammlern, der Milch als Nahrungsmittel nicht zur Verfügung stand, keinen Vorteil.
Erst mit der sesshaften Lebensweise von ursprünglich nomadischen Völkern in Mitteleuropa und dem nahen Osten bzw. der Umstellung von weiterhin nomadisch lebenden Völkern im sibirisch-mongolischen Raum auf **Milchviehwirtschaft** änderten sich die Voraussetzungen entscheidend. Ihnen stand nun mit der Milch der Nutztiere ein hochwertiges Nahrungsmittel zur Verfügung, das zahlreiche Nährstoffe und Vitamine enthält. In den menschlichen Populationen erfolgte unter den in den genannten Gebieten herrschenden harten Bedingungen eine Selektion zugunsten der Lactosetoleranzgene. Diese Erscheinung förderte wiederum die sesshafte Lebensweise und die Erweiterung der Milchviehhaltung. Die Lactosetoleranz breitete sich durch diese Kopplung von genetischen und sozialen Faktoren immer mehr aus, sodass heute ein großer Teil der Bevölkerung Mitteleuropas, des nahen Ostens und der Mongolei dieses Merkmal aufweist.
In Afrika ist dieses Merkmal kaum mehr als in der ursprünglichen Variabilität ausgebildet. Obwohl auch hier Populationen sesshaft wurden, fehlte es sicher an geeigneten Milchtieren und es stand klimatisch bedingt ein anderes Spektrum an Nahrungsmitteln zur Verfügung.
Dazu kamen noch Isolationsbarrieren unterschiedlicher Art zwischen den nördlichen und den afrikanischen Völkern, die eine Verbreitung der der Lactosetoleranz in Afrika verhinderten.

2.7 *Die Schlussfolgerung sollte aus dem Vergleich der beiden Krankheiten abgeleitet werden. Die Darstellung der Allergiebildung erfolgt chronologisch.*

Die Aussage ist richtig. Beide krankhaften Abweichungen werden durch das Lebensmittel Milch verursacht, sind aber durch völlig unterschiedliche Prozesse charakterisiert.
Die Milchzuckerunverträglichkeit oder **Lactoseintoleranz** ist ein genetisches Problem, das meist bei Erwachsenen vorkommt. Das Verdauungsenzym Lactase wird nicht (mehr) gebildet, sodass der Milchzucker (Lactose) nicht mehr gespalten und resorbiert werden kann. Die im Darm verbleibende Lactose verursacht eine Reihe unterschiedlicher Beschwerden. Die **Milchallergie** dagegen basiert auf Fehlreaktionen des Immunsystems gegen die in der Milch enthaltenen Proteine.
Milchproteine gehören zur Gruppe der Lebensmittelallergene. Bei einem ersten (Schleimhaut-)Kontakt mit den auf den Milcheiweißen befindlichen Oberflächenstrukturen (antigene Determinanten) reagiert das Immunsystem mit einer **humoralen Immunantwort** durch die Bildung von **Immunglobulin-E-Antikörpern** (IgE). Im zweiten Schritt besetzen diese IgE-Moleküle die Oberflächen von **Mastzellen**, die sozusagen an vorderster Front im Schleimhautbereich Wache halten. Die **Sensibilisierung** ist abgeschlossen. Zur eigentlichen Allergiereaktion kommt es bei einem weiteren Kontakt mit dem gleichen Allergen, also dem Milchprotein. Die in den Golgi-Vesikeln der Mastzellen befindlichen Botenstoffe **Histamin** und Serotonin werden schlagartig entladen und führen zu den typischen Allergiesymptomen wie verstärkte Sekretbildung, Schwellungen und Juckreiz.
Diese Reaktion verstärkt sich bei jedem weiteren Kontakt mit dem Allergen, weil das Immunsystem nicht mehr in der Lage ist, seine spezifische Überreaktion zu kontrollieren.

Teil B

In diesem Teil wird eine zusammenhängende Darstellung gefordert. Die mögliche Gliederung des Beitrages ergibt sich aus der Aufgabenstellung. Dabei kann man mit dem Allgemeinen beginnen und dabei die Mutationen als Grundphänomene beschreiben. Die Aussagen des Zitats über die Auswirkungen von Mutationen auf das Einzelindividuum und auf die Evolution von Organismen sollen ambivalent beurteilt werden. Die Bedeutung für die Evolution ist im Hinblick auf die durch Mutationen gegebene Variabilität ableitbar. Der folgende Lösungsvorschlag ist an jeder Stelle je nach Kenntnisstand erweiterbar.

Mutationen sind plötzlich auftretende, richtungslose Veränderungen der DNA, die vererbt werden können. Neben den Spontanmutationen gibt es auch solche, die durch sogenannte Mutagene (z. B. energiereiche Strahlung, bestimmte Chemikalien) ausgelöst werden. Man kann Mutationen nach verschiedenen Kriterien klassifizieren. **Genmutationen** verändern die Nukleotidsequenz der DNA (Herausbrechen, Einfügen, Austausch von Nukleotiden). Dabei ist oft ein Fehler bei der Replikation der DNA die Ursache (M 2). Als **Chromosomenmutationen** werden strukturelle Veränderungen der Chromosomen bezeichnet (Verluste, Drehungen, Duplikationen von Teilstücken etc.). Fehlt beim Menschen zum Beispiel ein Stück des kurzen Arms des 5. Chromosoms, führt dies zu einer schweren Erbkrankheit (Cri-du-chat-Syndrom). Bei **Genommutationen** ist die Anzahl der Chromosomen verändert. Man unterscheidet zwischen Polyploidie (alle Chromosomen liegen in größerer Zahl als im Normalfall vor) und Aneuploidie (die Zahl einzelner Chromosomen ist größer oder kleiner als im Normalfall). Während es zahlreiche polyploide Pflanzen gibt, sind Menschen mit vervielfachtem Chromosomensatz nicht lebensfähig. Das im Material 4 dargestellte Karyogramm zeigt ein Beispiel für eine Aneuploidie beim Menschen, das als Turner-Syndrom bekannt ist.

Die DNA ist die universelle Erbsubstanz. Sie ist bei allen Organismen in Chromosomen organisiert und ihre Vervielfachung und die Genexpression folgen im Wesentlichen den gleichen

Prozessen. Daraus kann man ableiten, dass auch Mutationen bei allen Lebewesen auftreten müssen und dass diese damit ein Grundphänomen des Lebens auf der Erde darstellen.

Erweitert werden könnte dieser Abschnitt durch eine Einlassung auf verschiedene Mutagene, somatische und generative Mutationen sowie auf ein konkretes Beispiel zu einer gestörten Genexpression unter Anwendung der Codesonne (M 5).

Wie am Beispiel zahlreicher Erbkrankheiten (z. B. M 4) zu erkennen ist, können Mutationen durchaus negative bis tödliche Folgen für ein Individuum haben. Aber nicht in jedem Fall führt eine Veränderung der DNA zu einer Veränderung des Genotyps. Wenn zum Beispiel die DNA-Sequenz –CGG– in –CGC– verändert wird (es liegt also eine Genmutation vor), verändert sich die Aminosäuresequenz des gebildeten Proteins überhaupt nicht, da in beiden Fällen Alanin eingebaut wird (Degeneration des **genetischen Codes**). Viele Mutationen werden als somatische Mutationen überhaupt nicht vererbt oder betreffen nur einen Teil der Körperzellen (Mosaiktypus). Die meisten Mutationen bleiben auch deshalb unbemerkt, weil körpereigene Reparaturmechanismen die Fehler korrigieren (M 2). Selbst die Existenz einer mutativen Abweichung im Genom muss noch keine unmittelbaren Folgen für das Individuum besitzen, wenn diese Mutation rezessiv vorliegt, wie z. B. bei den Konduktoren im Material 7.
Manchmal bieten Mutationen sogar Vorteile für Individuen. Der Industriemelanismus, eine auf einer Genmutation basierende Schwarzfärbung des Birkenspanners, bietet bei dunklen Untergründen einen Selektionsvorteil (M 3).

Dieses Beispiel bietet einen guten Übergang zur Bedeutung von Mutationen für die Evolution.

In der Evolution sind Mutationen zur Erhöhung der **Variabilität** des Genpools von enormer Bedeutung Zwar kann die Variabilität der Phänotypen auch durch Rekombinationen des vorhandenen genetischen Materials und Modifikationen erreicht werden, aber bereits die Erweiterung der Schwankungsbreite einer Modifikation bedarf einer Veränderung des Genotyps. Grundlegend Neues entsteht in einem Genpool nur durch Mutationen. Die im Genpool fixierten Merkmale führen unter den Phänotypen zu einer charakteristischen Merkmalsverteilung, die im Idealfall einer Normalverteilungskurve (M 6) zugeordnet werden kann. Auf diese Merkmalsverteilung wirkt der Selektionsdruck verschiedener Umweltfaktoren was die Verteilung unterschiedlich verschieben, stabilisieren oder aufspalten kann. Diese Reaktion auf Selektionsfaktoren kann aber nur dann zu einer evolutionären Entwicklung führen, wenn die Basis (die Variabilität) das auch zulässt. Die Variabilität wiederum wird, wie bereits angesprochen, in starkem Maße von Mutationen beeinflusst.

An dieser Stelle sollte eine kurze Zusammenfassung und ein abschließendes Urteil entsprechend der Aufgabenstellung folgen, um die Darstellung abzurunden; z. B.:

Resümee: Mutationen sind zufällige Phänomene im Erbgeschehen. Sie betreffen unterschiedliche Strukturen des Erbmaterials und können vererbt werden. Die Wirkungen auf die Vitalität eines Individuums sind ambivalent: Verschiedene Erbkrankheiten zeigen die negative Seite von Mutationen, andere genetische Veränderungen sind wirkungsneutral oder haben sogar einen positiven Effekt auf die Fitness.
Evolution ist ohne Mutationen nicht vorstellbar. Sie sind die Basis für Variabilität und damit der Ansatzpunkt für die Selektion, weil sie zu wirklich veränderten und nicht nur neu kombinierten Genomen führen.

Leistungskurs Biologie (Thüringen): Abiturprüfung 2010
Aufgabe 2: Zytologie, Genetik, Immunbiologie, Evolution

Teil A BE

1 Bakterien besiedeln in unvorstellbarer Zahl fast alle Lebensräume der Erde.

1.1 Fertigen Sie eine beschriftete Skizze vom elektronenmikroskopischen Bild einer procaryotischen Zelle an!
Nennen Sie vier anatomische Unterschiede im Vergleich zu einer eucaryotischen Zelle! 4

1.2 Zur Behandlung bakterieller Infektionen werden Antibiotika verwendet. So hemmen Tetracycline bei Bakterien die Anlagerung von tRNA an die Codone der mRNA.
Beschreiben Sie den Ablauf der Proteinbiosynthese unter Einwirkung von Tetracyclin und leiten Sie entsprechende Folgen für die Bakterien ab! 4

1.3 Große Schwierigkeiten bereitet der Medizin die Zunahme der Antibiotikaresistenzen. Formulieren Sie eine begründete Vermutung über die Ursachen der Resistenzen sowie über deren Verbreitung! 5

1.4 Die Analyse der mRNA zu einem bestimmten DNA-Ausschnitt eines Bakterienchromosoms ergab folgende Basensequenzen:

Wildtyp:
(5') AAGAGUCCAUCACUUAAUGCGUUU (3')

Mutante 1:
(5') AAGGUCCAUCACUAAUGCGUUU (3')

Mutante 2:
(5') AAGGUCCAUCACUUAAUGGCGUUU (3')

Nennen Sie die bei beiden Mutanten vorliegenden genetischen Veränderungen im Vergleich zum Wildtyp!
Ermitteln Sie die jeweiligen Aminosäuresequenzen!
Erläutern Sie mögliche Auswirkungen auf die Lebensfähigkeit des Bakteriums! 6

(Code-Sonne umseitig)

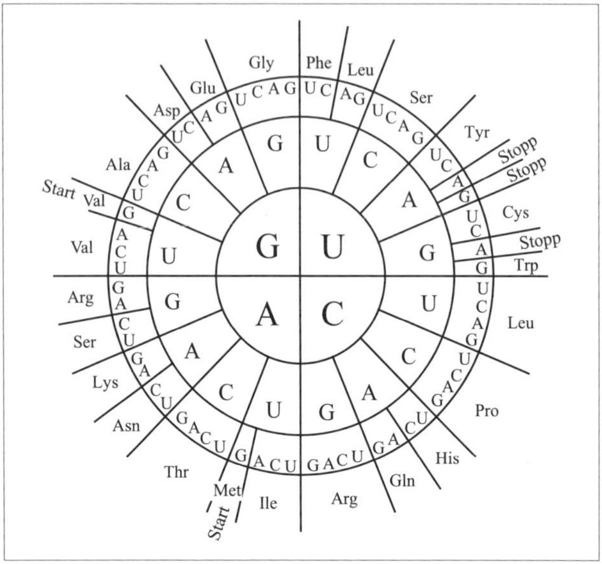

Code Sonne
(Die Codons sind von innen nach außen zu lesen.)

1.5 Weltweit steigt in den letzten Jahren die Zahl der Infektionen, die sich Patienten in Krankenhäusern zuziehen und gegen die übliche Antibiotika wirkungslos bleiben. Die Asklepios Klinik Hamburg und die Universität Halle-Wittenberg starteten 2008/09 einen Versuch, bei dem über einen längeren Zeitraum zwei Stationen mit Türgriffen, Türplatten und Lichtschaltern aus Kupferlegierungen ausgestattet wurden. Die Ausbreitung der Keime und die Zahl der Infektionen wurden erheblich verringert.
Erklären Sie das Ergebnis des Versuchs! 4

1.6 1997 erkrankten rund 147 Millionen Menschen an Cholera. Amerikanischen Wissenschaftlern gelang es 1998 Kartoffelpflanzen genetisch so zu verändern, dass sie einen Impfstoff gegen Cholera erzeugen. Mit den Kartoffeln wird von den Konsumenten ein inaktives Cholera-Toxin aufgenommen.
Erläutern Sie ein Verfahren, durch das die Pflanzen gentechnisch verändert werden konnten!
Begründen Sie die Art der vorliegenden Immunisierung! 5

2 Rhodopsin ist ein lichtempfindlicher Farbstoff in den Lichtsinneszellen des menschlichen Auges, der aus dem Eiweißanteil Opsin und Retinal besteht. Während des Sehvorgangs unterliegt das Rhodopsin einem ständigen Zyklus von Zerfall und Neubildung. Das Retinal wird aus Provitamin A gebildet, einem Bestandteil unserer Nahrung. Die Speicherung von Vitamin A erfolgt vorwiegend in der Leber.

2.1 In einem Experiment wurden adulte Ratten über mehr als zehn Wochen mit Vitamin A-freier Nahrung gefüttert. Im Ergebnis begleitender Untersuchungen entstanden folgende Darstellungen:

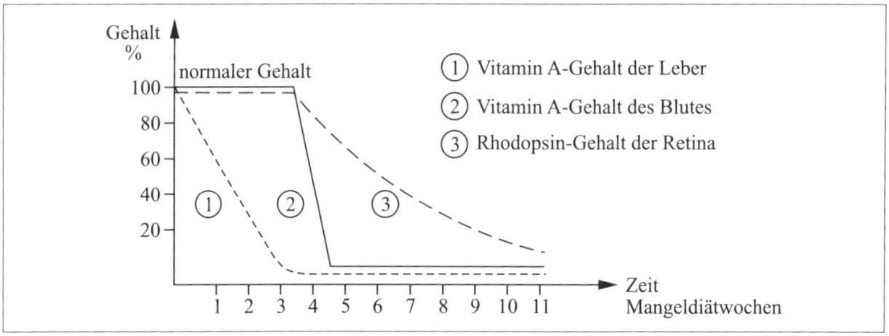

Abb. 1: Relativer Vitamin A-Gehalt im Blut, Leber und Rhodopsin im Verlauf der Vitamin A-Mangeldiät
Nach: Unterrichts-Materialien für Lehrkräfte Sek. II; Stark Verlag Freising, Teil E 2.2, S. 1

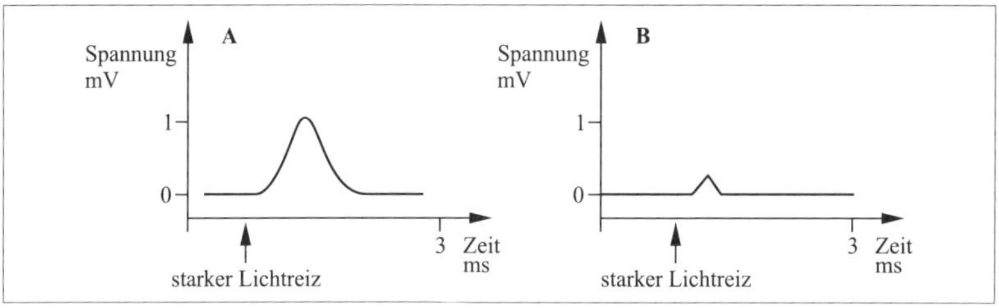

Abb. 2: Elektroretinogramm der Ratten vor (A) und nach (B) dem Experiment
Nach: Ebenda, S.2

Hinweis: In einem Elektroretinogramm wird ein besonderes Rezeptorpotenzial dargestellt, welches beim Zerfall von Rhodopsin in den Lichtrezeptoren entsteht.

Interpretieren Sie die Kurvenverläufe in Abb. 1!
Erläutern Sie den Zusammenhang zwischen Vitamin A-Gehalt und den gemessenen Potenzialen, die in Abb. 2 dargestellt sind! 7

2.2 Das erbliche Retinoblastom ist ein rasch wachsender Tumor in der Netzhaut des menschlichen Auges.

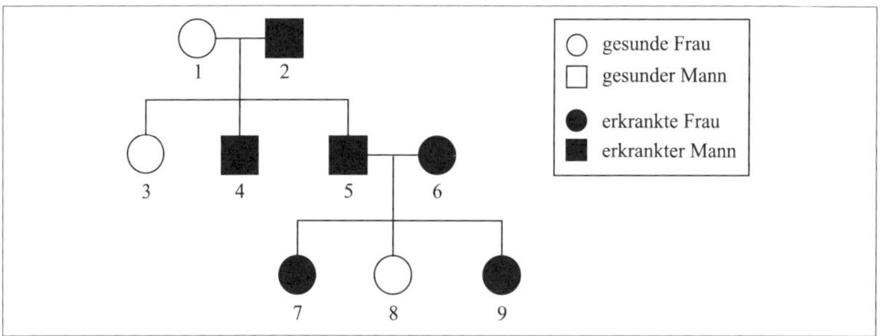

Stammbaum einer Familie mit erblichem Retinoblastom
Nach: Unterrichts-Materialien für Lehrkräfte Sek. II; Stark Verlag Freising, Teil G. 3.3, S. 1

Ermitteln Sie den Erbgang, dem dieser Stammbaum folgt und begründen Sie Ihre Entscheidung! Geben Sie für die Personen 4, 5, 6 und 8 die entsprechenden Genotypen an!

Teil B

Ohne Salze ist Leben undenkbar.
Stellen Sie in einem Fachartikel die Bedeutung von Salzen für Lebewesen dar!
Beziehen Sie in Ihre Darstellung geeignete Sachverhalte aus der nachfolgenden Materialsammlung ein! 20

Material 1

Natriumchlorid ist in der Natur stark verbreitet. Gelöst findet man es in Ozeanwasser, in Konzentrationen von 30 Gramm pro Liter Wasser. Demzufolge besteht Ozeanwasser zu etwa drei Gewichtsprozent aus Natriumchlorid. Auch in vielen Flüssen, Binnenseen und Binnenmeeren ist Natriumchlorid enthalten.

Material 2

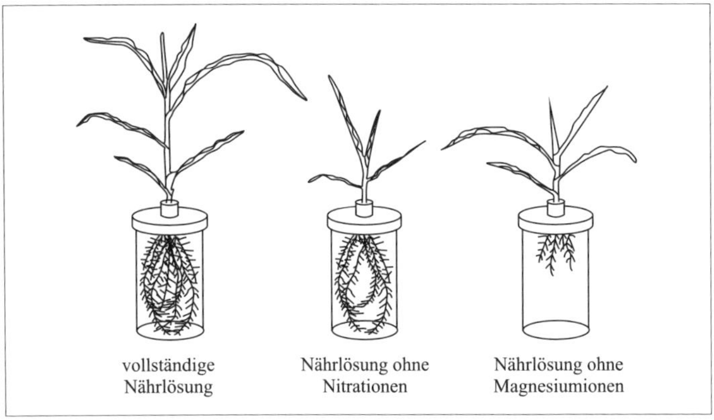

Mais in Nährsalzkulturen
Nach: Schmeil, O., Seybold, A.: Lehrbuch der Botanik; Verlag Quelle u. Meyer, Leipzig, 1945, S. 81

Material 3

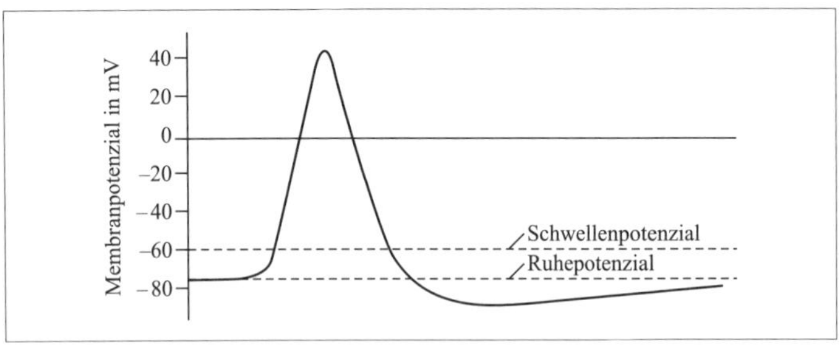

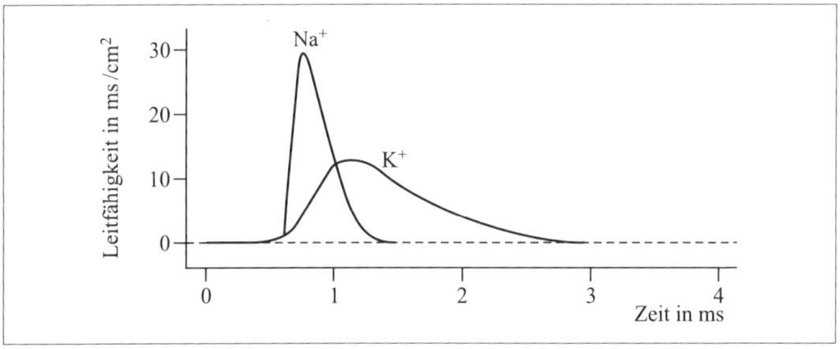

Nach: Cornelsen, Biologie Oberstufe, Handbuch für den Unterricht, CD-Rom

Material 4

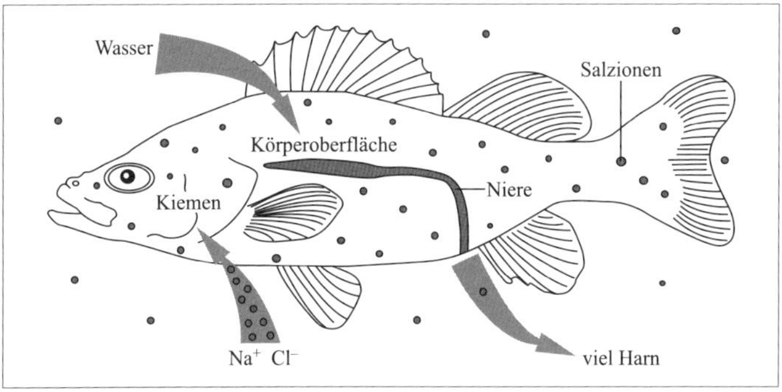

Osmoregulation beim Süßwasserfisch
Nach: Weber, U.: Biologie Oberstufe, Handbuch für den Unterricht, CD-Rom; Cornelsen

Material 5

	Ca	P	Mg	Na	K	Cl
Gesamtkörper g/100 g	1–2	0,7–1	0,04–0,05	0,10–0,15	0,20–0,30	0,1–0,15
Blutserum mg/100 mL	10	4–7	2–3	330	20	370

Mittlere Gehalte an Mineralstoffelementen im Säugerkörper
Nach: Kirchgeßner, M.: Tierernährung; DLG Verlag, Frankfurt am Main, 2004, S. 145

Material 6

Puffersysteme im chemischen Sinne sind Substanzen, die den pH-Wert der wässrigen Lösung dieser Substanzen bei Zugabe von Säuren oder Basen weitgehend konstant halten. Geeignete Puffersubstanzen sind entweder Mischungen aus einer schwachen Säure und einem ihrer Salze oder eine entsprechende Kombination aus einer schwachen Base und einem ihr entsprechenden Salz.
Die Wirkung eines Puffers sei anhand des Systems Kohlensäure/Natriumhydrogencarbonat ($H_2CO_3/NaHCO_3$) kurz dargestellt:

1. Bei Säurezugabe, z. B. Salzsäure (HCl):

   $$NaHCO_3 + HCl \rightleftharpoons NaCl + H_2CO_3$$

2. Bei Zugabe von Basen, z. B. Natronlauge (NaOH):

   $$H_2CO_3 + 2\,NaOH \rightleftharpoons Na_2CO_3 + 2\,H_2O$$

   Dieses Puffersystem hält den pH-Wert des Blutes auf 7.4 konstant. Dazu fängt es die durch Dissoziation entstehenden Wasserstoffionen (H^+) bzw. Hydroxidionen (OH^-) ab.

   Nach Microsoft ® Encarta ® Enzyklopädie 2002

Material 7

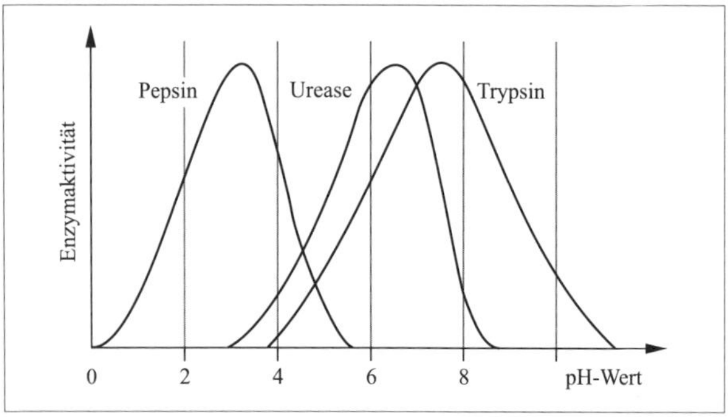

Nach: Kull, U., Linder, H., Bayrhuber, H.: Biologie, Lehrmaterialien, CD; Schroedel Verlag GmbH

Lösung

Teil A

1.1 *Für die Skizze bietet sich als Beispiel für eine procaryotische Zelle natürlich eine Bakterie an. Beachten Sie, dass tatsächlich nicht mehr als vier Unterschiede genannt werden müssen.*

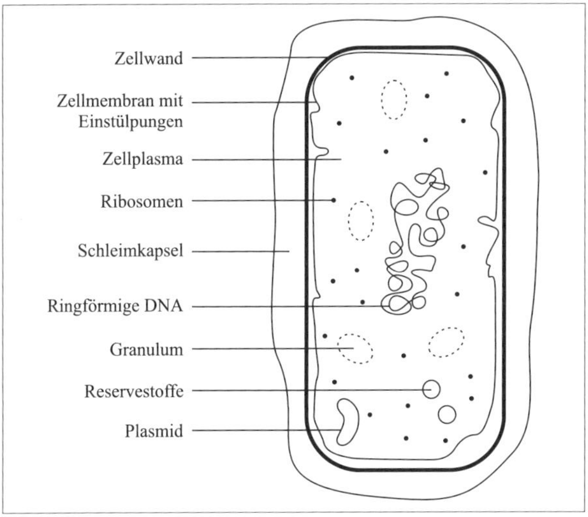

Skizze eines Procaryoten

Unterschiede zu einer eucaryotischen Zelle:
- keine Kompartimentierung (Zellkern, Plastiden, Mitochondrien)
- nur ein DNA-Molekül als Kernäquivalent; Plasmide
- andere Ribosomen (70S)
- anderes Zellwandmaterial (Murein)

1.2 *Die zweiteilige Frage verlangt zunächst die Beschreibung der Proteinbiosynthese bis zu ihrem Abbruch. Im Anschluss daran muss die Kausalkette nach dem Abbruch erläutert werden.*

Die **Genexpression bei Bakterien** findet komplett im Cytoplasma statt und bei der Bildung der mRNA erfolgt kein Spleißen. Zunächst wird mithilfe eines RNA-Polymerase-Komplexes der DNA-Doppelstrang eines Gens von der Promotorregion ausgehend aufgespalten und der codogene Strang komplementär mit RNA-Nukleotiden ergänzt. Diese weisen als Zucker die Ribose statt der in der DNA vorkommenden Desoxyribose auf. Außerdem wird die Nukleotidbase Thymin durch Uracil ersetzt. Die Kopplung erfolgt also zwischen den Basen G und C sowie A und U. Die Ableserichtung auf der codogenen DNA verläuft von 3' nach 5' und die Syntheserichtung der RNA entsprechend von 5' nach 3'. Ist dieser Vorgang (die Transkription) abgeschlossen, löst sich die gebildete RNA als Boten-RNA (mRNA) vom DNA-Strang. Da all dies im Zytoplasma stattfindet, kann sich die mRNA sofort an die 70S-Ribosomen der Bakterie anlagern. Unter Einwirkung eines **Tetracyclins** bricht hier der Vorgang ab, denn zur Translation, also zur eigentlichen Synthese des Proteins, ist eine Anlagerung der passenden tRNA-Moleküle an die mRNA notwendig.

Die Folgen der Einwirkung von Tetracyclin bestehen also zunächst in der ausbleibenden Proteinbiosynthese. Da Bakterien Einzeller sind, betrifft dies natürlich den gesamten Organismus. Es werden also keine strukturbildenden Proteine gebildet, was besonders Wachstum und Zellteilung verhindert. Weiterhin wird die Enzymneubildung gestoppt, was früher oder später zum Zusammenbruch des Stoffwechsels führt. Die Bakterie kann sich nicht mehr teilen und stirbt ab.

1.3 *Für die Hypothesenbildung zu den beiden Teilaspekten sollten genetische und evolutionsbiologische Betrachtungsweisen einbezogen werden.*

Antibiotika wirken auf ganz bestimmte Stoffwechselvorgänge der Bakterien ein. Die an diesen Stoffwechselwegen beteiligten Enzyme sind wie alle Proteine durch Genexpression entstanden. Mutationen im Bereich der entsprechenden Gene erhöhen die **Variabilität** der Enzymausstattung. Sollten dabei durch Zufall bei einzelnen Bakterienstämmen Enzyme gebildet werden, auf die das Antibiotikum keine oder nur eine eingeschränkte Wirkung hat, so überleben diese **Mutanten** und können sich vermehren. Die erworbene **Resistenz** kann sich z. B. auch auf die Ausbildung von Schutzschichten oder den Abbau des Antibiotikums beziehen. Da nur diese Stämme überleben und damit die Konkurrenz entfällt, können sie sich stark vermehren und dabei ihre Resistenzgene weitergeben. Da Bakterien eine asexuelle Fortpflanzung betreiben, liegen die Resistenzgene auch bei allen Nachkommen vor. Über den Austausch von Plasmiden können zusätzlich auch nichtresistente Stämme den Resistenzfaktor erhalten.
Die Gefahr von Resistenzen wächst durch den unkontrollierten, übertriebenen Einsatz von Antibiotika besonders auch in medizinischen Einrichtungen, wo sogar **multiresistente Stämme** auftreten können.

1.4 *Beachten Sie, dass bereits die mRNA angegeben ist. Bei der Erläuterung der Folgen sollte die Spezifik der Proteinbiosynthese beachtet werden.*

Veränderungen im Vergleich zum Wildtyp:
Mutante 1: Deletion des 4. (A) und 14. (U) Nukleotids
Mutante 2: Deletion des 4. (A) Nukleotids und Einschub von G nach dem 6. Triplett (an 19. Stelle)

Abgeleitete Aminosäuresequenzen:
Wildtyp: Lys–Ser–Pro–Ser–Leu–Asn–Ala–Phe
Mutante 1: Lys–Val–His–His–Stopp
Mutante 2: Lys–Val–His–His–Leu–Met–Ala–Phe

Mögliche Auswirkungen auf die Lebensfähigkeit des Bakteriums bestehen bei beiden **Mutanten** in Veränderungen von Struktur und Funktion des betroffenen Proteins. Die Mutante 2 weicht nur in vier Aminosäuren vom Wildtyp ab. Das muss nicht unbedingt eine Beeinträchtigung der Funktionsfähigkeit des Proteins zur Folge haben. Die Proteinkette der Mutante 1 dagegen bricht nach der 4. Aminosäure ab, was das Protein mit hoher Wahrscheinlichkeit unbrauchbar macht. Ein solches Eiweiß erfüllt entweder seine Aufgabe als Strukturprotein nicht oder ist als Enzym unwirksam. In beiden Fällen wird die Lebensfähigkeit des Bakteriums stark beeinträchtigt. Das trifft bei Mutante 2 nur dann zu, wenn der mutierte Abschnitt an einer für Struktur und/oder Funktion relevanten Stelle liegt.

1.5 *Die Hauptaussage sollte sich auf die Hemmung von Enzymen beziehen.*

Der Bezug des Textes lässt vermuten, dass mit „Keimen" krankheitserregende Bakterien gemeint sein können, denn nur gegen diese sind Antibiotika wirksam.
Türgriffe, Türplatten und Lichtschalter werden durch das Personal und durch Patienten gleichermaßen und häufig benutzt. Multiresistente Bakterienstämme können so innerhalb des Krankenhauses weitläufig verbreitet werden.
Kupferlegierungen besitzen einerseits wie alle Metalle eine sehr glatte und damit gut zu reinigende und zu desinfizierende Oberfläche. Andererseits werden durch **Schwermetalle** wie Kupfer und seine Legierungen (z. B. Messing) Bakterien getötet oder in ihrer Aktivität eingeschränkt. Dazu können sie sich an das aktive Zentrum oder an eine andere relevante Region von Enzymen anlagern und die Enzym-Substrat-Kopplung oder die biochemische Reaktion selbst verhindern. Bei sehr hohen Konzentrationen bewirken Schwermetalle sogar die **Denaturierung** der Proteingrundgerüste der Enzyme. Dies hemmt die Vermehrung und die Lebensfähigkeit von Bakterien, da sowohl ihre Struktur als auch ihr Stoffwechsel von Enzymen abhängen.

Es ist vorstellbar, dass durch Elektrolyte des menschlichen Schweißes geringe Mengen an Kupferionen aus dem Material herausgelöst und wirksam werden. Schwermetalle beeinflussen durch die elektrostatischen Eigenschaften ihrer großen Elektronenorbitale die Struktur der Enzyme.

Die getroffenen Maßnahmen bewirken daher eine Verminderung der Keimzahl, eine Einschränkung der Bakterien-Verbreitung und damit weniger Infektionen.

1.6 Um eine Transformation zu ermöglichen muss das zu übertragende Gen im Genom des Spenderorganismus zunächst identifiziert werden. Im Fall der Cholerabakterie handelt es sich um die Gene für die Bildung eines Toxins. Diese Gene müssen aber so modifiziert werden, das das später in der Kartoffel gebildete Toxin strukturell zwar die typischen Antigenmerkmale aufweist, aber für den Menschen ungefährlich ist.

Das Choleratoxin ist ein Polypeptid mit sechs Untereinheiten. Damit genügt wahrscheinlich eine Veränderung in einer der Strukturen, um es zu „entschärfen" und trotzdem seine Grundstruktur für das Immunsystem zu erhalten.

Das Genom der Bakterie wird mithilfe charakteristischer **Restriktionsenzyme** in definierte Abschnitte gespalten. Der gewünschte Abschnitt kann über die Polymerase-Kettenreaktion vermehrt werden. Anschließend wird er in das Plasmid eines Vektororganismus eingebaut. Zur Plasmidauftrennung werden die gleichen Restriktionsenzyme benutzt wie vorher beim Wirtsgenom. Als **Vektor** (Genfähre) zur Übertragung auf die Kartoffelpflanze eignet sich z. B. das Bakterium *Agrobacterium tumefaciens.* Weitere Übertragungsmöglichkeiten könnten die Protoplastenmethode oder der Einsatz einer Partikelkanone sein. Der Erfolg der Genmanipulation wird überprüft und die erfolgreich veränderte Kartoffelsorte anschließend geklont.
Da durch die Konsumenten ein inaktives Cholera-Toxin aufgenommen wird, handelt es sich um eine **aktive Immunisierung.** Diese Art der Immunisierung basiert im Prinzip auf der Reaktion des Immunsystems des Menschen gegen aufgenommene antigenen Determinanten (charakteristische Teile des Krankheitserregers), die selbst ungefährlich sind. Im Ergebnis bilden sich Antikörper gegen Cholera und entsprechende Gedächtniszellen heraus.

2.1 *Die Interpretation der Kurvenverläufe erfordert eine starke Orientierung am Aufgabentext. Die wichtigsten Informationen sind hier abrufbar. Der zweite Teil der Aufgabe bezieht sich direkt auf den Zusammenhang zwischen dem Rhodopsingehalt und der Funktionsfähigkeit der Lichtsinneszellen.*

Die Kurven des Diagramms verdeutlichen den Zusammenhang zwischen dem Gehalt an **Vitamin A** im Körper, dessen Speicherung und der Bedeutung des Vitamins für die **Rhodopsinbildung**.
Dabei wird der Normalwert des Vitamin A-Gehaltes im Blut und in der Leber sowie der normale Rhodopsingehalt auf 100 % gesetzt. Mit Beginn der Diät sinkt bei den Ratten der Vitamin A-Gehalt des Speicherorgans Leber. Vitamin A gelangt von dort in das Blut, um hier die normale Vitaminkonzentration aufrechtzuerhalten. Erst wenn der Speicher leer ist (nach ca. 3 Wochen), beginnt auch der Vitaminspiegel im Blut rasch zu sinken (4.–5. Woche). Mit verringertem Vitamin A-Gehalt im Blut nimmt auch der Rhodopsingehalt in der Netzhaut ab (4.–11. Woche). Das Vitamin A (bzw. das Provitamin A) bildet, wie im Vortext ausgeführt, das **Retinal**, d. h., einen der Bestandteile des Rhodopsins. Rhodopsin unterliegt in den Retinazellen einem ständigen Zyklus von Zerfall und Neubildung. Aus der Abbildung 1 wird deutlich, dass es bei diesem Prozess natürliche Verluste an Retinal geben muss. Die Proteinkomponente **Opsin** des Rhodopsins ist durch Genexpression jederzeit wieder herstellbar. Für die Retinalbildung aber ist das Provitamin A absolut notwendig. Es ist somit ein essentielles Vitamin, das nur mit der Nahrung aufgenommen werden kann. Wird kein Vitamin A über die Nahrung nachgeliefert, sinkt der Rhodopsingehalt.

Im Normalfall wird bei einer Belichtung der Lichtsinneszellen das Rhodopsin in Opsin und Retinal gespalten. Dies geschieht durch eine Konformationsänderung des 11-cis-Retinal das in all-trans-Retinal umgewandelt wird und sich dann vom Opsin abgespaltet. Dieser Vorgang löst über mehrere nachgeschaltete Neuronen ein Aktionspotenzial bei den ableitenden Neuriten aus. Anschließend wird das Retinal in einem Zyklus stufenweise wieder regeneriert.

In Abbildung 2 ist deutlich der Zusammenhang zwischen der Vitamin A-Versorgung und der Funktionsfähigkeit der Lichtrezeptoren zu erkennen. Mit zunehmendem Vitamin A-Mangel wird auch das verloren gegangene Retinal nicht mehr ersetzt und entsprechend kann bei gleicher Belichtung auch weniger Rhodopsin reagieren. Das Ergebnis ist, wie im Diagramm B sichtbar wird, eine verminderte Reizbarkeit der Lichtsinneszellen. Dies kann sich z. B. in Nachtblindheit äußern.

2.2 *Die Ermittlung des Erbganges kann im Ausschlussverfahren erfolgen. Ist der Erbgang bekannt, sollte die Zuordnung der Genotypen leicht durchführbar sein.*

Als erstes kann eine Y-chromosomale Vererbung ausgeschlossen werden, da auch die Frauen Nr. 6, 7 und 9 erkrankt sind. Ebenso ist ein X-chromosomaler Erbgang auszuschließen, da die Frau Nr. 8 dann auf jeden Fall erkrankt sein müsste. Die Vererbung erfolgt somit **autosomal**. Desweiteren muss ein dominanter Erbgang vorliegen, da bei einem rezessiven Erbgang die Person Nr. 8 ebenfalls erkrankt sein müsste.
Im Falle des Retinoblastoms handelt es sich demnach um einen **autosomal-dominanten** Erbgang.
Angabe der Genotypen:
Legende: R = dominantes Allel (Auftreten des Blastoms)
r = rezessives Allel (Nichtauftreten des Blastoms)

Zuordnung: Person 4: Rr Person 5: Rr
Person 6: Rr Person 8: rr

Teil B

Der Fachartikel kann sich in seiner Struktur eng an den gegebenen Materialien orientieren und lässt sich mithilfe eigener Kenntnisse beliebig erweitern. Um die Struktur deutlicher hervorzuheben, ist die mögliche Gliederung durch Teilüberschriften gekennzeichnet.

Salze als abiotische Umweltfaktoren

Salze sind keine homogene Gruppe, sondern die Sammelbezeichnung für chemische Stoffe, die aus Ionen (Kationen und Anionen) aufgebaut sind. Je nach Zusammensetzung weisen diese Ionenverbindungen unterschiedliche Eigenschaften auf. Sehr bedeutsam für Organismen ist die Löslichkeit der Salze in Wasser. Natriumchlorid zum Beispiel ist sehr gut löslich und kommt in allen Gewässern auf der Erde vor (M 1). Andere schwerlösliche Salze sind Bestandteile von Mineralien und damit als Teil der Lithosphäre wesentliche Komponenten der Biotope.

Abiotische Bodenfaktoren, wie pH-Wert und Mineralstruktur werden wesentlich durch die Quantität und Qualität der vorkommenden Salze beeinflusst. Auch in aquatischen Ökosystemen bestimmen Salze unterschiedlicher Konzentrationen die Struktur der Biozönose im entscheidenden Maße mit. So leben in Natronseen mit ihrem stark alkalischen Wasser nur wenige Mikroorganismenarten, jedoch in großen Individuenzahlen. Sie bilden die Basis für ein einzigartiges Ökosystem.

Nährsalze

Wasserlösliche Salze aus dem Bodenwasser oder der aquatischen Umwelt werden von Pflanzen aufgenommen und assimiliert. Dies ist die Basis für den Aufbau vieler lebensnotwendiger organischer Stoffe, wie Proteinen (Nitrationen), ATP (Phosphationen) oder auch Chlorophyll, das Magnesiumionen enthält. Ein Mangel an **Nährsalzen** führt zum schlechten Wachstum von Pflanzen (M 2). Dabei müssen alle Salzionen in einem ausgewogenen Verhältnis vorhanden sein, wie bereits **J. v. Liebig** im 19. Jahrhundert in seinem Gesetz vom Minimum postulierte.

Salze und Osmose

Ionen befinden sich in der Körperflüssigkeit aller Organismen. Blutserum z. B. transportiert die entsprechenden Salze in alle Gewebe. Die Ionenkonzentrationen im Körper (siehe M 5) müssen ständig reguliert werden, um die inneren Milieubedingungen konstant zu halten (**Homöostase**). Störungen der optimalen Bedingungen müssen durch **Osmoregulation** ausgeglichen werden. Die Körperflüssigkeit der Süßwasserfische z. B. (M 4) ist im Vergleich zur Umgebung hypertonisch. Das führt zu einer permanenten osmotisch bedingten Wasseraufnahme. Der Fisch muss dieses zusätzlich aufgenommene Wasser über die Nieren wieder ausscheiden, was mit Salzverlusten verbunden ist. Ein Ausgleich der Verluste erfolgt durch aktive Salzionenaufnahme durch die Kiemen. Fische, die in salzreichen, im Verhältnis zu ihrer Körperflüssigkeit hypertonischen Gewässern (z. B. im Meer) leben, müssen das sie umgebende ionenreiche Wasser trinken, um dem osmotischen Wasserverlust über ihre Körperoberfläche zu kompensieren. Die überschüssigen Salze werden aktiv über den Harn und die Kiemen ausgeschieden.

Puffersysteme

Jedes Enzym arbeitet nur unter spezifischen und relativ konstanten Bedingungen optimal, wie am Beispiel der Verdauungsenzyme im Material 7 erkennbar ist. Während Urease und Trypsin ein Optimum im neutralen bis schwach basischen Bereich aufweisen, liegt das Optimum beim Pepsin, der Protease des Magens, im sauren Bereich (pH-Wert 3). Diese Bedingungen müssen erzeugt und ständig aufrechterhalten werden. Deshalb gibt es im Organismus eine Reihe von **Puffersystemen**, die innerhalb ihrer Kapazität ausgleichend wirken. Als Puffersubstanzen eignen sich Mischungen aus einer schwachen Säure oder Base und jeweils einem ihrer Salze. Solche Systeme wie z. B. der Kohlensäure/Natriumhydrogenkarbonat-Puffer (M 6) können sowohl die Zugabe von Säuren als auch von Basen kompensieren.

Membranpotenziale
Die bei allen Zellen vorhandene Potenzialdifferenz zwischen Zytoplasma und dem extraplasmatischen Raum entsteht durch eine Ungleichverteilung von Ionen. Diese wird durch Ionenkanäle und Ionenpumpensysteme kontrolliert. Bei Nervenzellen bewirken Schwankungen der Polarität an der Membran den Transport von Informationen (M 3). Beteiligt sind dabei vor allem Kalium,- Natrium, -und Chloridionen. Im Ruhezustand herrscht das von Kaliumionen bestimmte Ruhepotenzial, ein Potenzialgefälle an der Membran, bei dem intrazellulär mehr negative Ladungsträger vorliegen als außerhalb. Das spannungsgesteuerte Einströmen von Natriumionen kehrt die Polarität um. Dieses als **Aktionspotenzial** bezeichnete Phänomen kann über das Axon einer Nervenzelle eine Erregung transportieren. An der Erregungsübertragung an Synapsen und bei der Auslösung von Muskelkontraktionen sind Calciumionen beteiligt.

Resümee
Salze sind zwar im Vergleich zu organischen Molekülen recht einfach aufgebaut, aber unverzichtbar für den normalen Ablauf aller Lebensprozesse. Sie sorgen für optimale Wirkungsbedingungen für Enzyme, die Informationsübertragung und sind selbst assimilierbare Nährsalze.

Biologie – erhöhtes Anforderungsniveau (Thüringen): Abiturprüfung 2011
Aufgabe 1: Ökologie, Stoffwechsel, Zytologie, Genetik

Teil A BE

Wälder sind komplexe Ökosysteme, deren Schutz für den Menschen überlebensnotwendig ist.

1 Mehr als 120 000 Tonnen Streusalz sind im Winter 2009/10 auf Thüringens Straßen im Kampf gegen Schnee- und Eisglätte verteilt worden. Im Sommer 2010 fielen entlang der Randbereiche von Thüringens Autobahnen unübersehbar große Gruppen von Nadelbäumen mit sehr vielen braunen Nadeln auf. Kurze Zeit später wurden diese Nadeln abgestoßen und viele der betroffenen Bäume starben ab. Besonders die flach wurzelnden Fichten waren betroffen.

1.1 Geben Sie eine Erklärung für das Baumsterben entlang der Randbereiche der Autobahn im Zusammenhang mit dem Streusalzeinsatz im Winter. Äußern Sie eine begründete Vermutung, weshalb besonders Fichten davon betroffen sind. 5

1.2 Führen Sie ein Experiment durch, das am Beispiel einer Zwiebelepidermiszelle die primäre Streusalzwirkung auf zellulärer Ebene mikroskopisch sichtbar macht.
Fordern Sie die notwendigen Geräte und Chemikalien schriftlich an.
Fertigen Sie dazu mikroskopische Zeichnungen an.
Erklären Sie Ihre Beobachtungen. 8

1.3 Erläutern Sie die Symbiose an einem Beispiel. 3

1.4 Vor dem Verzehr von Waldpilzen sind Kenntnisse über Besonderheiten der Genießbarkeit notwendig, um unliebsame Überraschungen zu vermeiden.
So ist der Faltentintling, *Coprinus atramentarius*, ein genießbarer Pilz, der die Aminosäure Coprin enthält. Nach dem Verzehr des Pilzes und dem anschließenden Genuss von alkoholischen Getränken treten unspezifische Symptome wie Atemnot, Schwindel, Übelkeit usw. auf, die in medizinischer Fachliteratur als Coprinus-Syndrom, in älterer Literatur auch als Acetaldehyd-Syndrom bezeichnet werden. Zunächst glaubte man, dass es sich um einen „Alkoholkater“ handelt, der nach erhöhtem Alkoholkonsum als Folge des stufenweisen enzymatischen Alkoholabbaus auftritt. Jedoch treten die Symptome auch schon bei relativ geringen Alkoholmengen auf.

Nach: Ünver, E.: Faltentintling und Alkoholgenuss. In: PdN-BioS 5/58 (2009), S. 43, 44

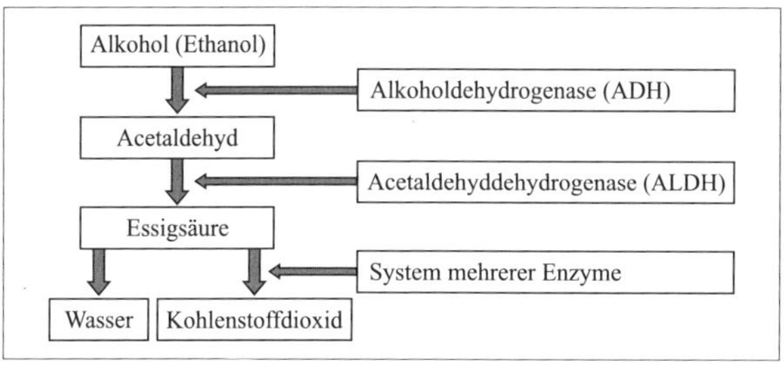

Vereinfachte schematische Darstellung des Alkoholabbaus
Nach: Ebenda, S. 46

Zwecks Ursachenforschung wurde die Aktivität jeweils gleicher Mengen ADH und ALDH in zwei Versuchsreihen mit und ohne Zugabe von Coprin bei unterschiedlichen Konzentrationen der Substrate [S] Ethanol bzw. Acetaldehyd untersucht. Die Ergebnisse sind in den nachfolgenden Diagrammen dargestellt:

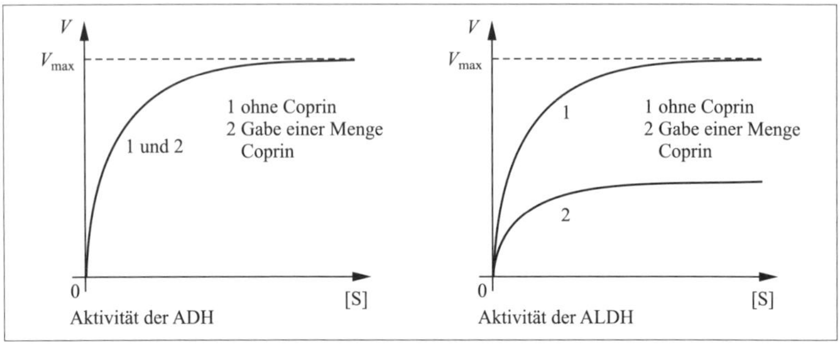

Nach: Ebenda, S. 46

Interpretieren Sie die Versuchsergebnisse und ziehen Sie daraus Schlussfolgerungen bezüglich des Wirkmechanismus des Coprins. 8

2 Tiere lecken nach Verletzungen intensiv ihre Wunden. Bei Untersuchungen des Speichels fand man neben Antibiotika, Schmerzmitteln und Antikörpern u. a. den Wirkstoff Histatin, der Wunden schneller heilen lässt. Dabei handelt es sich um ein 24 Aminosäuren umfassendes Polypeptid, von dem nachfolgend ein Ausschnitt der Aminosäuresequenz dargestellt ist.

	7	8	9	10	11	12	13	14	15	16	17	18	19	
… –	His –	Cys –	Gly –	Tyr –	Lys –	Arg –	Lys –	Phe –	His –	Glu –	Lys –	Cys –	His –	…

Lingg, W.: Spucke – der Zaubersaft im Mund, Beitrag A 37, S. 4. In: Unterrichts-Materialien Biologie, Sek. II; Stark Verlag Freising

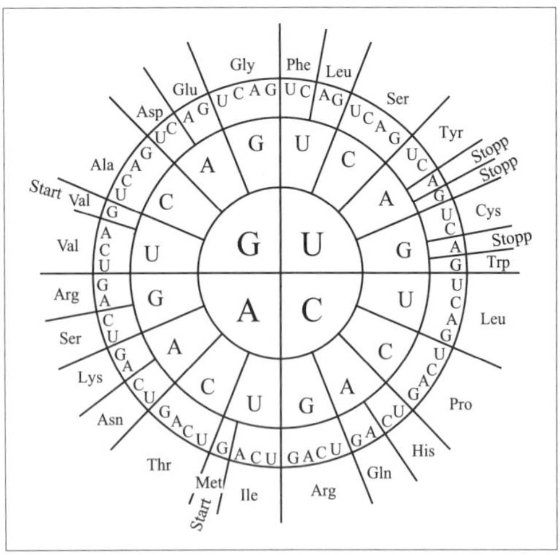

Code-Sonne (Die Codons sind von innen nach außen zu lesen.)

2.1 Fertigen Sie eine schematische, beschriftete Skizze vom Aufbau der DNA für den Abschnitt an, der die Aminosäuren 10 und 11 des eben dargestellten Polypeptidabschnitts verschlüsselt. 4

2.2 Der Speichel der Tiere wird in Drüsenzellen gebildet. Ordnen Sie den Zahlen 1, 2, 3, 4, 5, 8 und 9 in der nachfolgenden vereinfachten Skizze vom Bau einer Drüsenzelle entsprechende Fachbegriffe zu. Erläutern Sie an einem Zellbestandteil den Zusammenhang von Struktur und Funktion. 4

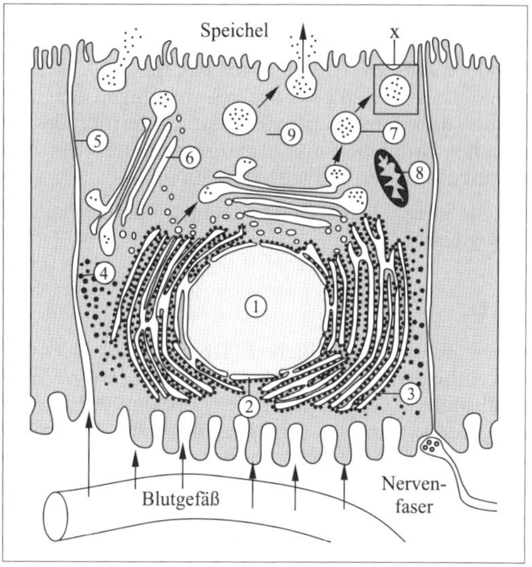

Vereinfachte Skizze vom Bau einer Drüsenzelle
Nach: Ebenda, S. 2

2.3 Histatin hat Einfluss auf die Funktion von Mitochondrien des Hefepilzes *Candida albicans*, der für Schleimhautentzündungen im Mundraum verantwortlich gemacht wird. In der nachfolgenden Abbildung sind die Versuchsergebnisse zur Wirkung von Histatin auf isolierte Mitochondrien und Zellen von *Candida albicans* dargestellt.

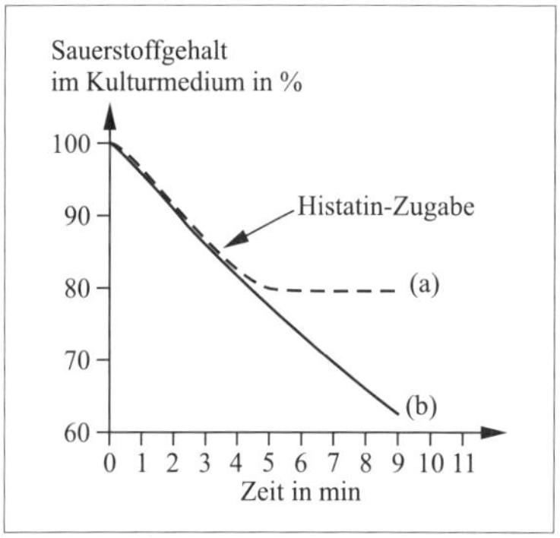

Diagramm 1: Sauerstoffgehalt eines Mediums mit aktiven Mitochondrien von *C. albicans*;
(a) bei Zugabe von Histatin; (b) ohne Histatin
Nach: Ebenda, S. 5

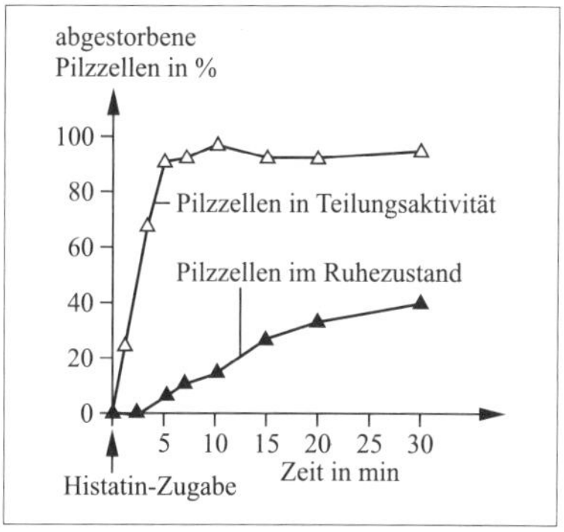

Diagramm 2: Wirkung von Histatin auf Zellen von *C. albicans* während der Teilung und im Ruhezustand
Nach: Ebenda, S. 5

Begründen Sie die Kurvenverläufe in Diagramm 1 und 2. Leiten Sie eine begründete Vermutung über die Wirkung von Histatin auf die Vorgänge im Mitochondrium ab. 8

Teil B

In der Zeitschrift eines regionalen Naturschutzverbandes soll als großes Thema auf die Komplexität der Zusammenhänge in der Natur aufmerksam gemacht werden.

Erarbeiten Sie dazu am Beispiel des Räuber-Beute-Systems mit den drei Faktoren Lemming, Eisfuchs und Sichelstrandläufer einen Fachartikel.
Erklären Sie in diesem Artikel insbesondere:

1. eine mögliche Ursache für die Schwankungen der Lemmingpopulation.
2. den alle drei Jahre ausbleibenden Bruterfolg des Sichelstrandläufers in seinem nördlichen Brutgebiet im Zusammenhang mit dem Zyklus der Lemminge sowie den Schwankungen der Eisfuchspopulation.

Beziehen Sie in Ihre Darstellung geeignete Sachverhalte aus der nachfolgenden Materialsammlung ein. 20

Material 1

„Lemminge: In vielen nördlichen Habitaten zeigen Populationen kleiner Nager der Unterfamilie Microtinae (insbesondere Wühlmäuse, *Microtus spp.*, und Lemminge, *Lemmus spp.*) enorme jährliche Änderungen. Eine vollständige Erklärung für die typische Periodizität der Nagetierzyklen von drei […] Jahren gibt es bis jetzt noch nicht. Ein vorläufiges Modell nach BEGON, HARPER und TOWNSEND erklärt die explosionsartige Zunahme der Lemmingpopulation im sogenannten Gipfeljahr mit dem Vorkommen einer Pflanze von hohem Nährwert. […] Beutegreifer, wie z. B. der Eisfuchs, Hermelin, Schneeeulen, die auf den Dichtehöhepunkt reagiert haben, besitzen nur eine untergeordnete Rolle als treibende Kraft der Zyklen oder der Verursachung der Dichteänderung.

Strandläufer: Betrachtet man die jahreszeitliche Verteilung des Rastvorkommens auf Helgoland, ähneln sich die Strandläuferarten wie Knutt, Sanderling und Sichelstrandläufer. Das Rastvorkommen junger Tiere zeichnet sich durch einen regelmäßig alle drei Jahre wiederkehrenden Tiefpunkt aus. Die wichtigste Ursache für die teilweise sehr starken Fluktuationen im Vorkommen junger Strandläufer dürfte jedoch der Bruterfolg in den arktischen Brutgebieten sein. Der regelmäßig alle drei Jahre ausbleibende Bruterfolg der Tiere in ihren nördlichen Brutgebieten deutet auf einen Zusammenhang mit dem Lemmingzyklus hin."

Giffhorn, B.: Volterra-Regeln auf dem Prüfstand. In: PdN-BioS 8/58 (2009), S. 52, 53

Material 2

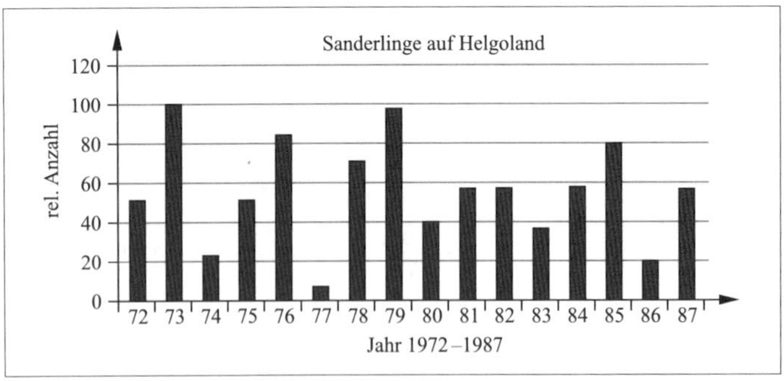

Entwicklung des Sanderlings auf Helgoland (idealisiert)
Nach: Ebenda, S. 53

Material 3

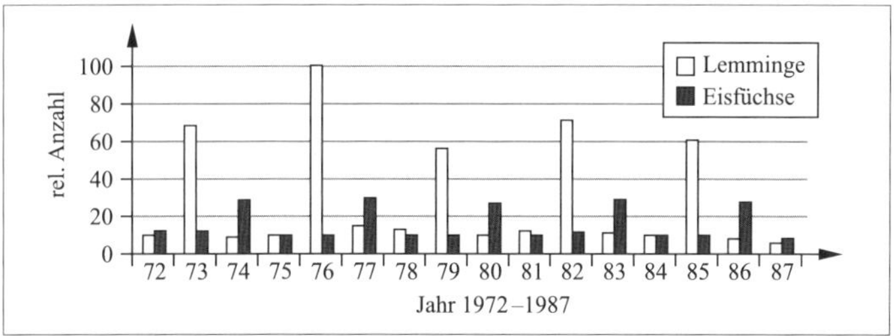

Entwicklung der Lemming- und Eisfuchspopulation in Sibirien
Nach: Ebenda, S. 55

Material 4

Informationen zum Sichelstrandläufer (verändert nach Wikipedia):
„Der Sichelstrandläufer wird knapp 20 cm groß, also etwa so groß wie ein Star, und erreicht eine Flügelspannweite von etwa 35 cm. Er wiegt 40 bis 60 g. Männchen und Weibchen sind gleich gefärbt. Sichelstrandläufer sind vorwiegend in den küstennahen, arktischen Tundragebieten als Brutvögel anzutreffen. Während der Zugzeit können Sichelstrandläufer auf reinen Schlickflächen an den Küsten, aber auch seltener, jedoch flächendeckend im Binnenland angetroffen werden. Als Überwinterungsgebiet dient Kontinentaleuropa, sodass die Beobachtung von Sichelstrandläufern auch in Deutschland möglich ist (Küstenbereich). Die Geschlechtsreife wird ab dem 3. Lebensjahr erreicht. Paare suchen und finden sich meist schon in den Überwinterungsgebieten. Während der Brutzeit zwischen Mitte Mai und Ende Juni legt das Weibchen bis zu fünf Eier. Die ersten Jungtiere sind frühestens Mitte bis Ende Juli flügge und ziehen dann sofort in die Überwinterungsgebiete."

Ebenda, S. 54

Material 5

Steckbriefe:

	Lemming	**Eisfuchs**	**Sichelstrandläufer**
Vorkommen	Sibirien	Sibirien, Polarregion der Tundra	Sibirien
Größe	10–15 cm	50–70 cm	18–23 cm
Nahrung	Pflanzen	vorwiegend Lemminge, auch Jungvögel und Gelege	Muscheln, Kleinkrebse
Reproduktion	fünfmal im Jahr 6 Junge	einmal im Jahr 4–7 Junge*	einmal im Jahr bis zu 5 Eier

* War das Nahrungsangebot in der Phase der Trächtigkeit entsprechend groß, fällt der Wurf entsprechend größer aus (8–12 Junge, maximal 18–22). Bei Nahrungsmangel (Fehlen des Hauptbeutetieres) kann es zur Resorption von Embryonen und vermehrten Totgeburten kommen (nur 3–5 Welpen).
Nach: Dathe, H.: Pelztieratlas. Gustav Fischer Verlag, Jena 1986, S. 131

Lösung

Teil A

1.1 *Für die Lösung dieser Aufgabe müssen osmotische Vorgänge und die Besonderheiten von Nadelgehölzen einbezogen werden.*

Streusalz besteht aus einem Gemisch verschiedener in Wasser gut löslicher Salze, meist Natriumchlorid (Kochsalz). Zusammen mit dem aufgetauten Schnee und Eis bildet es eine Salzlösung, die mit dem **Oberflächenwasser** und durch **Aerosolbildung** mit dem Wind in den Bereich der Randvegetation verfrachtet wird. Die Wirkung erfolgt damit auf zwei Ebenen.
Zum einen im Wurzelbereich, wo die hypertonische Salzlösung den empfindlichen **Wurzelhaarzellen** osmotisch Wasser entzieht. Die eintretende **Plasmolyse** zerstört die Zellen und vermindert damit entscheidend die Wasseraufnahme durch die Pflanzen. Als immergrüne Pflanzen werden **Nadelgehölze** besonders geschädigt, da sie anders als Laubgehölze, die ihre Blätter abwerfen, im Winter in frostfreien Perioden Wasser aufnehmen müssen. Aufgrund der hohen Salzkonzentration im Boden ist die Wasseraufnahme jedoch nur eingeschränkt möglich. Darüber hinaus ist das aufgenommene Wasser sehr salzhaltig. Die Salze werden in den Nadeln gespeichert und reichern sich dort an. Die hohe Salzkonzentration in den Nadeln führt dann zu den beobachtbaren **Braunfärbungen** und zum **Abwerfen** der abgestorbenen Blätter. Ohne Assimilationsgewebe sterben schließlich auch die Bäume selbst.
Zum anderen wirken sich auch die Aerosole in der Luft auf die Blätter der immergrünen Nadelbäume viel stärker aus, da sich das Salz unmittelbar auf ihnen absetzen und ihnen osmotisch Wasser entziehen kann. Die Blattanlagen von Laubbäumen liegen im Winter dagegen meist geschützt in gut abgeschirmten Knospen und könnten erst im Frühjahr nach ihrer Entfaltung geschädigt werden. Zu dieser Zeit besteht jedoch meist kein Bedarf an Streusalz mehr, und auch die in den Boden eingedrungene Salzlauge ist einigermaßen verdünnt.

1.2 *Als Primärwirkung ist der Einfluss des Salzes auf zellulärer Ebene zu verstehen. Da Streusalz bevorzugt aus Natriumchlorid besteht, sollte im Experiment auch damit gearbeitet werden. Bei der Anfertigung von mikroskopischen Zeichnungen orientieren Sie sich bitte an den schulinternen Standards. Ein Protokoll ist zwar nicht verlangt, bei der Erklärung der Ergebnisse müssen Sie Ihre experimentellen Schritte und Beobachtungen aber natürlich einbeziehen.*

Anzufordernde Geräte und Chemikalien:
Mikroskop, Objektträger, Deckgläschen, Präparierbesteck, Filterpapier, (rote) Küchenzwiebel, Wasser, Natriumchloridlösung (Konzentration > 10 %)

Durchführung:
Von der Epidermis der Zwiebelschuppe wird ein angemessenes Stück abgezogen, in Wasser auf dem Objektträger platziert und mit einem Deckgläschen abgedeckt. Danach kann unter dem Mikroskop eine geeignete Zelle gesucht und skizziert werden. Wenn das geschehen ist, wird das Wasser durch die Natriumchloridlösung ersetzt (Durchziehen mithilfe von Filterpapier). Die zweite Skizze kann angefertigt werden, wenn die Zellen signifikante Veränderungen zeigen.

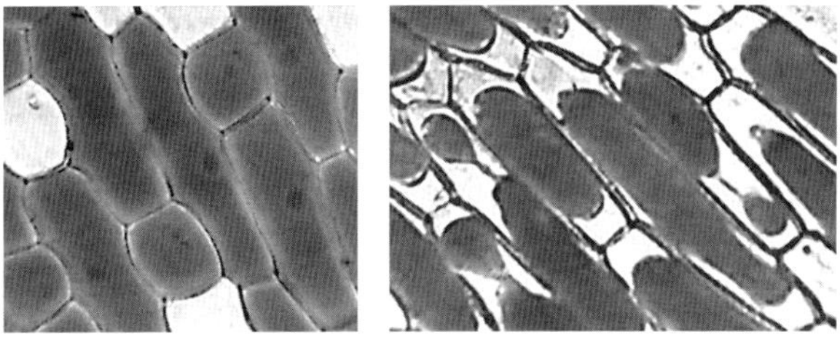

Zellen im Wasser (links) und Zellen in Natriumchloridlösung (rechts)

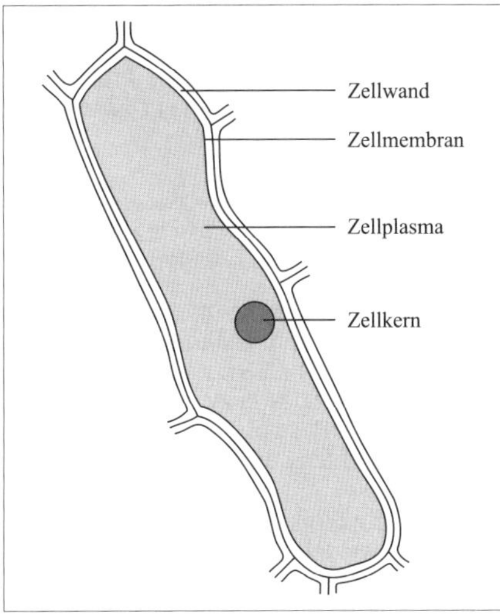

Zeichnung einer Zelle im Wasser

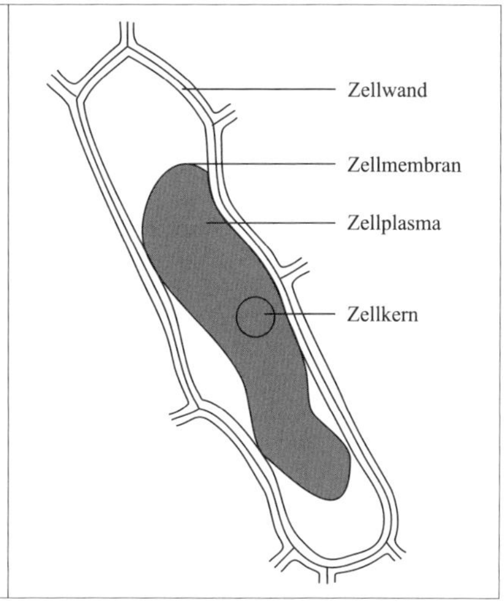

Zeichnung einer Zelle in Natriumchloridlösung

Nach der Zugabe von Natriumchloridlösung löst sich das **Plasmalemma** und damit auch das Zytoplasma von der Zellwand ab. Manchmal ist es noch durch Plasmafäden mit diesem verbunden. Der „leere“ Zellraum ist durch die farblose durch die Zellwand eingedrungene Natriumchloridlösung ausgefüllt.

Das Plasmalemma ist im osmotischen Sinne eine **semipermeable Membran**, die Wassermoleküle passieren lässt, Salz-Ionen jedoch nicht. Durch die hohe Konzentration der im Versuch verwendeten Salzlösung ist die Außenlösung im Vergleich zum Zytoplasma hypertonisch. Es besteht ein starker Konzentrationsgradient, der zur Wasserabgabe aus dem Tonoplasten nach außen führt. Das Zytoplasma und die Vakuolen verlieren dadurch an Volumen. Man spricht von der **Plasmolyse**. Die Plasmolyse ist damit die beobachtbare primäre Salzwirkung. Prinzipiell ist dieser Vorgang im Experiment durch Zugabe von destilliertem Wasser reversibel (Deplasmolyse). Meist sind die Schäden durch den Wassermangel und den reduzierten Turgor jedoch so stark, dass die Zellen absterben.

1.3 *Da in jedem Kurs ein anderes Beispiel für Symbiose behandelt wird, sollten Sie vorzugsweise auch dieses erläutern. Ein beliebiges anderes Beispiel ist selbstverständlich auch wählbar. Als im Unterricht häufig bevorzugt besprochene Form der Symbiose wird im Folgenden beispielgebend die Mykorrhiza dargestellt.*

Symbiosen sind interspezifische Vergesellschaftungsformen, die koevolutiv entstanden sind und sich vorteilhaft auf beide Partner auswirken.
Bei der **Mykorrhiza** sind die Wurzeln von **Sprosspflanzen** von einem **Pilzmyzel** umflochten. Dieses kann auch, je nach spezifischer Form, in die Wurzel selbst oder sogar in die Wurzelzellen eindringen, ohne sie zu schädigen. Der Pilz wird durch die Pflanze mit **Assimilaten** versorgt, da dieser meist keine Enzyme zum Abbau von organischen Substraten mehr besitzt. Der Pilz verfügt durch die extrem große Oberfläche seines Myzels jedoch über eine größere Aufnahmefähigkeit für **Bodenwasser** und **Salzionen** als sein Symbiosepartner und leitet einen Teil dieser notwendigen Stoffe an die Pflanzenwurzeln weiter. Damit ist der Pilz völlig von seinem Partner abhängig und die Pflanze wird durch die Symbiose vitaler und konkurrenzfähiger.

1.4 *Die Aufgabe verlangt die Erklärung eines Wirkmechanismus durch die Analyse von Diagrammen und die Transformation der Ergebnisse auf das Ablaufschema des Alkoholabbaus. Wichtige Informationen zum Verständnis des Sachverhalts enthält der Vortext.*

Im **1. Diagramm** wird die Abhängigkeit der Aktivität des **Enzyms Alkoholdehydrogenase (ADH)** von der Konzentration des **Substrats Ethanol (Alkohol)** angegeben. Der Graph zeigt sowohl ohne als auch mit **Coprin** eine typische Sättigungskurve. Da die beiden Kurven deckungsgleich verlaufen, wird die Aktivität des Enzyms offensichtlich nicht durch Coprin beeinflusst. Als Ergebnis der durch ADH katalysierten Reaktion entsteht auch unter Coprineinfluss das **Produkt Acetaldehyd**, das durch weitere Reaktionen zu Wasser und Kohlenstoffdioxid abgebaut werden muss.
Das **2. Diagramm** stellt die Abhängigkeit des **Enzyms Acetaldehyddehydrogenase (ALDH)** von der Konzentration seines **Substrats Acetaldehyd** dar. Ohne Coprin ergibt sich auch hier eine Sättigungskurve wie bei ADH. Unter dem Einfluss von Coprin dagegen liegt die maximale Aktivität etwa bei der Hälfte der unbeeinflussten Probe. Damit wird deutlich, dass Coprin im System des Alkoholabbaus enzymspezifisch nur die Aktivität der ALDH vermindert. Da die Hemmung nicht vollständig ist, könnte sie **kompetitiv** sein. Die Aminosäure Coprin würde in diesem Fall mit dem eigentlichen Substrat, dem Acetaldehyd, um das aktive Zentrum konkurrieren. Da Coprin aber nicht abgebaut wird, würde es damit den eigentlichen Abbau des giftigen Acetaldehyds blockieren, das sich im Körper anreichern und die beschriebenen Symptome hervorrufen würde. Einen weiteren Hinweis auf eine solche Konkurrenz um das Enzym gibt der Kurvenverlauf. Die Kurve steigt mit zunehmender Acetaldehydkonzentration bis zur Sättigung an. Das zeigt, dass das Enzym nicht irreversibel geschädigt ist und dass mit zunehmender Konzentration das Acetaldehyd als eigentliches Substrat das Coprin, wenn auch nur unvollständig, aus dem aktiven Zentrum verdrängt.

2.1 *Bei der Erstellung der Skizze gibt es mehrere Möglichkeiten der Basenabfolge, da die beiden Aminosäuren durch mehrere verschiedene mRNA-Tripletts darstellbar sind. Die Tripletts sind in eine entsprechende DNA-Struktur umzuwandeln und mit dem nicht-codogenen Strang zu vervollständigen. Wie der DNA-Doppelstrang dargestellt werden soll, ist im Kursunterricht der jeweiligen Schule festgelegt worden. Aus den genannten Gründen ist die folgende Skizze eine von zahlreichen Darstellungsmöglichkeiten.*

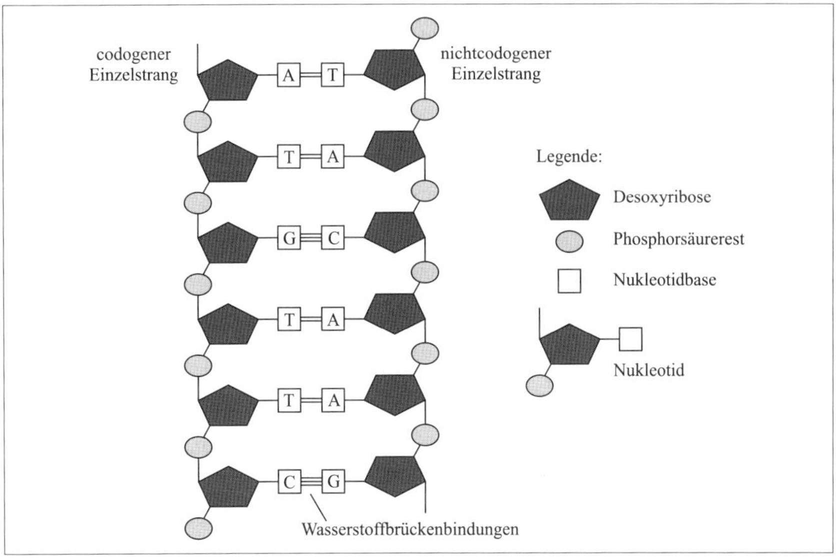

2.2 *Bei dieser Aufgabe muss zunächst tatsächlich nur zugeordnet werden. Für die Erläuterung von Struktur und Funktion eignet sich eine Biomembran wie das Plasmalemma am besten.*

Zahl	Fachbegriff
1	Zellkern
2	Kernmembran
3	Raues endoplasmatisches Retikulum
4	Ribosom
5	Plasmalemma (Zellmembran)
8	Mitochondrium
9	Zytoplasma

Eine **Biomembran** wie das **Plasmalemma** besteht aus einer **Lipiddoppelschicht**, deren hydrophile Anteile in Richtung Zytoplasma und in Richtung extrazellulärer Raum zeigen. Dadurch ist ein unmittelbarer Kontakt zu diesen Medien gegeben. Die hydrophoben Anteile liegen im Inneren der Doppelschicht. Beide Schichten zusammen bilden eine relativ feste, aber auch dynamische Grenzschicht, die die meisten Ionen und organischen Moleküle nicht durchdringen können. Nur Gase, Wasser und einige organische Moleküle mit geringer Größe können sie überschreiten. Der Stoffwechsel erfordert aber kontrollierte Transporte aller relevanten Stoffe in beide Richtungen. Dazu sind in die Membran proteingebundene **Transportsysteme** eingelagert (Carrier, Porenproteine, Ionenkanäle). Die Oberfläche von Biomembranen kann weiterhin mit **Enzymen** besetzt sein, die als Biokatalysatoren den Stoffwechsel regulieren. Die **Glykokalyx**, ein System von Polysacchariden, bildet die äußere Begrenzung des Plasmalemmas. Dadurch entsteht eine spezifische Oberflächenstruktur, die zur Erkennung artspezifischer Zellen dienen kann.

Damit ist festzustellen, dass die Hauptfunktionen des Plasmalemmas, wie Abgrenzung, Transport, Stoffwechsel und Schutz, durch entsprechend optimierte Strukturen abgesichert sind.

2.3 Im **Diagramm 1** wird der Sauerstoffverbrauch durch aktive Mitochondrien in Abhängigkeit von der Zeit dargestellt. Wenn diese nicht durch **Histatin** beeinflusst werden (b), sinkt der Sauerstoffgehalt innerhalb von etwa 10 Minuten gleichmäßig von 100 % auf etwa 60 % ab. Das bedeutet, dass die Mitochondrien in dieser Zeit gleichmäßig die oxidative Phosphorylierung, also die aerobe Endstufe der Zellatmung, durchführen und dafür ausreichend Atmungssubstrate (z. B. $NADPH+H^+$, $FADH_2$) und $ADP+P_i$ zur Verfügung stehen. In den Mitochondrien wird unter Sauerstoffverbrauch $ADP+P_i$ zu ATP umgesetzt. Im anderen Ansatz (a) wurde nach ca. 3,5 Minuten das Polypeptid Histatin zugesetzt. Nur wenig später war festzustellen, dass der Sauerstoffverbrauch stagnierte, also keine Zellatmung mehr stattfand.
Im **Diagramm 2** wird über einen Zeitraum von 30 Minuten die Absterberate von Pilzzellen nach Zugabe von Histatin untersucht. Pilzzellen im Ruhezustand zeigen eine moderate, relativ gleichmäßige Absterberate. Nach 30 Minuten waren etwa 40 % der Zellen abgetötet. Teilungsaktive Pilzzellen dagegen starben bereits in den ersten fünf Minuten des Versuchs fast vollständig ab. Diese Beobachtungen werden verständlich, wenn man das Diagramm 1 zur Erklärung heranzieht. Ruhende Zellen besitzen einen geringen Energieverbrauch (ATP-Verbrauch). Die Einstellung der Zellatmung unter Einfluss von Histatin und der dadurch erzeugte **ATP-Mangel** hat damit einen entsprechend geringeren Einfluss auf die Vitalität/die Absterberate der Zellen. Zellteilungen erfordern dagegen ein Höchstmaß an Stoffwechselleistungen zum Aufbau neuer Strukturen und damit ein Maximum an Energie. Diese wird nach dem Ausschalten der Mitochondrien nicht mehr geliefert, sodass die Zellen in Teilungsaktivität unausgereift absterben müssen.
Die Wirkung von Histatin kann in den Mitochondrien verschiedene Ansatzpunkte haben. Offensichtlich wird die Aktivität mindestens eines Enzyms der Zellatmung gehemmt. Da das Histatin ein relativ kleines Polypeptid ist, ist die Blockade eines aktiven Zentrums eines der Enzyme wahrscheinlich.

Teil B

In dieser zusammenhängenden Darstellung soll ein wissenschaftlicher Fachartikel zu globalen ökologischen Zusammenhängen verfasst werden. Neben den vorgegebenen Materialien müssen Sie natürlich auch eigenes Wissen zum Thema präsentieren. Eine Gliederung des Artikels ergibt sich aus den vorgegebenen Schwerpunkten. Diese Struktur sollte ersichtlich sein (auf ein Inhaltsverzeichnis kann jedoch verzichtet werden). Da das Thema relativ vielschichtig ist und unterschiedliche Bearbeitungsansätze erlaubt, sind in der folgenden Darstellung nur die wesentlichen Schwerpunkte erfasst.

Räuber-Beute-Systeme

Räuber-Beute-Systeme werden seit den Veröffentlichungen von LOTKA und VOLTERRA 1925 bis 1931 untersucht und kontrovers diskutiert. Es stellte sich immer mehr heraus, dass es sich hierbei um komplexe Vielfaktorensysteme mit eigener Dynamik handelt. Dabei wird zwar die häufig ausgeprägte Abhängigkeit der Räuber- von einer spezifischen Beutepopulation deutlich, die Populationsdichte der Beute ist aber in der Regel viel stärker von anderen Faktoren als von der Populationsdichte der Räuber abhängig. Das Lotka-Volterra-Modell hingegen geht von einer starken Abhängigkeit der Beute von der Populationsdichte der Räuber aus, was nur in wenigen Ausnahmefällen zutrifft. Über die Ursachen der Schwankungen der Populationen von Beutetieren, die auch ohne Beutegreifer stattfindet, gibt es meist nur schlecht belegte Hypothesen, wie die Periodizität der Nahrungsqualität (M 1).

Lemminge
Lemminge sind typische Nagetiere der arktischen Tundrengebiete. Ihre Reproduktionsrate unter optimalen Bedingungen ist sehr hoch. Eine Lemmingmutter kann pro Jahr bis zu 30 Nachkommen haben (M 5), wenn in diesem Jahr eine bestimmte Futterpflanze mit hohem Nährwert vorkommt (M 1). Die Kapazitätsgrenze hinsichtlich des Futters wird aber in den nächsten beiden Jahren offensichtlich erreicht, da sich das Vorkommen (oder der Nährwert) der typischen Futterpflanzen reduziert (wahrscheinlich durch die Lemminge). Weiterhin könnten andere dichteabhängige Faktoren wie artspezifische Krankheiten, Parasiten und der allgemeine Gedrängefaktor zur Verringerung der Lemmingpopulation nach ihrer maximalen Ausdehnung führen. Beutegreifer wie der Eisfuchs spielen bei den Populationsschwankungen offensichtlich nur eine geringe Rolle (M 3).

Eisfüchse
Eisfüchse sind in ihrer Populationsentwicklung vollständig von der der Lemmingpopulation abhängig. Diese schwankt, verursacht durch die oben erwähnten Bedingungen, in einem Dreijahresrhythmus mit Maxima z. B. 1973, 1976, 1979 usw. Die Eisfüchse erreichen phasenverschoben ein Jahr später ihre maximale Populationsdichte, also 1974, 1977 und 1980 (M 3). Die Zahl der von Eisfuchsweibchen pro Jahr geworfenen Jungen ist stark vom Nahrungsangebot abhängig. Durch Selbstregulation wird die Geburtenrate der Eisfüchse an das Vorkommen ihres Hauptbeutetieres, des Lemmings, angepasst (M 5). Dadurch wird die Phasenverschiebung erklärbar.

Sichelstrandläufer
Sichelstrandläufer brüten im arktischen Sommer zwischen Ende Mai und Juli im gleichen Habitat, in dem auch Eisfuchs und Lemming leben. Sie bevorzugen aber küstennahe Areale. Anschließend begibt sich die gesamte Population in ihre Überwinterungsgebiete in Kontinentaleuropa, also auch in die deutschen Küstengebiete (M 4).
Ihre Populationsentwicklung lässt sich am Beispiel des Sanderlings, einer anderen Strandläuferart mit einer ähnlichen Lebensweise (M 1), verdeutlichen. Auffällig ist, dass die Größe der Populationen der Zugvögel mit der Populationsentwicklung von Lemmingen und Eisfüchsen korreliert. In den Jahren mit hoher Lemminganzahl überleben auffallend viele Individuen der Strandläuferarten (z. B. 1973, 1976, und 1979). In den beiden Jahren danach sinkt die Population der überwinternden Vögel wieder (M 2). Eine Beziehung zur bevorzugten Nahrungspflanze der Lemminge gibt es nicht, da alle Strandläuferarten Muscheln und Krebse bevorzugen.

Eisfüchse und Strandläufer
Eisfüchse und Strandläufer stehen ebenfalls in einer Räuber-Beute-Beziehung. Dies wird anhand der synchronen Populationsschwankungen beider Tierarten sichtbar. Wenn für den Eisfuchs die Lemminge nach ihrem Maximum als Hauptbeute ausfallen, weichen sie auf andere Beute wie die Brutvögel aus. Deren Bestand wird dadurch stark reduziert. Da sich die Strandläufer aber hauptsächlich in Meeresnähe aufhalten, ihre Nester gut getarnt sind und die Vögel sich vehement verteidigen, überleben genügend Vögel, um das Überleben der Populationen zu sichern. In guten Lemmingjahren erholen sich die Vogelpopulationen rasch.

Naturschützer
Naturschützer bemühen sich, die Populationsstärke der Strandläuferarten zu stabilisieren, indem die Vögel in ihren Überwinterungsgebieten geschont werden und entsprechende Rückzugsgebiete an den Küsten erhalten bleiben.
An diesem Beispiel wird deutlich, wie komplex Nahrungsbeziehungen aufgebaut sind. Die Lemminge am Polarkreis entscheiden also mit, wie viele Strandläufer die Tausende Kilometer entfernten Küsten von Helgoland im Winter besiedeln.

Teil A BE

1 Alle Organismen sind mit einer Vielzahl von Enzymen ausgestattet.

1.1 Erläutern Sie Aufbau und Eigenschaften eines Enzyms. 3

1.2 Die Konzentrationen der Stoffe einer enzymatischen Reaktion ändern sich in deren Verlauf.

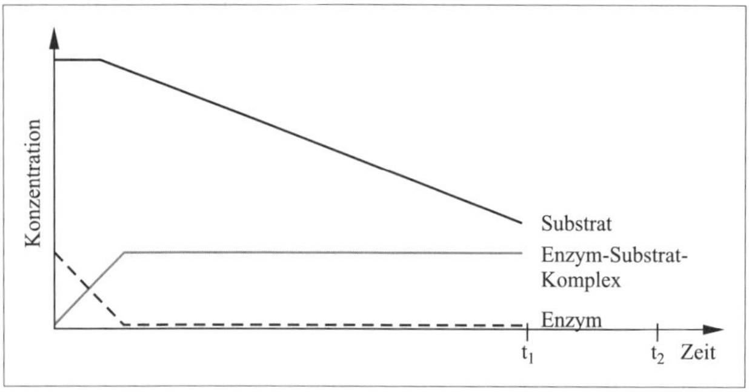

Ablauf einer Enzymreaktion
Nach: Grafiken, Aufgaben- und Praktikumsseiten. In: Grüne Reihe Materialien S II (CD-Rom); Schroedel; Braunschweig 2008

Zum Zeitpunkt t_2 ist die Reaktion beendet.
Beschreiben Sie die zu erwartenden Graphenverläufe von t_1 bis t_2 und erklären Sie die in t_2 entstandenen Konzentrationsverhältnisse. 5

1.3 Hefezellen setzen Glucose mithilfe von Enzymen zu Ethanol um. Erreicht die Ethanolkonzentration einen bestimmten Wert, nimmt die Aktivität der Hefezellen ab.
Geben Sie für diese Beobachtung eine mögliche Erklärung. 3

1.4 Nimmt ein Mensch anstelle von Ethanol ($CH_3{-}CH_2OH$) Methanol (CH_3OH) zu sich, kann es zu schweren Vergiftungserscheinungen kommen. Die Giftwirkung ist auf das im Organismus entstehende Methanal zurückzuführen. Methanol wird in der Leber auf die gleiche Weise wie Ethanol abgebaut:

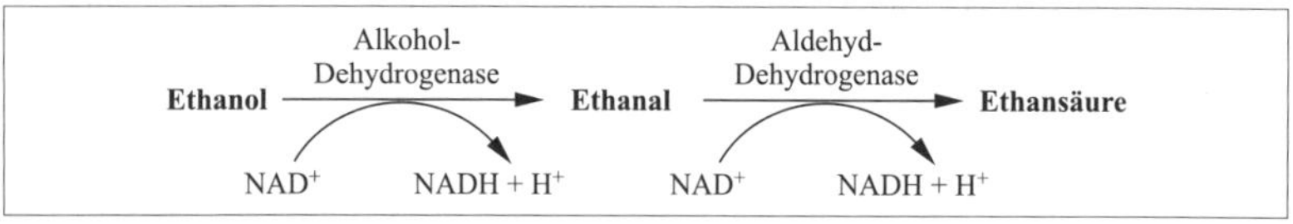

Eine erfolgreiche Therapie bei einer Methanolvergifung bestand früher darin, dem Patienten ethanolhaltige Getränke zu verabreichen, sodass der Blutalkohol mehrere Tage bei etwa 1 Promille lag.
Begründen Sie diese therapeutische Maßnahme. 4

1.5 Erläutern Sie den Zusammenhang zwischen der Temperaturabhängigkeit von Enzymreaktionen, dem Energieumsatz und der Kältestarre bei Tieren im Winter. 4

2 Synapsen dienen der Erregungsübertragung.

2.1 Stellen Sie den Vorgang der Erregungsübertragung zwischen zwei Neuronen mithilfe einer beschrifteten Skizze dar. 4

2.2 Man kennt zwei Typen von Synapsen mit GABA (Gammaaminobuttersäure) als Transmitter. In der einen (S1) öffnet GABA im postsynaptischen Bereich Chlorid-Ionenkanäle. In der anderen (S2) werden durch GABA Kalium-Ionenkanäle geöffnet.
Erläutern Sie die Auswirkungen einer GABA-Ausschüttung in den Synapsen S1 und S2 auf das jeweilige Membranpotenzial.

Hinweis: Die Chlorid-Ionen-Konzentration ist im extrazellulären Raum höher als innerhalb der Zelle. 5

3 In jedem Ökosystem bestehen Wechselwirkungen zwischen den Organismen und abiotischen Umweltfaktoren.

3.1 An einem Augusttag wurde in einem Fließgewässer im Tag-Nacht-Wechsel (18:00 bis 15:00 Uhr) an drei Stellen die Sauerstoffsättigung gemessen.

Messstelle 1: viele Wasserpflanzen, mäßig belastet mit Haushaltsabwässern
Messstelle 2: wenige Wasserpflanzen, mäßig belastet mit Haushaltsabwässern
Messstelle 3: wenige Wasserpflanzen, sehr stark belastet mit Haushaltsabwässern

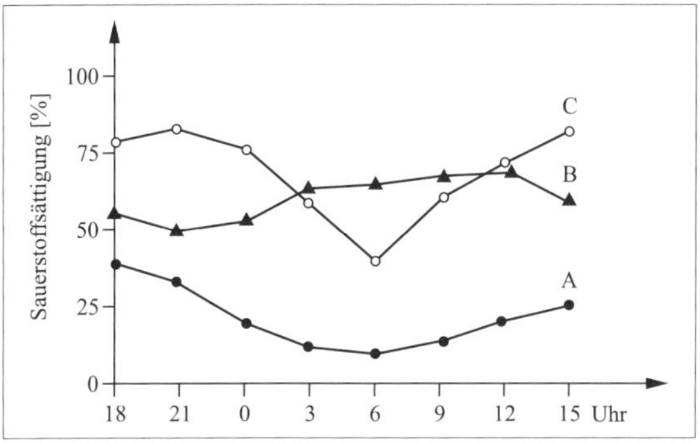

Sauerstoffsättigung in einem Fließgewässer im Tag-Nacht-Verlauf
Nach: Ewerling-Grill, M.: Sauerstoffgehalt eines Fließgewässers, Beitrag H.1.1, S. 1. In: Unterrichts-Materialien Biologie Sek. II; Stark Verlag, Freising

Ordnen Sie den Messstellen 1, 2 und 3 die Kurven A, B und C zu und begründen Sie Ihre Zuordnung. 6

3.2 Unter Laborbedingungen wurde die Entwicklung von Populationen in einem Mehr-Arten-System untersucht. Es bestand aus einzelligen Algen und aus den algenfressenden Organismen des Zooplanktons *Alonella*, *Ceriodaphnia*, *Daphnia* und dem Flohkrebs *Hyalella*. Der Flohkrebs verbringt die meiste Zeit seines Lebens am Gewässerboden und lebt von abgestorbenen Organismen. Am Tag 36 wurde für 14 Tage ein Fisch in das Aquarium gesetzt.

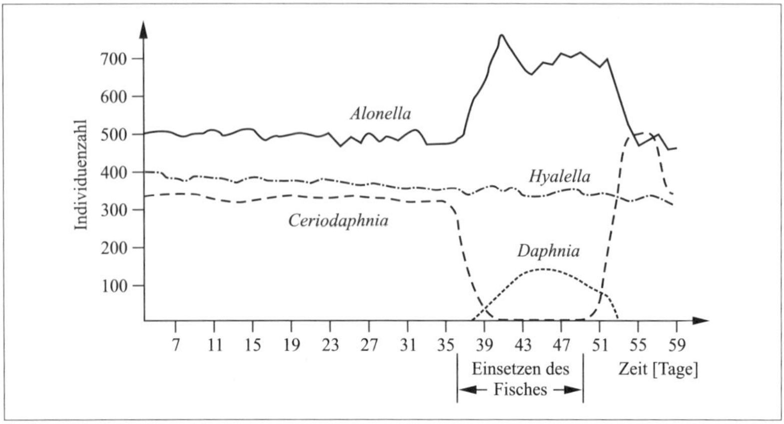

Populationsentwicklung im Mehr-Arten-System
Nach: Linder Biologie S. II: Rund um … Digitale Lehrermaterialien, Teil 1; Krull, U., Bayrhuber, H. (Hrsg.); Schroedel, Braunschweig 2007

Erläutern Sie die Populationsentwicklung der vier Arten des Zooplanktons während des Versuchs. 6

Teil B

Die biotechnologische Herstellung von Medikamenten und Lebensmitteln steht häufig in der Kritik der Medien und der Verbraucher, besonders dann, wenn sie auf gentechnischen Verfahren beruht und den Einsatz von Bakterien und Viren erfordert.
Diskutieren Sie die Eignung von Bakterien und Viren als genetische Forschungsobjekte und für gentechnische Verfahren.
Beziehen Sie in Ihre Darstellung geeignete Sachverhalte aus der nachfolgenden Materialsammlung ein. 20

Material 1

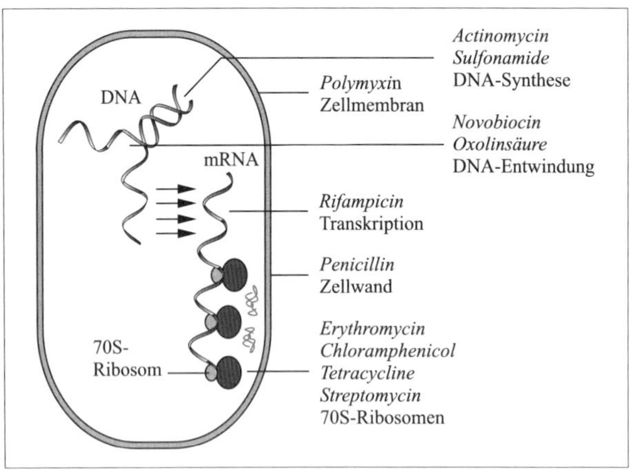

Angriffsstellen von Antibiotika
Nach: Grafiken, Aufgaben- und Praktikumsseiten. In: Grüne Reihe Materialien S II (CD-Rom), Braunschweig 2008

Material 2

Den Kontakt zwischen zwei Bakterien unter Ausbildung einer Plasmabrücke, über die DNA übertragen wird, bezeichnet man als Konjugation.
Die Transduktion ist die Übertragung von Wirtsgenen mithilfe von Viren. Bei der speziellen Transduktion wird immer nur ein bestimmter Abschnitt der Wirts-DNA übertragen.

Material 3

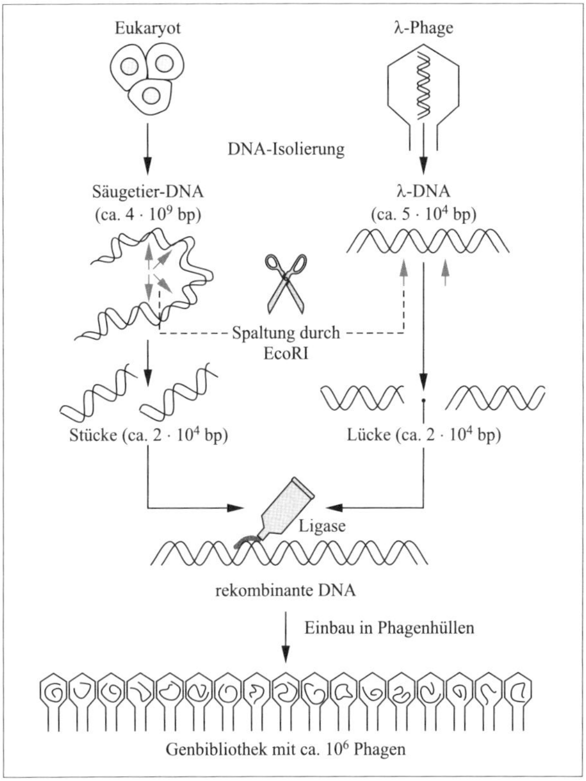

Anlage einer Genbibliothek
Nach: Hafner, L., Hoff, P.: Materialien für den Sekundarbereich II Biologie, Genetik; Schroedel, Hannover 1995, S. 110

Material 4

Genomumfang	10^6	10^7	10^8	10^9	10^{10}	10^{11}
E. coli	×					
Hefe		×				
Weichtiere				×		
Knorpelfische					×	
Knochenfische				×		
Amphibien				×		
Reptilien				×		
Vögel				×		
Säugetiere				×		

Anzahl der Basenpaare in Zellen ausgewählter Organismen

Material 5

Bakterien kommen in großer Vielfalt vor. Sie gehören zusammen mit den Archaea zu den Prokaryoten. Man findet sie in allen Lebensräumen und sie vermehren sich ungeschlechtlich durch Teilung. Ihre Verdopplungszeit beträgt unter günstigen Bedingungen 60 Minuten oder weniger. Bei einer so großen Zahl an Teilungen steigt auch die Zahl von Fehlern bei der Replikation. Solche Fehler (Mutationen) wirken sich, da Bakterien nur über ein einziges ringförmiges Chromosom verfügen, sofort phänotypisch aus. Viele Bakterien enthalten zusätzlich Plasmide. Das sind kleine ringförmige DNA-Moleküle.

Material 6

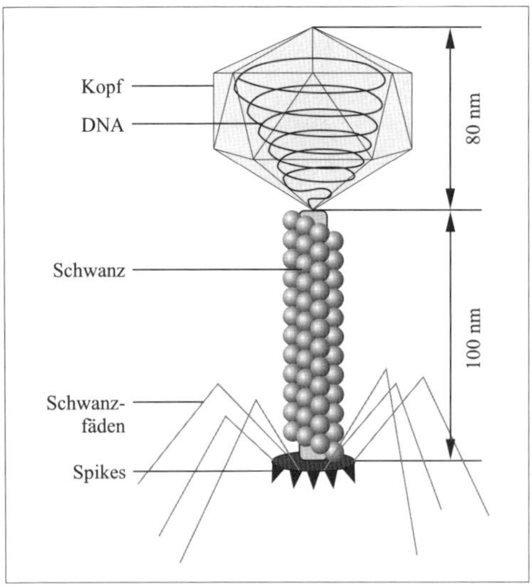

Bau eines Phagen
Nach: Grafiken, Aufgaben- und Praktikumsseiten. In: Grüne Reihe Materialien S II (CD-Rom); Schroedel, Braunschweig, 2008

Material 7

Die Größe von Viren liegt zwischen 15 und 400 nm und damit zwischen der von sehr großen Proteinmolekülen und den kleinsten Bakterien. Viren enthalten lediglich das genetische Programm zu ihrer Vermehrung. Das Genom der Viren kann aus DNA oder RNA bestehen und umfasst häufig nur einige tausend Nucleotide. Viren verfügen nicht über einen eigenen Stoffwechsel und können sich nicht selbst vermehren. Sie befallen Eukaryoten oder Prokaryoten und veranlassen die jeweiligen Wirtszellen, neue Viren zu bilden.

Material 8

Auszug aus dem Gentechnikgesetz
… § 7 Sicherheitsstufen, Sicherheitsmaßnahmen

(1) Gentechnische Arbeiten werden in vier Sicherheitsstufen eingeteilt:

1. Der Sicherheitsstufe 1 sind gentechnische Arbeiten zuzuordnen, bei denen nach dem Stand der Wissenschaft nicht von einem Risiko für die menschliche Gesundheit und die Umwelt auszugehen ist.
2. Der Sicherheitsstufe 2 sind gentechnische Arbeiten zuzuordnen, bei denen nach dem Stand der Wissenschaft von einem geringen Risiko für die menschliche Gesundheit oder die Umwelt auszugehen ist.
3. Der Sicherheitsstufe 3 sind gentechnische Arbeiten zuzuordnen, bei denen nach dem Stand der Wissenschaft von einem mäßigen Risiko für die menschliche Gesundheit oder die Umwelt auszugehen ist.
4. Der Sicherheitsstufe 4 sind gentechnische Arbeiten zuzuordnen, bei denen nach dem Stand der Wissenschaft von einem hohen Risiko oder dem begründeten Verdacht eines solchen Risikos für die menschliche Gesundheit oder die Umwelt auszugehen ist. …

www.gesetze-im-internet.de/bundesrecht/gentg/gesamt.pdf., 10. 10. 2010

Lösung

Teil A

1.1 *Die Erläuterung des Enzymaufbaus kann alternativ auch anhand eines Beispiels erfolgen.*

Proteinenzyme sind **ausschließlich** aus **Aminosäuren** aufgebaut. Entscheidend für ihre Wirkung ist ein kleiner Bereich des Moleküls, der als **aktives Zentrum** bezeichnet wird. Das aktive Zentrum besteht meist aus einer Vertiefung in der Moleküloberfläche, die ein charakteristisches Muster an elektrischen Ladungen und eine spezifische Form aufweist. **Proteidenzyme (Holoenzyme)** bestehen aus einem **Proteinanteil (Apoenzym)** und einem **Coenzym**. Coenzyme sind niedermolekulare Verbindungen wie z. B. einzelne Atome, Vitamine oder ADP. Die Coenzyme können fest mit dem Apoenzym verbunden oder ablösbar sein. Das aktive Zentrum, das auch für die Wirkung des Proteidenzyms von entscheidender Bedeutung ist, befindet sich an der Apoenzymkomponente.

Die Erläuterung der Eigenschaften eines Enzyms kann alternativ auch anhand eines Beispiels erfolgen.

Enzyme zeichnen sich durch bestimmte Eigenschaften aus:
- Enzyme sind **substratspezifisch**, d. h., sie können nur die Substrate nach dem Schlüssel-Schloss-Prinzip binden, die in das aktive Zentrum passen.
- Enzyme sind **reaktionsspezifisch**, d. h., sie können immer nur eine bestimmte Reaktion katalysieren, z. B. die Spaltung eines Substratmoleküls an einer bestimmten Stelle.
- Enzyme setzen die **Aktivierungsenergie** herab und erhöhen dadurch die **Reaktionsgeschwindigkeit**.

1.2 **Beschreibung** der Kurvenverläufe:
Die Kurve der **Substratkonzentration** wird weiter abfallen. Auch die **Enzym-Substrat-Komplex**-Kurve wird sich dem Nullpunkt nähern. Zum Zeitpunkt t_2 werden beide Kurven den Wert 0 erreicht haben. Die **Enzymkurve** dagegen wird wieder ansteigen und am Ende den Ausgangswert erreichen.

Erklären der entstandenen Konzentrationsverhältnisse:
- Die **Substratkonzentration** erreicht den Wert 0, da das Substrat im Verlauf der Reaktion zu **Reaktionsprodukten** umgesetzt wird.
- Die Konzentration an **Enzym-Substrat-Komplexen** erreicht ebenfalls den Nullpunkt, da die Komplexe immer wieder zerfallen und, nachdem das Substrat verbraucht ist, nicht mehr gebildet werden können.
- Die Enzyme gehen unverändert aus der enzymatischen Reaktion hervor. Demzufolge steigt die **Konzentration an Enzymen** proportional zum Zerfall der **Enzym-Substrat-Komplexe** auf den Ausgangswert an.

1.3 Bei der alkoholischen Gärung der Hefepilze entsteht das **Zellgift Ethanol**. Obwohl sich die Hefepilze durch eine relativ gute Verträglichkeit gegenüber Ethanol auszeichnen, wirken hohe Konzentrationen auf die Zellen toxisch. Die Stoffwechselprozesse der Hefen laufen zuerst verlangsamt ab, später gehen die Zellen zugrunde.

1.4 Aus dem Vortext geht hervor, dass Methanol in der Leber in gleicher Weise wie Ethanol abgebaut wird. Das bedeutet, dass die Alkoholdehydrogenase beide Stoffe umsetzen kann. Die Stoffe **Ethanol** und **Methanol** konkurrieren demzufolge um das aktive Zentrum des Enzyms. Das Methanol wird jedoch nicht (oder nur in geringem Maße) abgebaut, wenn die Ethanolkonzentration höher liegt als die Methanolkonzentration. Daher kann der Methanolabbau und dadurch die Produktion des giftigen Methanals durch Alkoholgaben verhindert werden. Daraus erklärt sich die therapeutische Wirkung der Maßnahme. Während der mehrtägigen Therapiephase konnte das Methanol auf natürlichem Wege (durch den Urin, den Schweiß und die Lungen) den Körper verlassen.

1.5 Zur **Kältestarre** kommt es bei **wechselwarmen Tieren**, wenn die Temperaturen unter einen bestimmten Punkt sinken. Bei wechselwarmen Lebewesen passt sich die **Körpertemperatur** der **Umgebungstemperatur** an. Nur bei günstiger Außentemperatur entfalten sie ihre volle Aktivität. Wenn der Körper auskühlt, können die Enzyme gemäß der **RGT-Regel** nicht mehr optimal arbeiten. Diese Regel steht im Zusammenhang mit der Wärmebewegung der Teilchen, die dafür sorgt, dass Substratmoleküle bei steigender Temperatur häufiger mit dem aktiven Zentrum passender Enzyme zusammentreffen. Bei Kälte arbeiten die Enzyme daher verlangsamt. Der **Stoffwechsel** der wechselwarmen Lebewesen ist herabgesetzt, der **Energieumsatz** vermindert. Auf dieser Basis ist durch die Kältestarre ein Überleben bei kalten Umgebungstemperaturen möglich.

2.1 *Aus der beschrifteten Skizze muss Folgendes hervorgehen:*
- *Aktionspotenziale kommen an der präsynaptischen Membran an.*
- *Daraufhin erfolgt eine Öffnung der spannungsgesteuerten Ca^{2+}-Kanäle am Axon-Endknöpfchen. Die mit Neurotransmitter (Botenstoffen) gefüllten Vesikel werden dadurch zur präsynaptischen Membran transportiert und verschmelzen mit dieser. Nach der Verschmelzung erfolgt die Transmitterabgabe in den synaptischen Spalt. Die Neurotransmitter diffundieren durch den Spalt zur postsynaptischen Membran.*
- *Dort docken die Neurotransmitter an den Empfängerstrukturen (Rezeptoren) der postsynaptischen Membran an.*
- *Dadurch werden spezifische chemisch gesteuerte Natrium-Ionenkanäle geöffnet, und es kommt zum Aufbau eines postsynaptischen Potenzials.*
- *Zuletzt werden die Neurotransmitter durch transmitterspaltende Enzyme abgebaut. Die Spaltprodukte werden in das präsynaptische Element zurücktransportiert.*

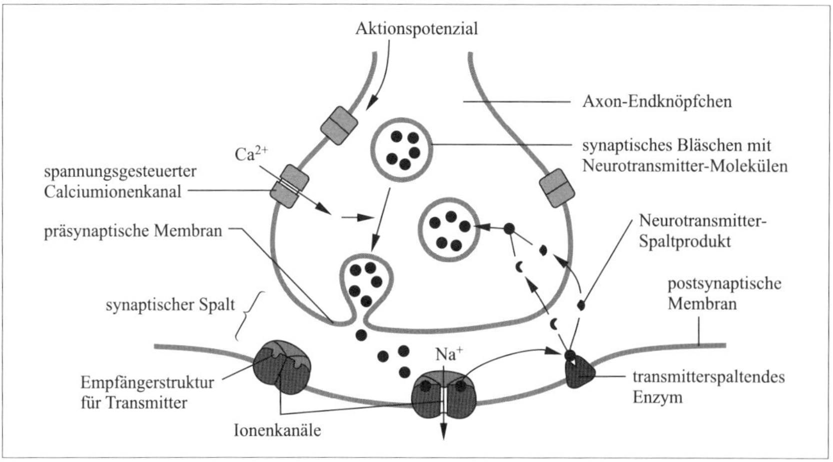

2.2 *Beachten Sie den Hinweis, dass die Chlorid-Ionen-Konzentration außerhalb der Zelle höher ist als innerhalb der Zelle.*

Bei der Synapse vom Typ I (S1) strömen mit den Chlorid-Ionen, die sich mit ihrem Konzentrationsgefälle bewegen, **negative Ladungsträger** in den intrazellulären Raum des postsynaptischen Elements. Es kommt zur **Hyperpolarisation** und damit zur **Vertiefung des Ruhepotenzials**.
Bei der Synapse vom Typ II (S2) strömen mit den Kalium-Ionen vermehrt **positive Ladungsträger** in Richtung ihres Konzentrationsgefälles in den synaptischen Spalt. Es kommt ebenfalls zu einer **Hyperpolarisation** und damit zur **Vertiefung des Ruhepotenzials**.

3.1 Den Messstellen können folgende Kurven zugeordnet werden:
- Messstelle 1: Kurve C
- Messstelle 2: Kurve B
- Messstelle 3: Kurve A

Diese Zuordnung lässt sich wie folgt begründen:
- Im Bereich der **Messstelle 1** sind viele Wasserpflanzen vorhanden. Die Belastung des Gewässers ist gering. Aerobe Bakterien, die Verunreinigungen abbauen können, sind nur begrenzt vorhanden. Bei Belichtung produzieren die Wasserpflanzen fotosynthetisch große Mengen an Sauerstoff. Aus diesem Grund ist die Sauerstoffsättigung am Tag sehr hoch. Die zu beobachtenden Schwankungen resultieren daraus, dass die Wasserpflanzen in der Nacht durch Zellatmung Sauerstoff verbrauchen.
- Im Bereich der **Messstelle 2** ist die Sauerstoffsättigung relativ konstant. Es sind wenige Wasserpflanzen vorhanden und das Gewässer ist auch in diesem Bereich kaum belastet. Das bedeutet, dass der Anteil der aeroben Bakterien, wie auch bei der Messstelle 1, relativ gering ist. Durch die geringe Anzahl an Wasserpflanzen wird im Vergleich zur Messstelle 1 am Tag weniger Sauerstoff produziert, in der Nacht aber auch weniger verbraucht.
- Im Bereich der **Messstelle 3** sind kaum Wasserpflanzen vorhanden, das bedeutet, dass über Fotosynthese nur geringe Mengen an Sauerstoff produziert werden. Da das Gewässer stark belastet ist, gibt es viele aerobe Bakterien, die die Verunreinigungen abbauen. Dadurch kommt es zu einer hohen Sauerstoffzehrung. Die Sauerstoffschwankungen resultieren, wie bereits bei Messstelle 1 erwähnt, aus dem Tag-Nacht-Rhythmus der fotosynthetisch aktiven Pflanzen.

3.2 Der Graph zeigt, dass die Populationen bis zum Einsetzen des Fisches relativ stabil sind. Es wird deutlich, dass *Alonella* und *Hyalella* unter den gegebenen Bedingungen konkurrenzstärker sind als *Ceriodaphnia* und im künstlichen System dominieren. *Daphnia* ist unter den gegebenen Voraussetzungen konkurrenzschwach und spielt bis zum Einsetzen des Fisches im künstlichen Ökosystem keine Rolle
Nach dem Einsetzen des Fisches am 35. Tag wird die *Ceriodaphnia*-Population durch den Räuber stark dezimiert. Durch die Minderung der Konkurrenz vergrößern sich die *Alonella*- und die *Daphnia*-Population. Die *Hyalella*-Population wird durch das Einsetzen des Fisches nicht beeinflusst. Das hängt damit zusammen, dass *Hyalella* zwar nicht vom Fisch gefressen wird, andererseits aber auch keinen Nutzen aus der Abnahme der *Ceriodaphnia*-Population ziehen kann. Ein möglicher Grund dafür wäre, dass *Hyalella* eine andere ökologische Nische nutzt als *Ceriodaphnia*. Nach Entfernung des Fisches stellen sich die ursprünglichen Verhältnisse wieder ein.

Teil B

Die Aufgabenstellung verlangt, die Eignung von Bakterien und Viren als genetische Forschungsobjekte und für gentechnische Verfahren zu diskutieren. Für die Lösung der Aufgabe ist eine individuelle Bearbeitung des Themas auf der Grundlage einer entsprechend strukturierten Gliederung nötig. Die unten ausgeführten inhaltlichen Angaben geben einen möglichen Lösungsansatz zur Bearbeitung wieder.
Unter Beachtung der in der Aufgabenstellung vorgegebenen Aspekte sind die Materialien zu bearbeiten, fachlich exakt auszuwerten, fachwissenschaftliche Erkenntnisse abzuleiten und in die sachlogische Diskussion einzubeziehen. Auch eigene Kenntnisse und Fachtermini sind anzuwenden.
Da eine Diskussion gefordert wird, sind eigene Gedanken zu der vorgegebenen Problemstellung zu entwickeln und es ist wichtig, dass Sie zu einem begründeten Urteil kommen.

Die geforderte Diskussion kann wie folgt gegliedert werden:
1. Möglichkeiten der Gentechnik
2. Argumente für die Eignung von Bakterien und Viren
3. Argumente gegen die Eignung von Bakterien und Viren
4. Ableitung eines begründeten Urteils

Möglichkeiten der Gentechnik
Die Gentechnik umfasst Verfahren, bei denen Fremd-DNA in verschiedene Zellen überführt wird, und auch Methoden, mit deren Hilfe bestimmte Gene ausgeschaltet werden können.
Um dies zu realisieren, sind folgende Voraussetzungen notwendig:
- Kenntnisse zum Bau der DNA und zu Enzymen, die DNA spalten und wieder verbinden können
- Zielfestlegung
- Sicherheitsbestimmungen zur Minimierung der Risiken
- Beachtung ethischer Prinzipien

Bei der Einschleusung von Fremd-DNA in die Zellen sind immer folgende Schritte zu realisieren:
- Isolation der Spender-DNA
- Enzymatische Zerlegung der Spender-DNA in Fragmente
- Verbindung der Spender-DNA mit einem geeigneten Vektor
- Einbringung des Vektors in die Zielzelle
- Kontrolle des Einbaus der Spender-DNA und Vermehrung der veränderten Zellen

Die verfolgten Ziele sind vielfältig. Hauptsächlich werden gentechnische Verfahren zur Erzeugung wichtiger Stoffe für die Medizin, die Landwirtschaft und die Nahrungsmittelproduktion eingesetzt.
Die Gentechnik wird heute in vielen Bereichen positiv angewendet. Trotz allem steht sie häufig in der Kritik der Medien und der Verbraucher. So ist bekannt, dass gentechnische Arbeiten gewisse Risiken in sich bergen, die unter anderem zur Beeinträchtigung der Regulationsfähigkeit natürlicher Ökosysteme führen können.

Argumente für die Eignung von Bakterien
Bakterien spielen in der gentechnischen Forschung eine entscheidende Rolle. Ihre Eignung lässt sich anhand folgender Gesichtspunkte begründen:
- Bau der Bakterien
- Aufbau und Größe des Erbmaterials der Bakterien
- Vermehrung der Bakterien

Bau der Bakterien: Anhand von Material 1 wird ersichtlich, dass die Bakterien zu den Prokaryoten gehören. Diesen relativ einfach gebauten Lebewesen fehlt ein echter Zellkern. Prokaryoten besitzen jedoch Strukturen, die die Realisierung aller Lebensfunktionen ermöglichen. Sie haben eine Zellwand, die zusätzlich von einer widerstandsfähigen Kapsel umgeben sein kann. An die Zellwand lagert sich nach innen eine Membran an, die das Zytoplasma umgibt. Im Zytoplasma sind das Erbgut der Bakterien und weitere Strukturen wie z. B. Ribosomen und Vesikel zu finden. Innerhalb der Bakterienzelle gibt es zahlreiche Angriffspunkte für Antibiotika, die man zur Bekämpfung bakterieller Infektionskrankheiten, aber auch zum Auslöschen von Bakterienkulturen verwenden kann.

Aufbau und Größe des Erbmaterials: Im Zytoplasma der Bakterien befindet sich nur ein Chromosom (Bakterienchromosom) in Form eines ringförmigen DNA-Moleküls. Material 4 zeigt, dass Bakterien im Vergleich zu Eukaryoten einen kleinen Genomumfang haben.
Viele Bakterien verfügen zusätzlich über Plasmide, das sind kleine DNA-Ringe. Diese sind als Vektoren für gentechnische Experimente sehr gut geeignet. Vektoren sind Transportsysteme, in die Fremd-DNA eingebaut werden kann und die benutzt werden, um diese DNA in das Erbgut eines Organismus einzubauen.

Vermehrung der Bakterien: In Material 5 wird dokumentiert, dass Bakterien in großer Vielfalt vorkommen. Sie besiedeln alle Lebensräume und haben in der Natur verschiedenste Funktionen. Die Vermehrung erfolgt ungeschlechtlich durch Teilung. Laut Material 5 durchlaufen sie eine schnelle Generationsfolge, d. h., sie können sich unter für sie günstigen Bedingungen alle 60 Minuten oder sogar noch schneller teilen. Daher können Gentechniker bei Versuchen mit Bakterien schnell zu Ergebnissen kommen und gentechnisch veränderte Bakterien können innerhalb kurzer Zeit kultiviert und z. B. zur Herstellung von Hormonen oder Medikamenten genutzt werden.

Argumente für die Eignung von Viren

Obwohl sich Viren deutlich von Bakterien unterscheiden, sind auch sie beliebte Forschungsobjekte der Gentechnik. Ihre Eignung lässt sich anhand folgender Gesichtspunkte begründen:
- Bau der Viren
- Aufbau und Größe des Erbmaterials der Viren

Bau der Viren: Viren sind kleine Partikel. Sie bestehen aus Nukleinsäuren, die von einer Proteinhülle umgeben sind. Da sie keinen zellulären Aufbau besitzen, können sie auch nicht alle Lebensfunktionen realisieren. So besitzen Viren z. B. keinen eigenen Stoffwechsel. Sie können sich deshalb nur in spezifischen Wirtszellen vermehren, wobei es sich sowohl um eukaryotische als auch um prokaryotische Zellen handeln kann. Das Virus-Erbgut wird in die DNA der Wirtszelle eingebaut, die daraufhin nach der genetischen Information des Virus die Virusproteine produziert. Daraus bilden sich neue Virushüllen für das Virusgenom. Die neu gebildeten Viren können die Wirtszelle bei ihrer Freisetzung zerstören.
Viren sind also keine eigenständigen Lebewesen, sie werden häufig als intrazelluläre Parasiten bezeichnet.

Aufbau und Größe des Erbmaterials: Viren verfügen über ein sehr kleines Genom, das entweder aus DNA oder aus RNA besteht. Das Virus-Genom enthält lediglich das genetische Programm zur Virusvermehrung. Das Erbgut der Viren lässt sich sehr leicht entschlüsseln und für gentechnische Verfahren nutzen (Material 7).
Viren werden aufgrund der beschriebenen Besonderheiten ihres Genoms sehr häufig als Vektoren genutzt.

Kontra-Argumente für die Eignung von Bakterien und Viren

Das Material 5 besagt, dass Bakterien in großer Vielfalt vorkommen. Sie besiedeln alle Lebensräume unseres Planeten und sind dafür bekannt, dass sie sich schnell vermehren können.

Durch die kurze Generationsfolge treten sehr viele Replikationsfehler auf, die sich, bedingt durch den Bau des Bakteriengenoms, sofort phänotypisch auswirken. Diese hohe Mutationsrate ist für die Arbeit der Gentechniker problematisch. So können z. B. Formen entstehen, die unerwünschte Eigenschaften aufweisen.
Die Arbeit mit Bakterien kann mit gesundheitlichen und ökologischen Risiken verbunden sein. Es ist daher sehr wichtig, dass diese Arbeit in entsprechenden Sicherheitslaboren durchgeführt wird und dass die transgenen Bakterien nicht in die Umwelt gelangen. Da die Wechselwirkungen zwischen diesen Bakterien und natürlichen Organismen nicht vorhersehbar sind, könnte es ansonsten zu schwerwiegenden ökologischen Problemen kommen.
Auch bei der Arbeit mit Viren ist es wichtig, durch die Einhaltung von Sicherheitsmaßnahmen Gefahren zu minimieren. Probleme bei der Arbeit mit Viren sind darin zu sehen, dass es bei den im Material 2 beschriebenen Transduktionsvorgängen zu Fehlern kommen kann. Durch die daraus möglicherweise resultierenden Veränderungen des Erbmaterials kann es zu unerwünschten Nebenwirkungen kommen, die Risiken für die Menschen und die Natur in sich bergen. Da durch die Transduktion die unerwünschten Eigenschaften auch über Artgrenzen hinweg übertragen werden können, sind Probleme vorprogrammiert, wenn die betroffenen Organismen aus den Sicherheitslaboren in die Natur gelangen.

Ableitung eines begründeten Urteils
Insgesamt wird deutlich, dass sowohl Bakterien als auch Viren für die genetische Forschung und für gentechnische Verfahren geeignet sind.
Beide haben ein überschaubares Genom, das mit den heutigen Mitteln leicht zu sequenzieren ist, in das mit den Mitteln der Gentechnik Fremdgene einzuschleusen sind und das auch als geeigneter Vektor genutzt werden kann.
Bei der Arbeit mit Bakterien und Viren sind Vorgaben aus dem Gentechnikgesetz zu beachten. Häufig wird die Arbeit in Sicherheitslabors durchgeführt. Es ist wichtig, dass die Risiken für die menschliche Gesundheit und die Natur möglichst gering gehalten werden (Material 8). Positiv ist zu bewerten, dass sich Bakterien und Viren einerseits zwar sehr schnell vermehren können, dass Gentechniker entartete Kulturen in Sicherheitslabors andererseits aber auch schnell auslöschen können.
Gentechnisch veränderte Bakterien und Viren gelten heute als ungefährlich, wenn sie außerhalb des Labors nicht lebensfähig sind bzw. ihre DNA nicht weitergeben können. Durch das Gentechnikgesetz werden exakte Vorgaben für die Arbeit mit den Mikroben festgelegt und überprüft. Damit wird das Risiko für die Menschen und die Natur in vertretbaren Grenzen gehalten.

Ihre Meinung ist uns wichtig!

Ihre Anregungen sind uns immer willkommen. Bitte informieren Sie uns mit diesem Schein über Ihre Verbesserungsvorschläge!

Titel-Nr.	Seite	Vorschlag

Bitte hier abtrennen

Bitte hier abtrennen

Zutreffendes bitte ankreuzen!

Die Absenderin/der Absender ist:

- ☐ Lehrer/in in den Klassenstufen: ____________
- ☐ Fachbetreuer/in
  Fächer: ____________
- ☐ Seminarlehrer/in
  Fächer: ____________
- ☐ Regierungsfachberater/in
  Fächer: ____________
- ☐ Oberstufenbetreuer/in
- ☐ Schulleiter/in
- ☐ Referendar/in, Termin 2. Staatsexamen: ____________
- ☐ Leiter/in Lehrerbibliothek
- ☐ Leiter/in Schülerbibliothek
- ☐ Sekretariat
- ☐ Eltern
- ☐ Schüler/in, Klasse: ____________
- ☐ Sonstiges: ____________

Unterrichtsfächer: (Bei Lehrkräften!)

____

STARK Verlag
Postfach 1852
85318 Freising

21-VMN

Bitte ausfüllen und im frankierten Umschlag an uns einsenden. Für Fensterkuverts geeignet.

Kennen Sie Ihre Kundennummer?
Bitte hier eintragen.

Absender (Bitte in Druckbuchstaben!)

Name/Vorname

Straße/Nr.

PLZ/Ort/Ortsteil

Telefon privat

Geburtsjahr

E-Mail

Schule/Schulstempel (Bitte immer angeben!)

(Bitte blättern Sie um)